개정판

축산경영학

류제창·김정주·곽영태·김석은·양형조
우영균·이종인·장경만·정장용·조성균

선진문화사

집 필 진

류제창 : 건국대학교 축산대학 축산경영학과 교수

김정주 : (전)건국대학교 자연과학대학 농업경제학과 교수

곽영태 : 경북대학교 생태환경대학 축산BT학부 강사

김석은 : 국립공주대학교 산업과학대학 동물자원학과 강사

양형조 : 신한바이오켐 상무이사

우영균 : 상지대학교 응용동물과학부 생명자원학과 교수

이종인 : 강원대학교 농업생명과학대학 농업자원경제학과 교수

장경만 : 한경대학교 농학부 동물생명자원학과 교수

정장용 : 경남과학기술대학 농학부 동물생명과학과 교수

조성균 : 순천대학교 농업생명과학대학 동물자원과학과 교수

개정판을 내면서

축산경영학이 출판한 후 대학 및 관련 업계에 종사하는 많은 독자들의 성원에 힘입어 여러 번의 개정판을 발행했다. 이번 개정판은 국내외 축산 여건이 사육 여건 등 여러 측면에서 급변하고 있는 상황에서 축산경영에 필요한 현실적인 내용과 자료를 더욱 보완하는 데 역점을 두었다.

또한 내용을 보완 검토하기 위해서 관련 전문가가 새로이 참여하였다. 이들은 축산경영의 각 분야에 다년간 이론과 경험을 겸비한 전문가로서 변화하는 국내외 축산경영 여건에 필요한 새로운 이론과 자료를 수집하는 데 많은 노력을 했다.

특히 이번 개정판은 축산경영의 최종 목표인 "최소의 비용으로 최대의 경영효과"를 창출하기 위해서 경영목표를 철저히 수립하고, 또 실행하기 위해서는 농장 경영체를 조직 관리하며, 경영결과에 대한 과학적인 진단분석이 이루어질 수 있도록 이론적인 내용을 충실히 하고자 노력했다.

또한 필자가 다년간의 해외 목장경영 연수경험과 대학원에서의 연구결과 그리고 대학교에서의 축산경영학을 연구하고 강의해 온 경험을 기초로 축산경영에 꼭 필요한 이론을 이해하기 쉽게 엮어 보고자 노력했다. 그러나 필자의 천학비재한 탓으로 잘못된 점이나 난해한 점이 있으리라 된다. 더욱 연구하고 보완하여 더 좋은 지침서가 될 수 있도록 노력하겠다.

끝으로 이번 개정판을 출간되기까지 적극적으로 애정을 갖고 정성을 다해주신 선진문화사 양사장님이하 담당자 여러분에게 감사드리며, 축산을 경영하는 축산경영자 및 학생, 축산공무원 그리고 시험 준비생 모두에게 많은 도움이 되길 바라는 바이다.

2012. 3.

저자대표 **류 제 창** 씀

머 리 말

우리나라의 축산경영규모가 영세한 부업적 수준 이었을 때에는 축산경영자의 경영능력이 크게 요구되지 않았었으나 급격한 경제발전으로 우리 국민 1인당 GNP가 10,000불 시대에 이르게 되어 소득탄력성이 가장 높은 축산물의 수요가 지속적으로 선진국 수준을 향해 급증하고 있기 때문에 우리의 축산도 이제는 전업경영 내지 기업적 경영의 계층이 점차 확대되어 가기에 이르렀다.

그러므로 전업경영에서는 적정목표소득을, 기업경영에서의 경영목표는 적정목표이윤을 획득하기 위한 축산경영 합리화의 이론이 절실히 필요하게 되었으며 이를 위해서는 체계적이고 올바른 이론으로 정립된 축산경영학의 책자가 꼭 필요하게 된 것이다.

그래서 필자는 2년간의 해외 목장경영 연수경험과 대학원에서의 연구결과 그리고 32년간 대학교에서 축산경영학을 연구하고 강의해온 경험을 기초로 축산경영에 꼭 필요한 이론을 이해하기 쉽게 엮어보고자 노력하였다. 따라서 본서는 대학의 축산경영학과, 축산학과, 동물자원학과, 낙농학과, 수의학과 등에서 교재로 이용되고 축산공무원, 축산기사, 농·축협 등의 시험준비서로 그리고 실제로 축산을 경영하는 축산경영자들의 길잡이가 될 수 있으리라 기대된다.

그러나 필자의 천학비재한 탓으로 잘못된 점이나 난해한 점이 있으리라 생각된다. 앞으로 더욱 연구하고 보완해서 더 좋은 지침서가 될 수 있도록 노력 하겠다.

끝으로 본 책자가 출간되기까지 적극적으로 애정을 갖고 정성을 다해주신 선진문화사 양정식 사장님께 깊은 감사를 드리는 바입니다.

2002. 3.

저자대표 **류 제 창** 씀

목 차

제1장 서 론

제2장 축산경영요소

제 3 장 축산경영계획

제 4 장 축산경영조직

제 5 장 축산경영관리

제 6 장　축산경영 진단분석

제 7 장 축산물 유통

제 1 장

서 론

제1절 축산의 의의

1. 축산의 개념

인류의 역사와 함께 식생활 문화도 발달해 오고 있다. 사람들은 산야에 익어 가는 알곡과 과일을 따먹고 생활하다가 산짐승들도 사냥하면서 생활해 왔다. 다시 말해서 인간은 식물성 식품과 동물성 식품을 모두 먹으면서 지내왔다. 그러나 동물성 식품에 관심이 높아지면서 손쉽게 축산물을 생산하는 지혜를 터득하고 야생에서 자라는 동물들을 순화(domestication)시켜 집에서 기르기 시작하여 가축을 얻게 되었다. 인류 역사상 최초로 순화된 동물은 개이며, 이는 14,000년 전에 이루어진 것으로 추정되며, 식용을 목적으로 가축화된 동물은 11,000년 전의 면양으로 알려지고 있다.

가축은 인간들에게 식물성 식품에는 얻을 수 없는 여러 가지 필수 영양소가 들어 있는 우유, 계란, 고기 등을 통해서 공급해 줄 뿐만 아니라 모피, 의약품 등을 제공하여 주기 때문에 인간과 가축은 가까운 관계를 갖게 되었고 그 중요성은 날로 더해가고 있다.

가축은 우리나라 축산법의 제 1장 총칙 제 2조 1항에서 정의되고 있는 것과 같이 "사양하는 소, 말, 양(염소 등 산양을 포함한다. 이하 같다), 돼지, 닭, 그밖에 농림수산식품부령이 정하는 짐승, 가금 등을 말한다." 위의 "기타 농림부령이 정하는 짐승"이라 함은 노새, 당나귀, 토끼, 개, 사슴, 오리, 거위, 칠면조, 메추리, 꿀벌, 타조, 오소리, 뉴트리아, 꿩 14종과 농림부 장관이 가축으로 인정하여 고시하는 짐승 및 관상용 조류 15종으로 총 35종을 말한다. 가축은 농가에서 다수 사육하고 있고 국민 식생활이 변화함에 따라 가축의 정의와 범위는 확대되고 있다.

인류가 가축을 사양하는 목적은

첫째로 노동수단으로써,

둘째로 우유, 고기, 계란, 모피 등 축산물의 생산수단으로써,

셋째로 지력의 유지·증진의 수단으로 두고 있다.

이 중 주로 노동수단으로 사육하는 가축은 역축(役畜)이라 하고, 축산물의 생산만을 위해 사육하는 가축을 용축(用畜)이라 말한다.

한편 축산이란 가축을 사육하여 축산물을 생산하는 것을 말하며, 축산경영자가 경영의 목표인 적정소득이나 적정이윤을 달성하기 위하여 가축을 사육하여 증식시키면서 축산물을 생산·가공하고 이를 판매하는 경영활동을 축산업이라 칭한다.

2. 축산의 역할

모든 산업은 서로 독립적으로 이루어지는 것이 아니라 국민경제 내에서 유기적인 관계에 의해서 상호 보완적인 역할 하에서 발달한다. 다시 말해서 축산이 총국민소득 측면에서 국민경제에 차지하는 비중이 적을지라도 국민의 식생활을 차지한다는 측면에서 많은 기여를 하고 있다. 축산업이 국민경제에 기여하는 역할을 살펴보면 다음과 같다.

첫째로, 축산업은 다른 식품에 비해서 인체에 필요한 동물성 고단백질을 공급한다. 축산물인 쇠고기, 돼지고기, 닭고기, 우유 및 계란 등 인체의 활동에 필요한 양질의 많은 단백질을 함유하고 있기 때문이다.

둘째로, 축산업은 식량위기에 대비하는 저장기능을 갖는다. 농산물은 계절성 및 정책성 등과 같은 여러 요인에 의해서 곡류의 수확량 및 가격변동의 위험성을 내포하고 있다. 그러나 축산업은 유휴 자원인 산지 및 부산물 등을 통해서 가축을 사육함으로써 식량위기에 대비할 수 있다.

셋째로, 축산업은 모피, 우지방 등 같이 공업에 필요한 원료를 제공한다.

넷째로, 축산업은 토지의 이용확대 및 국토의 효율적인 이용을 촉진시킨다.

다섯째, 축산업은 경종농업의 농한기 유휴 노동력을 흡수할 수 있다.

여섯째, 축산업은 경종농업을 할 때에 농기계 이용이 불가능한 경지를 축력에 의해서 경작이 가능하게 한다.

일곱째, 축산업은 농가소득을 증대시키고 농가의 자금을 원활하게 한다.

여덟째, 축산업은 농산물의 부산물을 효율적으로 활용할 수 있다.

아홉째, 가축의 부산물과 분뇨를 이용함으로써 지력을 유지·증진시킨다.

열번째, 축산업은 건강과 레저를 위한 휴양지를 제공하는 역할을 한다.

축산업은 경제성장에 비례하여 축산물의 수요가 날로 증가하고 있는 우리의 현실에 비추어 볼 때 농가소득 증대에 가장 큰 기여자가 손꼽히고 있으며, 국민 건강과 왕성한

활동을 위한 동물성 식량의 공급자로서 어느 산업보다 중요한 역할을 담당하고 있다. 따라서 축산업은 우리나라 전국토의 2/3인 임야의 생산성 향상을 통해 아름다운 국토의 효율적인 이용을 가능케 하는 큰 몫을 담당하고 있다.

제 2 절 축산경영의 의의

1. 경영의 개념

경영의 어원은 "Betrieben"(가축을 목장으로 몰고 간다)에서 찾을 수 있다. "어떤 목적을 달성하기 위하여 행동하는 것"으로 정의된다.

몇몇 학자들의 경영에 대한 정의를 살펴보면,

쉐아는 "경영이란 경제적 기업으로 하여금 지향하는 목적을 달성할 수 있는 계획적 활동이다"라고 규정하였고, 쉘든(Olive Sheldon)은 "경영은 사회정책의 결정, 재무, 생산, 판매, 조달, 조직의 범위설정 및 집행기관의 종국적 통제에 관한 기능을 말하고, 관리는 경영에 의하여 설정된 범위 내에서 정책을 집행하는 것과 부여된 특수목적을 위하여 조직을 사용하는 것에 관한 기능이다"라고 하였다.

또한 킴블 부자(D.S. Kimball, SR and JR)는 "경영이란 기업목적의 수행이라는 실제의 일에 관한 기능을 포함하는 하부개념이고, 관리는 보다 포괄적 기능을 포함하는 상부개념이다"라고 주장하였고, 경영학 대사전에는 "경영이란 생산적 성격을 지니고 합법적 운동과정을 확대 반복하는 구성체로써 경영자를 중심으로 한 주체적 조직이기 때문에 계획적 성격을 지니고 충분히 협동적인 성격을 발휘하지 않으면 안 되는 것"으로 규정하고 있다.

신경제학사전에서는 "경영이란 관리가 행해지는 장소이며 기술적 경영을 관리하는 것이다. 또한 일정한 계속적 시설을 기초로 하여 다수인의 조직적 협동에 의하여 상품생산이 지속적으로 영위되는 계획적 활동의 조직이다"라고 규정하였고, 경영을 행동으로 규정하는 입장에서는 "경영이란 어떠한 업무 또는 사업을 계획적으로 질서있게 영위하는 행동"을 정의하였으며, 경영을 조직개념으로 규정하는 입장에서는 "경영이란 어떤 목적을 달성하기 위하여 활동하는 조직체"라고 정의하였다. 그런데 경영의 정의를 기술단위설에 의하면 "경영이란 기업이 관리목적을 달성하기 위하여 가지지 않으면 안될 기술상의 단위로", 경영 조직설에 의하면 "경영이란 경제단위에 있어서의 경제적 측면을 총칭하며", 생산 경제설은 "경영이란 경제성을 지향하여 운영되는 통일체로써의 생산경제"라고 규정하였다.

김용기는 "경영이란 생산을 목적으로 여러 가지 생산요소가 협동적 활동을 할 수 있도록 합리적으로 결부된 유기적 조직체이다"라고 했으며, 또한 "경영이란 생산경제의 조직적이고 그것은 통일의사에 의하여 지휘되는 경제적 조직체이다"라고 주장하였다. 한편 소명일 등은 "경영이란 개인이나 사회전체의 안락과 복지를 위하여 필요한 재화와 용역을 생산하고 분배하는 사람들의 여러 활동을 말한다"고 했다.

이상과 같이 경영을 조직체개념과 행동개념으로 볼 수 있는데, 조직체로 보는 견해는 기업과 경영을 동일시하는 견해이고, 행동개념으로 보는 견해는 기업과 경영을 분리하는 견해이다.

경영의 목적을 달성하기 위하여 활동하는 영리적 조직체를 기업으로 보고, 사회가 필요로 하는 재화 등을 생산하고 분배하는 여러 가지 활동을 경영으로 보고 있다.

한편 경영의 개념을 정립함에 있어서 주체에 대한 파악이 우선적으로 중요하다. 경영의 주체는 인간이냐 조직체냐가 문제이다. 분명히 경영의 주체는 인간이어야 하기 때문에 경영의 개념은 조직체의 목적을 달성하기 위한 합리적인 여러 가지 활동이라고 정의를 내릴 수 있다.

2. 농업경영의 개념

농업경영이란 磯邊秀俊은 "단일의 경영주체의 의지에 의해서 질서가 잡혀진 농업생산의 조직,"이며 "경제와 기술의 상호교섭의 장이다." 宮出秀雄은 "농업경영이란 농업이 실제에 이루어지고 있는 개별의 기술적 단위이며, 경제적인 작업단위이다."이며 "농업경영이란 농기업이 소유하는 농업생산의 조직적 단위체로써 최초부터 「경영」이라는 경제적 배려 속에 생산이 이루어지는 농업생산의 단위이다"라고 정의했다.

그런데 농업경영의 형태는 곡물, 가축, 과수 등 농업생산을 위한 하나의 구체적인 조직체이다. 이 조직은 노동작업에 의하여 동태화 되어지고, 그 관리의 발전은 설비, 기계, 기구, 노동력 등 그 생산을 위한 인적, 물적 생산요소의 조직단위체인 동시에 경영의 단위체이다.

또한 "농업경영의 개념은 농업생산이 바라는 경제의 목적 하에서 일정한 토지에 각종의 생산수단 및 노동력을 결합하여 하나의 조직으로 영위하는 단위이다"라고 했고, "농업경영이란 농민이 각종 경영자원을 가지고 합리적인 농업경영조직을 편성함으로써 경영비용을 최소한으로 줄이고 작물과 가축을 능률적으로 관리함으로써 영농수익을 최대한으로 올리는 경제단위이다"라고도 규정했다.

한편 독일의 「쉐아」는 "농업경영이란 동·식물의 농산물을 생산함에 따라서 금전적인 이익을 취득함을 목적으로 하는 일종의 영업이다." "농업경영이란 경영의 목적을 실현하기 위한 농업적인 모든 활동 과정이 농업 생산적이며, 또한 농업생산을 경영자의 경제적 목적에 적합하도록 하기 위하여 그것을 조직화하여 일정한 질서, 즉 경제적 합리주의에 입각하여 계획적으로 운영하는 것"으로 규정하고 있다.

이상과 같이 농업경영에 대한 견해는 경영조직체나 경영활동으로 집약되는데, 이 농업경영의 구체적 내용을 표시하면 <그림 1-1>과 같다.

<그림 1-1>에서와 같이 농업경영의 목표는 농업소득의 증대이며, 이를 달성하기 위한 과제로써 노동생산성의 향상, 토지생산성의 향상, 판매와 구매의 합리화, 농업경영자의 제반 여건 확립이 긴요하다. 그러므로 농업경영의 합리화를 위해서 경영의 과제를 명확히 파악하고, 이에 대한 구체적 반응을 강구하며, 이론적 기초를 정립하여 합리적인 경영활동이 이루어져야 한다.

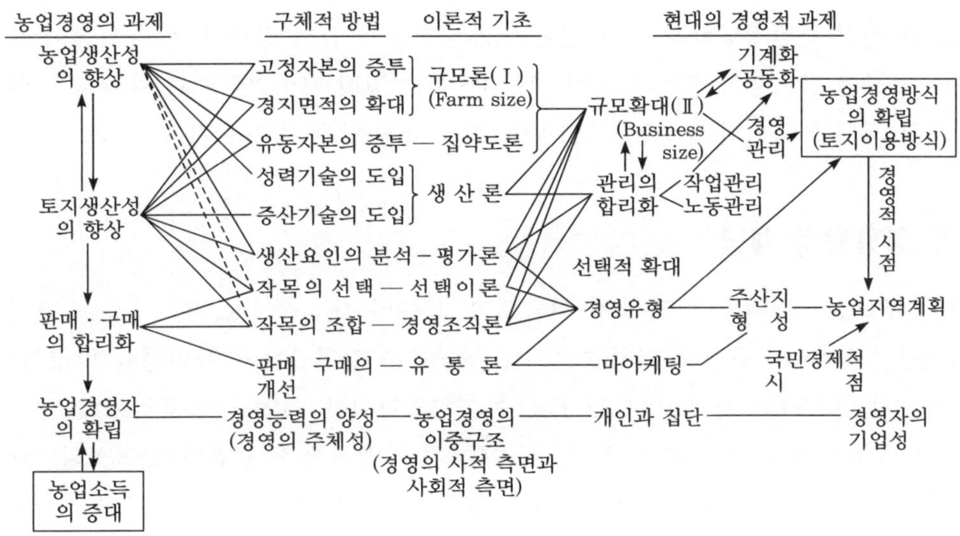

〈그림 1-1〉 농업경영의 기본과제

3. 축산경영의 개념

축산업의 발전이 1970년대 이후 급속히 이루어짐과 동시에 축산경영의 개념도 '80년대 후반에 와서 정립되기 시작했다. 축산경영이란 축산업을 운영한다는 의미로써, 축산업의 목표를 달성하기 위해서 합리적으로 경영활동을 하는 것을 말한다.

이러한 축산경영에 대한 견해는 학자에 따라 상이하나 다음과 같이 요약될 수 있다. "축산경영이란 목표를 달성하기 위한 방법으로써 축산업을 조직하고 운영하기 위해서 제한된 자원으로 많은 축산물을 생산할 수 있고, 최대의 수익을 얻을 수 있는 자원의 배분에 관한 의사결정 과정이다”라고 했으며, 또한 “축산경영이란 축산의 목표를 달성하기 위해서 경영요소를 효율적으로 결합, 이용하는 합리적인 경영활동을 말한다”고 했다.

따라서 축산경영자가 축산경영의 적정목표를 달성하기 위하여 3대 경영요소를 가장 효율적으로 결합·배분하는 합리적인 경영활동이라고 규정할 수 있다.

제 3 절 축산경영학의 의의

경영학은 제1차 세계대전 이후 1920년에 비로소 생성되었으나 우리나라에서는 1955년 최초로 고려대학교에 경영학과가 생겼으며, 1970년에는 경영대학이 세워졌다. 그러므로 우리나라에서 경영학에 대한 연구와 강의가 시작된 지 30여년에 불과한 실정이다.

더욱이 축산경영학에 대한 연구가 시작된 것은 1970년 이후로써 약 30년의 역사밖에 되지 않아 아직 축산경영학에 대한 정확한 개념정립이 안된 상태다. 따라서 축산경영학에 대한 연구의 필요성이 강조되는 바, 본 절에서는 일반경영학에 대한 개념과 농업경영학에 대한 개념을 파악한 후 축산경영학의 개념 규정을 하기로 한다.

1. 경영학의 개념

경영학에 대한 정의도 다양하게 서술되고 있는데 대표적으로 몇 가지를 소개하면 Nicklish는 “경영학의 중심은 기업경영으로 경영학은 경영활동의 합리성을 탐구하며 서술하려는 것이다”라고 했으며, G.L. Bach는 “경영학이란 기업을 유효적으로 운영하는 방법을 탐구하는 학문이다”라고 했고, 坂本藤良은 “경영학은 경영에 있어서의 여러 기술과 제도 등을 체계화하고 이들의 근저에 흐르는 법칙을 이론적으로 파악하는 것”이라 했다. 한편 오병수는 “경영학이란 기업을 유교적으로 경영함에 필요한 조건 및 방법을 이론적으로 연구함을 목적으로 하는 학문”이라 했다.

경영학의 기본적 과제는 제도적으로 구축된 현실적 기업제도의 경영활동을 과학적으로 해명하고 미래지향적인 경영진로의 결정과 이의 조직적 행동화를 위한 실천적 지식체계를 제시하는 데 있다.

2. 농업경영학의 개념

농업경영학은 경영활동에 관한 합리적인 이론과 방법을 연구하는 학문이다.

Georg Blohm은 “농업경영학은 개개의 농업경영이 가능한 한 풍부한 사경제적 성과를 획득하기 위하여 필요한 경영상의 기본원칙을 강구하는 학문”, 中西는 “농업경영학은 경제적인 면에 중점을 둔 농업경영경제학과 기술적인 농업경영학이 있다고 보는데, 그 학문의 본질은 각종 기술이나 작업관리를 총합해서 「경영하는」 기술이 아니고, 어디까지나 경영의 경제학이다”라고 했고, Aereboe는 “농업경영학은 농업경영이 어떻게 하여 최대의 계속적 이윤(수익)을 올릴 것인가를 연구하는 학문이다”라고 했다.

그러므로 농업경영학은 농업경영자가 경영의 목표를 달성하기 위한 합리적인 이론과 방법을 연구하는 학문이라고 규정할 수 있다.

3. 축산경영학의 개념

앞에서 서술한 바와 같이 경영학이나 농업경영학에 대한 개념은 여러 가지 내용으로 정의되어지고 주장되어 왔으나, 아직도 축산경영학에 대한 정의를 명확히 규정해 놓은 문헌은 찾기가 힘들다.

축산경영학이 농업경영학의 범위에 속한다고 할지라도 이제는 독립된 학문으로 정착되어 가고 있기 때문에 이 학문에 대한 개념을 정립할 필요성이 높아지고 있다.

축산경영을 축산경영자가 경영목표를 달성하기 위하여 경영의 3대 요소를 가장 효율적으로 결합·이용하는 합리적인 경영활동으로 보기 때문에 축산경영학은 축산경영자가 축산경영의 사경제적 목표인 적정소득이나 적정이윤을 획득하는 데 필요한 가장 합리적인 이론과 방법을 연구하는 학문이라고 정의할 수 있다.

제 4 절 축산경영학의 체계와 임무

1. 축산경영학의 체계

축산경영학의 본질은 경제현장에 있어서의 일반적인 경제성의 추구가 아니고, 축산경영이란 특수하고, 구체적인 축산생산조직, 개별적인 기술적 작업단위체의 경제적 추구에 있다. 축산경영학의 내용과 체계는 그 본질적 과제에 의해 규정되어진다.

한편 축산경영의 과제는 축산경영이 가급적 풍부한 사경제적인 성과를 획득하기 위한 경영상의 기본이 되는 여러 가지 원칙을 제시하는 것이다. 그 본질적 과제로부터 경영학의 내용이 규정되어 축산경영학의 내용과 체계가 규정되어진다.

농업경영학체계의 시조로 알려진 Aereboe의 이론체계는 농업경영을 합리적이고 과학적으로 경영하기 위하여 이론을 제공하였으며, 테아(Albrecht Thare)는 합리적 농업을 제창한 경영학자 이었으나, 츄넨(Von Thunen)은 그의 저서 고립국(Der Ieorierte Stoat)에서 경영의 구체적 시장입지의 중요성을 제창했다. 이에 대해서 골츠(Von der Goltze)의 제자인 아레보(Aereboe)는 츄넨의 입지론을 답습하여 경영부문의 유기적 결합에 의한 합리성을 주장하였다.

그의 특질은 먼저 조직론을 이론적으로 재구축해서 조직간의 여러 가지 요소의 상호관계를 밝히고, 경영조직의 협동, 경영조직을 제약하는 여러 가지 요인을 검토함으로써 절대적, 고정적으로 유리한 경영은 있을 수 없다고 하고 규모론과 경영관리론을 전개해 경영요소간의 공동이용에 의한 집약도 이론을 결론적으로 최종장에 넣었다.

이러한 그의 학설은 최근의 집약도에 의한 경영·경제의 합리성에 있다고 했고, 스스로 농업경영의 체험을 통하여, 또 경영의 실제를 통하여 현실의 구체적 농업경영의 합리성을 추구하여 이론을 위한 이론으로써 현실성을 무시한 추상화를 회피한 것이 특징이다. 그래서 경영학총론(Allgemeine Landwirtschaftliche Betriebslehre)이 인정을 받는 대저가 되었다.

이와 같이 「아레보」는 많은 농업경영학의 저서를 발간했는데, 그는 경영학의 본질적인 인식으로부터 경영요소론, 경영조직론, 경영관리론, 경영집약도론을 주요 내용으로 하는 체계를 수립하고 있다.

한편 미국의 농업경영학의 체계는 효율적인 자원이용계획, 경영기능으로써의 노무관리를 중심으로 하는 의사결정, 경영계산의 개별적 분석 등을 중심으로 체계화 되어지고 있다.

일본의 농업경영학 체계는 첫째, 초기의 체계는 주로 경영의 전제가 되는 토지, 노동, 자본 등의 경영요소의 의의, 생산요소의 결합관계, 자원활동의 기술적 방법 등이다. 그러나 경영의 전제조건은 경영주체를 중심으로 적극적으로 개발 정비하는 구체적 방법을 나타내는 것이 필요하다. 주어진 경영여건의 형식적 운영을 논술하는 경영학이 아니고 적극적으로 곤란한 경영여건을 개선하고 정비해서 경영하는 행동과학적, 적극적 농업경영학이어야 한다.

둘째, 사학의 본질에 입각한 개별적 생산단위에 있어서 과거의 경제성 구명과 동시에 이것을 개선해서 전개하는 경제원리를 추구하고 주체적인 전개의 이론을 포함한 경영경제학이어야 하며, 이에 관한 체계를 수립해야 한다는 주장이 일고 있다.

셋째, 작목으로써의 개별경영의 경제성과 농가의 종합적인 경영주체로써의 농기업과의 관계가 밝혀질 필요가 있다. 이런 의미에서 규모론과 집약도론과는 개별경영에 있어서의 한계이론과 같이 전체와의 상호관계에 있어서 상호기여의 정도가 밝혀질 필요성이 대두되고 있다. 즉 경영학은 어디까지나 운영관리의 동학적 경영학이고, 이와 같은 체계로 재편되어질 필요가 있다.

넷째, 개별경영과 주변경영과의 조직화와 협업경영도 고려되어질 필요가 있다고 주장하고 있다.

그런데 오늘날의 농업은 축산업의 급진적 성장과 선택적 확대에 의해서 농업 중 축산경영의 필요성이 날로 높아가고 있는 차제에 축산경영학의 학문체계가 절실히 요구되고 있다.

축산경영의 합리화를 위한 모든 이론이 균형있게 연구되자면 학문체계가 올바르게 수립되어야 할 것이다.

- 축산경영학
  - 본 학 문
    - 축산경영론 : 축산경영목표론, 축산경영요소론, 축산경영계획론, 축산경영조직론, 축산경영관리론, 축산경영진단론 축산경영분석론, 축산경영심리론
    - 축산회계관리론 : 축산물원가론, 축산세무회계론, 축산재무회계론
    - 축산물유통론 : 축산정보처리론, 축산물시장론, 축산물유통관리론, 축산물무역론
  - 기초학문
    - 축산학분야 : 가축생리론, 가축영양론, 가축육종론, 가축번식론, 사료작물론, 가축질병론, 축산가공론, 축산시설론, 농기계관리론, 가축환경관리론, 가축행동론
    - 경영학분야 : 경영학, 회계학, 통계학, 생산경제학, 경영심리학, 시장론, 경영계획론, 경영사, 경영조직론, 경영관리론, 경영수학, 경영분석론, 경영조사론, 전산계산론, 부기론
  - 관련학문
    - 경제학, 농업경제학, 축산경제론, 축산정책론, 축산물가격론
    - 축산협동조합론, 축산금융론, 축산법규, 축산개발론, 농촌사회학

〈그림 1-2〉 축산경영학의 체계

축산경영학이란 축산학과 경영학의 학문이 조화있게 결합되어 생성된 학문이기에 축산경영학의 이론이 연구되자면 <그림 1-2>에서 보는 바와 같이 기초학문으로써 축산학에 대한 모든 내용을 연구하고, 그 위에 경영학에 대한 연구를 함으로써 본 학문인 축산경영론, 축산회계관리론, 축산물유통론을 연구할 수 있게 되는 것이다.

축산경영학이란 세분화된 학문으로 생각하기 쉬우나, 실은 2개의 학문이 결합된 복합학문이기에 연구가 다른 학문에 비하여 넓은 기초가 요구되는 것이다.

2. 축산경영학의 임무

우리나라 축산이 국제경쟁력을 가지면서 안정적으로 성장·발전하려면 개별 축산경영체가 경영의 목표인 적정소득이나 적정이윤을 획득할 수 있는 경영합리화가 이루어져야 한다.

WTO 출범으로 세계는 경쟁시대에 도입하면서 축산물도 수입이 자유화됨으로써 생산비 절감과 고품질의 축산물 생산하지 않고서는 타 국가와의 경쟁력에 떨어지기 마련이다. 선진국의 축산물이 우리나라에 상륙함으로써 우리나라 축산은 크나큰 위협을 받고 있기 때문에 상대를 이길 수 있는 전략이 필요한 실정이다.

따라서 국내 축산경영자는 축산경영의 합리화를 위해 구비해야 할 조건들을 알고 갖추어야 한다. 즉 외국의 축산물과 경쟁할 수 있기 위해서는 양질의 축산물을 저렴하게 생산하는 방법 밖에는 없다. 신선한 양질의 축산물을 생산함에 있어 생산비를 절감시키기 위해 생산성을 높이는 과제를 풀어야 한다.

이를 위해서는 첫째 축산기술의 혁신으로 축산경영합리화가 요구된다. 즉 종축의 개량, 과학적인 사양관리, 자급사료의 생산기반 확충, 번식성장의 향상, 가축위생 및 질병 등에 대한 전반적인 이론과 기술뿐만 아니라, 축산물의 가공이용에 대한 국제수준의 기술개발이 절실히 요구된다.

둘째는 축산경영의 혁신이 요구된다. 즉 경영목표의 설정, 경영계획의 수립, 경영조직 및 경영관리의 체제, 경영분석 및 개선방안의 마련 등을 정확하고 조직적으로 해 나갈 수 있는 경영능력이 무엇보다 중요한 조건이다. 경영합리화는 기술만으로는 불가능한 것이고, 경영능력이 보강되어져야 하며, 여기에 축산경영학의 필요성과 임무가 요구되는 것이다.

축산경영학은 축산경영의 합리화를 위한 이론을 연구하는 학문으로 축산경영자에게 지도·보급할 경영이론을 연구 개발함으로써 개별 축산경영체의 경영안정에 기여하며, 나아가서 전체 축산발전에 밑거름이 되는데 그 임무가 있다.

◈ 연 습 문 제 ◈

1. 축산의 개념에 대해 논하라.
2. 축산의 역할에 대하여 논하라.
3. 경영의 개념에 대해 논하라.
4. 농업경영의 개념에 대하여 논하라.
5. 축산경영의 개념에 대하여 논하라.
6. 축산경영학의 개념에 대하여 논하라.
7. 축산경영학의 체계에 대하여 논하라.

〈참 고 문 헌〉

1. 강창규, 최신농업경영학, 학우사, 1982.
2. 고려대학교경제연구소, 신경제학사전, 대학당, 1978.
3, 경제학대사전, 박영사, 1983.
4. 구재서 외 3명, 신고 농업경영학, 선진문화사, 1983.
5. 김원주, 경영학원론, 경문사, 1980.
6. 김용기, 경영학원론, 박영사, 1973.
7. 김해천, 경영학원론, 박영사, 1985.
8. 농림수산부, 농림수산주요통계, 1988.
9. 농림수산부, 축산법, 1982.
10. 농업계전문대학 교재편찬위원회, 학문사, 1982.
11. 류제창, 축산경영학의 개념정립과 학문체계에 관한 연구, 한국축산경영학회지 창간호, 1985. 12.
맹원재 등, 최신축산학개론, 선진문화사, 1987.
13. 박종형, 농업경영학요론, 선진문화사, 1974.
14. 서울대학교 경영대학 경영연구소, 경영학핸드북, 1983.
15. 소명일, 임익형, 현대경영학원론, 박영사, 1985.
16. 신경제학사전, 대학당, 1978.
17. 심영근, 농업경영학개론, 선진문화사, 1978.
18. 오병수, 현대경영학, 실학당, 1976.
19. 황대석, 경영학원론, 박영사, 1981.
20. 宮出秀雄, 農業經營經濟學, 明文書房, 1976.
21. 金澤夏樹, 農業經營の原理と政策, 1980.
22. 金澤夏樹, 農業經營學講座1-農業經營學會の體系, 1979.
23. 金澤夏樹, 現代の農業經營, 東京大學出版會, 1978.
24. 粕祐賢, 農學原論, 養賢堂, 1964.
25. 佐藤俊夫, 農業經營學, 高文堂出版社, 1981.
26. 磯邊樹俊, 農業經營學, 養賢堂, 1975.
27. 機邊樹俊 編著, 畜産經營학, 恒星社後生閣, 1981.
28. Aereboe, Allgemeine Landwirtschaftliche Betriebslehre 工藤元 著.
29. Goerge. Blohm, Allgemeine Landwirtschaftliche Betriebslehre, 1959.
30. Heady and Jemsen, Farm Management Economics, prentic-Hall, Inc, 1954.
31. Ronald D. Kay, Farm Management, McGraw-Hill Book Company, 1981.
32. T. Brinkmann, Die Oekomomik des Landwirtschaftlichen Betribes-農業經營經濟學, 大槻正男 驛, 地球出版社, 1969.
33. W. David Downey, John K. Trocke, Agribusiness Management, McGraw-Hill, 1981.

제 2 장

축산경영의 요소

축산물을 생산·판매하는 경영활동이 합리적으로 이루어져서 경영목표를 달성하기 위해서는 필수적인 경영의 요소가 필요하다. 즉 경영활동을 통해서 우유, 고기, 계란, 모피, 꿀 등의 축산물을 생산하고 가공, 판매하기 위해서는 토지(land), 노동력(labor power), 자본재(capital goods), 경영능력(management, managerial ability)이 반드시 요구된다. 이것을 축산경영의 4대 요소라고 한다.

이 4가지 경영요소는 축산경영의 목표달성을 위해서 각각의 경영요소의 역할과 기능 또한 중요하다. 이들 4가지 요소 중 노동력, 자본재, 경영능력은 양호한데 비하여 토지 조건이 경영여건에 대단히 불리한 경우에는 토지의 기능뿐만 아니라 다른 요소들의 기능발휘에도 영향을 미친다. 또한 어느 축종의 축산경영에 알맞는 토지, 노동력, 자본재를 갖추었다하여도 위의 경영 3대 요소를 조화있게 잘 결합하여 이용하는 효율적인 자원활용을 할 수 있는 경영자의 경영능력이 없을 경우에는 경영성과는 적정한 수준에 도달하기 어려울 것이다. 그러므로 이들 경영의 4대요소는 축산의 경영목표를 달성하는데 필수 불가결의 요소이다.

본 장에서는 축산경영과 이들 각 요소와의 관계를 보다 구체적으로 검토하면서 설명하고자 한다.

제1절 토　　지

축산을 경영하려는 경영자가 제일 먼저 생각해야 하는 것은 토지의 문제이다. 어느 곳에 얼마나 넓은 토지를 얼마 정도의 자본으로 구입하고, 그 토지를 어떻게 이용할 것인가를 구체화시켜야 한다.

사육하고자하는 축종과 규모가 결정되면 경영방침에 따라 경영목표를 달성하는데 필요한 토지이용계획이 마련되어야 한다. 토지란 모든 경영활동의 가장 기본적인 조건이기 때문이다. 우리나라 농업의 중심을 이루고 있는 쌀농사는 논이라는 토지가 있기 때문에 생산이 가능하며, 과수작(果樹作)은 과수원이라는 토지가 잇기 때문에 우리에게 많은 과실을 제공한다. 축산물을 통한 축산물의 생산공급에도 초지나 사료작물포장은 물론 축사, 운동장, 기타 시설을 위한 토지가 필요하다.

토지는 이용목적에 따라 지목이 정해져 있다. 토지대장에 기록된 지목은 논, 밭, 대지, 초지, 임야, 잡종부지 등으로 구분되어 있고, 개발제한구역(그린벨트), 녹지(생산녹지 등), 절대농지, 상대농지, 보안림, 보전림, 준보전림, 사방림, 조림지역 등 토지이용에 대한 제약 조건이 많다. 우리나라의 토지는 마음대로 축산에 이용할 수 있는 면적을 크게 제한받고 있기 때문에 법적인 허용범위를 우선 알아야 하고, 그 다음에는 축산을 하기에 적지여부를 검토해야 된다.

사육지로서의 적지에 대한 판단은 자연적인 조건을 기준으로 먼저 조사를 하여야 한다. 낙농이나 비육우, 양돈, 양계 등 모두 마찬가지이나 가장 복잡하고 많은 토지를 요구되는 낙농을 예로써 검토해 보면 다음과 같다.

사육 규모를 확대하거나 새로 젖소목장을 시작하는 경영자가 토지의 면적을 생각할 때에는 가용면적을 동시에 생각하여야 한다. 아무리 총면적이 넓다해도 낙농에 직접 이용할 수 있는 면적이 얼마냐에 따라 토지의 가치가 발휘된다. 그러므로 토지를 구입할 때에는 무엇보다도 이용가능지의 실 평수를 점검하여야 하며, 또한 이용가능 면적도 기계 이용면적과 인력에 의한 이용면적의 정도를 분석해야 한다.

나날이 더해가는 농촌의 인력부족은 농업경영의 형태나 구조개선에 문제점을 던져준 것으로써 노동력의 대체수단은 농기계의 보급에 있다. 이러한 현재와 미래의 조건을 감안할 때 토지 이용에 대한 기계화 문제는 필연적인 사실로 받아들여지고, 그 전제 하에서 토지의 이용계획 및 구입방침이 설정되어야 한다.

토지가 축산경영의 요소로써 기능과 역할을 충분히 해내기 위한 이상적인 전제조건은 다음과 같다.

첫째, 자연적 속성인 토양의 구조로써 암반의 유무, 자갈의 유무, 표토의 깊이, 토양의 비옥도, 그 지역의 기후조건, 강우량, 적설량, 지하수 및 흐르는 물의 유무, 경사도 등 경영자가 계획한 축종의 사육에 적합한 토지이어야 한다.

둘째, 경제적 속성인 토지의 위치, 도로의 넓이와 포장유무, 교통수단 유무 및 편리여부, 시장과의 거리, 인근의 기존 축산농가 유무, 인근부락의 노동력 동원관계 등이 적합한 토지이어야 한다.

셋째, 법률적 조건으로써 경영자가 계획하고 있는 축종과 농장의 설계에 있어 아무런 계약조건이 없는 토지이어야 한다.

넷째, 경영자 토지구입 예산에 알맞는 적정한 가격인 토지 이어야 한다.

1. 토지의 성질

토지는 다른 경영요소(노동력·자본재·경영능력)나 다른 축산업 분야의 자원에서 찾을 수 없는 독특한 성질을 가지고 있다.

토지의 성질은 사료작물의 재배성장에 중요한 기능을 발휘하는 기술적인 성질과 일종의 자본재로써의 중요한 기능을 발휘하는 경제적인 성질로 크게 구분할 수 있다.

(1) 토지의 기술적 성질

토지는 적재력, 가경력, 배양력이라는 기술적 성질을 가지고 있으며, 이러한 성질에 의존하여 축산경영에 이용되는 목초나 사료작물을 생산할 수 있다.

1) 적재력(Loading ability)

토지의 적재력이란 축산물의 생산 대상인 가축을 사육할 수 있는 장소, 가축을 사육하는데 필요한 사료작물 재배장소, 제반시설 및 노동이 가해지는 장소로써의 기능을 의미한다.

그러나 토지의 적재력은 비단 축산업뿐만 아니라, 다른 산업에 있어서도 중요한 생산요소로 작용한다. 공업에 있어서는 필수적 공장부지로, 상업에 있어서는 상품을 진열하거나 보관하는 진열대 및 창고의 역할을 하나, 축산에 있어서는 조사료 생산에 필요한 초지, 사료작물 및 방목지 등의 면적과 축사, 운동장 및 사료창고 등의 부지가 필요하며 다른 산업에 비하여 그 중요성은 매우 크다.

2) 가경력(Arability)

토지의 가경력이란 사료작물이 뿌리를 부착하고 지상부를 움직이지 않게 함과 동시에 뿌리의 흡수작용을 용이하게 하는 물리적인 성질을 의미한다. 이 기능은 토지의 상태, 즉 토지의 이화학적 성질인 토양 수분, 토양의 기공, 온도 등과 같은 성질에 좌우된다.

일반적으로 가경력이 있는 토지란

첫째, 암반과 자갈 등이 없는 토지
둘째, 경토가 깊고 심토가 좋은 토지
셋째, 조직구조가 양호한 토지
넷째, 보수력이 강한 토지

다섯째, 배수가 잘 되는 토지
여섯째, 적당한 공극력이 있는 토지다.

한편 과거의 가경력이 낮은 토지도 근래에 와서는 토지개량 및 토양개량의 기술발달, 즉 경운, 정지, 중경, 배토 등의 토양처리 또는 관배수, 객토, 건토, 시비 등의 처리 또는 수작법 등의 실행으로 토지의 가경력이 증대되고 있다. 또한 지대의 상승과 가축두수의 증가로 인하여 가경력이 없다고 판단했던 토지도 유효하게 사용되고 있다.

3) 배양력(Cultivatability)

토지의 배양력이란 식물의 성장에 필요한 영양분을 공급하는 토지성질을 의미한다. 일반적으로 이를 비옥도 또는 지력이라고도 한다.

사료작물의 생육에 필요한 영양분으로써는 질소(N), 인산(P), 칼리(K) 등의 3요소 이외에 미량이나 작황에 많은 영향을 미치는 철(Fe), 칼슘(Ca) 등의 무기물 성분 등이 있다. 이러한 성분들은 기후, 미생물, 지형과 같은 자연적인 요인과 인위적인 요인에 의해 생성되나 결국 토양의 경제적 판단이 이루어져야 한다. 경제적인 토양이란 토양의 화학반응이 중성인 토양, 필요한 모든 가합태양분(可合態養分)이 다량으로 섞인 토양, 유익한 미생물이 많은 토양, 유해물질이 없는 토양, 석회분이 많은 토양, 지온이 높은 토양 등을 말한다.

한편 토지의 자연적인 배양력이 매우 낮더라도 인공적으로 비료나 토지개량 사업에 의해서 어느 정도 향상시킬 수 있다. 이러한 의미에서 축산경영은 가축의 부산물인 구비를 이용하여 토지의 이화학적인 성질을 개선하여 배양력을 향상시킬 수 있다.

이상의 세 가지 토지의 기술적인 성질은 그 각각이 개별적으로 작용하는 것이 아니라 상호 보완적으로 결합함으로써 토지의 생산력을 증진시키는 것이다.

(2) 토지의 경제적 성질

토지는 일종의 자본재이나 일반 자본재와는 다른 경제적 성질이 있다. 즉 불가증성, 불가동성 및 불소모성을 가지고 있다.

1) 불가증성

토지의 불가증성이란 토지는 임의로 증가 또는 확장할 수 없는 성질을 말한다. 존재하는 일정한 면적의 토지도 기술적인 조건과 경제적 이용가치의 관점에서 볼 때 축산업 이용면적은 더욱 한정된다. 이러한 성격으로 인해서 유용한 토지는 일정한 지대를 발생한다.

그러나 초지를 이용한 축산업의 발달은 일정한 면적의 한정성을 확대시키는 결과를 가져옴으로 산야지의 개발에 의한 초지화를 통한 축산발달은 필요 불가결한 것이다.

2) 불가동성

토지의 불가동성이란 토지가 자유로이 움직일 수 없는 성질을 말한다. 토지는 그 자체가 생산적 기능으로 이동하지 않고 기계, 종자, 비료와 같은 이동성 자원과 결합하여 생산활동을 한다.

이러한 불가동성에 의한 입지적 조건에 따른 축산업의 경영형태는 크게 달라진다. 시장과 생산지와의 거리가 멀수록 축산물의 운반이 곤란하고 운임이 많이 소요되어 농민의 수입이 감소됨으로 농민은 조방적인 경영형태로 토지를 이용하게 되고, 거리가 가까울수록 운임이 적게 소요되는 반면에 지대가 높아지므로 집약적인 경영형태로 고가인 축산물 생산을 위해 토지를 이용한다.

이와 같은 입지적 조건에 따른 경영형태는 축산경영에 있어서도 예외는 아니다. 도시근교의 축산은 주로 양봉, 양돈, 한우비육, 착유전업 낙농과 같은 집약적 축산(Intensive animal husbandry)이 발달하게 되는 반면, 도시와 거리가 멀수록 한우번식, 젖소육성우와 같은 조방적 축산(Extensive animal husbandry)이 발달하게 된다.

3) 불소모성

토지는 다른 생산재와는 달리 사용함에 의하여 소모되지 않는다. 유동자본재는 다만 1회 사용으로 그 형질이 변화하거나 또는 가치가 전부 소멸되고, 대농기구, 건물 등과 같은 고정자본재라 하더라도 그 가치는 점점 소멸되며, 토지는 이용하면 할수록 지력은 소모되나 토지 그 자체는 소모되지 않는다. 이와 같은 토지의 성질을 불소모성이라고 한다. 토지는 이용함에 따라 지력의 소모는 있을지라도 비료 및 다른 보조수단을 사용하여 토지의 생산능력을 보존하거나 지력을 향상시킬 수 있는 것이다.

그러므로 대농기구나 건물 등과 같은 고정자본재를 경영에 사용할 때는 감가상각비가 발생하지만 토지는 감가상각비를 계산하지 않고 지대(rent)로만 계산되는 것이다.

2. 토지의 종류와 이용

토지의 이용률과 이용 상태는 기후, 지형, 인구, 역사적 배경 등 많은 요인에 따라서 국가나 지역마다 다르다.

농업생산에 이용되는 토지의 종류를 지목이라고 칭하는데, 이는 다음과 같이 분류할 수 있다 (그림 2-1 참조).

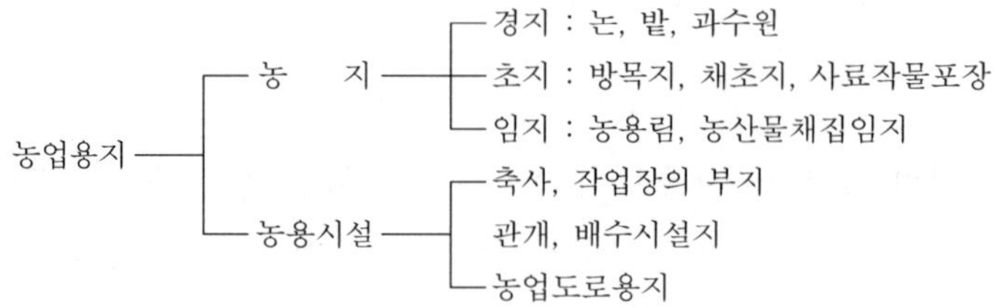

〈그림 2-1〉 농업지의 지목구성

〈표 2-1〉 우리나라 국토 이용현황

(단위 : 천ha, %)

연 도	국토면적	농 경 지				임 야		기 타	
		총 면 적		논	밭				
1995	9,927	1,985	20.0	1,206	779	6,452	65.0	1,490	15.0
2000	9,946	1,889	19.0	1,149	740	6,422	64.6	1,635	16.4
2005	9,965	1,824	18.3	1,105	719	6,494	65.2	1,647	16.5
2007	9,972	1,782	17.9	1,070	712	6,382	64.0	1,808	18.1
2009	9,990	1,737	17.4	1,010	727	6,370	63.8	1,883	18.8
2010	10,000	1,715	17.2	984	731	6,450	64.5	1,835	18.4

자료 : 농림수산통계년보(NAFF)

(1) 경 지(Cultianted land)

경지는 농업경영에 가장 기본적이고 중요한 지목이다. 농업 시설지는 물론 초지와 임지에 대한 관심보다는 논과 밭에 의한 미곡중심의 농업경영 형태를 영위해 왔다. 그러나 생활수준의 향상에 의한 축산물 수요증가에 의해서 미곡중심의 논, 밭 농업을 위주로 한 경지가 조사료 생산을 위한 사료작물 재배에 계속 이용되고 있는 추세에 있다.

1) 논(Paddy field)

논은 논두렁을 만들고 용수를 고이게 하여 작물을 경작하는 토지를 말한다. 논은 주로 수도작 재배에 사용할 뿐만 아니라, 2모작으로 대맥, 소맥, 비료작물, 사료작물 등의 재배도 가능하다.

우리나라의 농업에서는 논을 가장 중요한 지목으로 여기고 있으며 총 면적의 9.8%인 984천ha(2010년 기준), 농가호당 경작면적은 83.6a로써 계속 감소 추세에 있다. 이러한 농가호당 경작면적 감소 추세는 농가호수 및 농가인구의 감소에 연유한 것이다. 논에서 생산되는 볏짚은 미곡의 부산물로써 가축 사료로 많이 이용되어 왔으며, 최근에는 암모니아 처리 등과 같은 화학적 처리를 함으로써 이용가치가 증대되고 있다(표 2-2 참조).

한편 최근에는 논 경작의 경우 대맥이나 소맥의 수요감소와 축산물의 수요증가로 대맥과 소맥생산에서 사료작물 생산으로 대치되고 있어 논은 축산경영에 중요한 몫을 차지하고 있다.

〈표 2-2〉 논 경작현황

항 목 / 연 도	국토면적(천ha)	논경작면적(천ha)	농가호당 논경작면적(a)
2005	9,965	1,105	80.3
2006	9,968	1,084	79.5
2007	9,972	1,070	80.8
2008	9,983	1,046	81.9
2009	9,990	1,010	83.4
2010	10,003	984	83.0

주 : 논 면적은 지목에 관계없이 실제 논으로 이용되는 면적임.
자료 : 통계청, 2011년.

2) 밭(Upland)

밭은 지면이상으로 물을 고이게 하는 시설이 없는 경지를 일반적으로 말한다. 밭은 논 다음으로 중요한 경지로써 국토면적 10,000천ha(2,010년기준) 중 731천ha로써 약 7.3%를 차지하고 있다(표 2-3 참조).

밭의 이용은 다양하나 축산경영을 위한 사료작물은 주로 사일리지용 옥수수 재배가 가장 대표적이다. 그러나 현재 밭을 이용한 사료작물 재배는 지대와 축산물의 가격 등 많은 요인을 고려하여 결정해야 하겠으나 점차 밭을 사료작물 재배에 많이 이용하고 있는 실정이다.

〈표 2-3〉 밭 경작현황

항 목 / 연 도	국토면적(천ha)	밭경작면적(천ha)	농가호당 밭경작면적(a)
2005	9,965	719	56.5
2006	9,968	716	57.5
2007	9,972	712	57.8
2008	9,983	713	58.8
2009	9,990	727	60.9
2010	10,003	731	62.1

주 : 밭 면적은 지목에 관계없이 실제 밭으로 이용되는 면적임.
자료 : 통계청, 2011년.

(2) 초 지(Grass land)

초지란 가축사양에 필요한 목초를 재배하거나 가축을 방목하는 풀밭을 의미하며, 이는 자연야초 위주인 목야지와 개량초지 위주인 목초지로 크게 구분된다.

경제발달에 의한 국민소득수준 향상에 따른 국민 식생활수준의 향상, 즉 식물성 전분질 식품에서 동물성 단백질 식품으로 기호가 변화함에 따라 축산물 수요증가는 초식동물의 사육증가를 초래하여 초지 개발의 필요성과 중요성을 높이고 있다.

초지개발은 축산경영에 있어서 목초 및 사료작물을 효율적으로 생산하여 축산물 생산에 이용한다면 국가 경제적인 측면에서 국내의 사료자급도를 높이고, 외화절약을 가져오며, 양축농가의 경영적인 측면에서도 저렴한 조사료를 생산하여 농후사료를 대체함으로써 경영의 합리화를 추구할 수 있다. 그러므로 축산경영에 있어서의 조사료 생산을 위한 초지개발은 필수적이라 할 수 있다.

이러한 초지 개발의 필요성을 더 구체적으로 경제적 측면, 가축사양 측면, 토지이용측면에서 살펴보면 다음과 같다.

첫째, 경제적인 측면에서 볼 때

농후사료 수입의 증대는 외화유출을 초래시킬 뿐만 아니라, 국내 사료생산을 제약시킨다. 따라서 양질의 저렴한 초지 개발에 의한 조사료 국내 생산은 농후사료의 수입을 감소시킴으로써 외화를 절약할 수 있다.

양축농가의 경영측면에서는 사료작물의 재배에 의한 가축사육은 사료비의 절감효과를 가져오며, 이로 인한 생산비절감은 양축농가의 소득과 이윤증대를 가져올 수 있는 주요 요인이 된다.

둘째, 가축사양측면에서 볼 때

초식동물에 있어서는 조사료의 급여에 의하여 가축에게 단백질이나 탄수화물에 편중하기 쉬운 농후사료의 결점을 보충하며, 반추위동물의 경우 불임증과 위장병 예방을 할 수 있고, 가축의 경제적인 수명을 연장시킬 수 있다.

셋째, 토지이용측면에서 볼 때

전국토 면적의 65.4%을 차지하고 있는 임야를 축산물 생산을 위하여 개발할 경우 유휴산지를 생산적으로 활용함으로써 토지의 이용률 및 효율화를 증대시키며, 초지조성에 의한 산지개발은 도로개설의 촉진을 가져올 수 있으므로 지역간 균형을 이루는 국토개발을 가속화할 수 있다.

이상과 같이 조사료 생산증진을 위한 초지개발은 국내 사료의 자급도를 증진시켜 외화의 절약을 가져오며, 초식동물의 경제적인 수명연장 및 양축농가의 경영적인 이윤증대 등을 가져온다. 한편으로 초지조성을 위한 기술적인 발달과 아울러 제도적인 방안 마련이 필요하다.

우리나라의 초지관리면적 현황을 살펴보면 <표 2-4>에서 보는 바와 같다.

〈표 2-4〉 연도별 초지조성 및 관리면적

(단위 : ha)

연 도	전 국	경 기	강 원	충 북	충 남	전 북	전 남	경 북	경 남	제 주	기 타
2005	43,581	3,003	7,104	1,730	3,848	2,227	2,488	2,564	1,281	18,426	910
2006	42,114	2,851	6,860	1,714	3,782	2,127	2,477	2,556	1,253	17,600	894
2007	41,432	2,773	6,695	1,678	3,689	2,114	2,460	2,433	1,244	17,491	855
2008	40,790	2,694	6,643	1,640	3,612	2,102	2,419	2,427	1,147	17,323	783
2009	40,059	2,477	6,563	1,624	3,222	2,286	2,400	2,413	1,001	17,331	742
2010	39,371	2,399	6,539	1,554	3,208	1,978	2,390	2,364	946	17,291	702

자료 : 농수산식품 주요통계, 농수산식품부, 2011년.

우리나라의 초지개발이 본격적으로 실시된 것은 개발촉진법이 제공 공포된 1962년부터라 할 수 있으며, 조사료 생산기반 조성을 목적으로 실시해온 결과 1987년 말 기준 초지조성 면적은 총 125,235ha에 이르렀다.

그러나 초지관리 기술의 미약, 초식동물의 가격저조 등 기술적인 제약, 경제적인 제약조건 및 제도적인 제약조건에 의해서 개발의 둔화, 개발초지의 부실화 및 용도가 변경되어 온 결과 지속적으로 감소하여 2010년 말 기준으로 양축농가가 실제로 관리하고 있는 면적은 39,371ha에 불과한 실정이다.

따라서 조사료 생산기반 조성을 위한 초지조성 사업은 축산발전을 위한 필수적인 선행조건이라 할 수 있으나 초지조성에 못지않게 초지조성 후의 관리 또한 중요하다.

(3) 임 야(Forest land)

축산경영상 중요한 토지자원인 임야면적은 2000년말현재 우리나라 국토면적의 64.3%인 66,422천ha이다. 이 자원은 단순한 임산물생산에만 이용될 뿐 경제적 이용측면인 축산물생산을 위한 초지개발의 이용은 적었다. 임야 중 축산에 이용할 수 있는 개발가능면적이 법률적 개발제한과 많은 개발비용에 의해서 개발되지 못하고 있는 실정이므로 정부는 초지조성에 적합한 국공유림을 개발 임대하여 주는 제도 등이 필요한 실정이다.

한편 국공유림 임대제 실시와 더불어 초지조성 허가절차의 간소화 및 정부의 금융지원과 조사료생산 증대로 인한 생산비 절감을 통해 축산 소득의 증대는 물론 출산 발전에 큰 도움이 될 것이다.

(4) 기타 지목

축산경영과 관련이 있는 지목은 경지, 초지, 임야 이외에 기타 지목으로써 논두렁, 제방, 하천부지 등을 들 수 있다. 우리나라 총 국토면적 중 기타 면적은 1,671천ha(2000년

기준)으로써 약 17.0%를 차지하고 있어 무시할 수 없는 면적이다.

따라서 지가의 상승에 의한 토지의 구입이 어려워지고 있는 실정 하에서 이를 이용한 축산경영이 절실히 요구된다.

3. 축산경영의 입지조건

축산경영에 있어서 토지는 중요한 생산요소 중의 하나로써 단순히 자연적인 조건뿐만 아니라, 경제적인 조건을 갖춘 생산력이 존재하여야만 축산경영을 위한 적지로써 고려되는 것이다.

이러한 경영방식결과 입지의 문제는 T.H.V. Thünen(1826)에 의해서 연구되었다. 도시, 즉 소비시장을 중심으로 하는 경영방식에 관하여 논의된 것이다. 한편 T. Brink-mann(1922)은 경영집약도의 측면에서 생산수단을 시장부문과 농장부문 및 임금부문으로 구분하고, 이것을 시장과의 거리에 연결시켰으며, 운임차와 생산비 및 판매비와의 관계에 있어서 차이는 지대와 다르다고 하여 이것이 경영방식 결정시 입지의 문제라고 하였다.

Thünnen의 이론에 관한 논리로 미루어 볼 때 입지론은 경종농업에 있어서 작목의 선택, 축산경영에 있어서도 사료작물의 적지적작(適地適作), 가축의 적지적축(適地適畜)의 시점에서 가장 적합한 입지를 선정하여야 한다.

일반적으로 경종농업의 입지에 있어서는 자연적인 입지조건과 경제적인 입지조건을 중시하여 적지적작의 입지조건을 전제로 하는 반면 축산경영의 입지에 있어서는 자연적 입지에 집착할 필요가 없다는 견해도 있다. 이는 자연적인 환경에 대해서 기술발달에 의한 축사에 의해서 환경제재가 가능하기 때문이라는 측면에 의한 것이다. 그러나 낙농경영, 양돈경영 및 양계경영에 있어서 환경을 극복하기 위해서는 많은 투자자본이 필요하게 된다. 또한 자급사료생산을 수반하는 유용우, 육용우의 경영에 있어서는 자연조건에 따라서 품종의 제약이 있고 경영입지와의 관계가 명백하기 때문에 자연적인 조건을 무시할 수 없는 것이다.

한편 경제적 입지조건에 대해서는 시장조건, 가령 축산물의 처리 가공장과의 관계, 가축의 시장가격과의 관계, 대소비지와의 관계, 가축의 사양관리에 필요한 생산요소(특히 사료) 조달의 난이에 차가 있기 때문에 무시할 수 없다.

사회적인 측면에서는 비 양축농가와의 거주지역에 있어서의 환경오염문제, 오염처리를 위한 정화시설의 능력과 사육두수와의 불균형 등에 의한 문제가 토지의 구입에 따른 문제점으로 지적될 수 있다.

이러한 측면을 고려하여 토지의 구입시 전제되어야 할 조건들에 관해서 살펴보기로 하자.

(1) 자연적인 입지조건

토지가 지니고 있는 자연적 조건인 토양의 비옥도, 경사도, 기후, 강우량, 적설량 등의 가축사양에 미치는 영향과 사료작물 재배시 사료작물에 미치는 영향이 축산경영에 있어서 입지결정에 중요한 요소이다.

첫째, 토양의 비옥도는 사료작물재배에 가장 큰 영향을 미친다.

비옥도가 낮은 토양이라고 할지라도 비료, 퇴비 등의 토지 양분의 공급에 의해서 비옥도의 증가가 가능하며, 비옥도가 낮은 경우에 비옥도 향상을 위해 소요되는 경제적인 투자와 비옥도가 높은 반면에 지가가 높은 지역과의 투자효과를 비교하여 고려하는 것이 바람직하다.

둘째, 기후조건의 경우 가축은 온도에 많은 영향을 받으므로 자연적인 입지조건 중 가장 중요한 조건이다. <표 2-5>은 각 가축의 적정온도 범위 및 생산활동 한계온도이다.

〈표 2-5〉 가축의 적정온도 범위 및 생산환경 한계

(단위 : ℃)

축 종 \ 온 도		적정온도 범 위	생산환경 한계		비 고
			저 온	고 온	
소	포 유 독 우	13~25	5	30~32	저온 : RH 70%이상, 풍속 1m/s 이상 고온 : RH 70%이상, 풍속 1m/s 이상
	육 성 우	4~20	－10	32	저온 : RH 70%이상, 풍속 1m/s 이상 고온 : RH 70%이상, 풍속 1m/s 이상
	비 육 우	10~20	－10	30	저온 : RH 70%이상, 풍속 1m/s 이상 고온 : RH 70%이상, 풍속 1m/s 이상
	착유우(홀스타인)	0~20	－13	27	저온 : RH 70%이상, 풍속 1m/s 이상 고온 : RH 70%이상, 풍속 1m/s 이상
	착유우(저 어 지)	5~24	－5	29	저온 : RH 70%이상, 풍속 1m/s 이상 고온 : RH 70%이상, 풍속 1m/s 이상
돼지	비 육 돈	15~27	0	27~30	단, 체중에 따라 다를 수 있음.
	성 돈	0~20	－1~0	27	단, 야외조건 및 축사조건에 따라 다를 수 있음.
닭	산란계(백색종)	13~28	1	30~32	단, 야외조건 및 축사조건에 따라 다를 수 있음.
	산란계(갈색종)	15~25	－5	30	단, 야외조건 및 축사조건에 따라 다를 수 있음.
	브로일러	19~23	8	28	단, 야외조건 및 축사조건에 따라 다를 수 있음.

셋째, 토지의 경사도가 축산경영에 미치는 영향은 축종에 따라 다르나 젖소 및 비육우 등 방목이 필요한 축종에 있어서는 적합한 기온에서는 큰 문제가 되지 않으며, 다만

사료작물의 재배시 어려운 경우가 있다.

따라서 일반적으로 가축을 방목할 경우 경사도는 별 문제가 없으나 사료작물 재배시 경작경사도는 15℃이내라야 한다. 그러나 이는 각 지형과 지세에 따라 다르므로 각 경영 여건에 따라 신축적으로 최대한 이용할 수 있도록 하여야 한다.

넷째, 이밖에 강우량, 바람, 일조시간, 적설량, 지하수 등의 자연적인 조건이 있다.

(2) 경제적인 입지조건

입지의 경제적인 조건은 크게 세 가지로 대별된다. 입지의 경영적인 지축, 지가 및 사회적·법률적인 환경조건으로 살펴볼 수 있다.

첫째, 시장과의 거리가 가까워야 한다.

입지의 시장과의 거리는 시장과 목장간의 절대적인 거리의 개념과 경제적인 거리의 개념으로써 시장과 거리가 가까워야 한다. 그러나 소비시장에서 가까운 거리일지라도 교통편의 불편과 도로 사정에 의해서 생산요소 및 생산물 운송에 많은 시간이 소요되는 경우 경제적인 거리는 먼 반면, 절대적인 거리가 먼 지역에 위치하였을지라도 도로와 교통편이 편리하여 짧은 시간 내에 생산요소 및 생산물의 운송이 가능한 경우에는 경제적인 거리는 짧은 것이다. 따라서 축산의 입지는 경제적인 거리가 짧아야 하며 도로와 교통수단이 발달된 곳이어야 한다.

둘째, 토지가격이 적정수준이어야 한다.

적지의 선정상 지가는 직접적인 관계를 가지고 있다. 일정한 국토면적하에서 공업용지의 확대에 따른 공장용 임야의 수요증대에 의한 임야의 지가상승은 양축가의 토지에 대한 투자에 많은 영향을 미치고 있다.

토지의 가격이 수요, 공급에 의해서 결정되지만 지가형성의 규제요인으로써 투자자본의 이자율과 그 토지로부터 발생되는 토지의 순수익, 즉 지대에 의해서 지배받게 된다. 지대는 토지자본에 이율을 곱한 수치, 즉 자본이자와 일치할 수 있을 때 정상적인 수준으로 평가할 수 있다. 토지를 구입함으로써 희생되는 자본비용, 즉 자본의 기회비용(opportunity cost)을 보상할 수 있을 정도의 지대가 발생할 만한 가치가 있을 때 구입지가는 형성된다.

따라서 장기적인 축산경영계획하에서는 토지를 구입하는 경우 경영에 큰 무리가 없는 한 일정한 자본으로 지가가 낮은 곳에 넓은 면적을 확보하는 것이 좋다. 이는 축산경영이 부동산 투자에 목적이 있는 것이 아니므로 자주 목장을 이동하는 것은 경영상 불리한 경우가 많기 때문이다.

(3) 사회적 · 법률적 조건

토지는 사회적·법률적으로 제약되는 것이 없어야 한다. 사회적인 조건으로써 목장의 주위환경이 전기, 전화, 의료기관, 교육기관, 인근부락 등 최소한의 문화생활에 큰 불편이 없는 여건을 구비하여야 하며 법적 제약조건이 없는 토지이어야 한다.

이러한 조건에 의해서 선정된 지역이 적지라 할지라도 경영요소로써 토지의 역할과 기능을 수행하기 위해서는 인위적인 작용이 가해져야만 비로소 가능하다. 넓은 면적을 필요로 하는 경종농업과 달리 비교적 좁은 면적에 의해서 경영이 가능한 양돈 및 양계 경영에 있어서 경제적인 조건인 토지의 위치, 교통, 축사의 방향, 부락과의 거리, 시장과의 거리, 폐수처리의 용이 여부 등과 동시에 법적인 요건으로써 개발제한여부, 절대농지, 보안림, 군사보호지역 등의 토지이용에 대한 법적인 허용을 고려한 적지선정이 이루어져야 한다.

제2절 자 본 재

1. 자본재의 개념

축산경영에 있어서 자본재(capital goods)란 축산경영자가 축산물을 생산하기 위하여 투입하는 토지 이외의 물질적 경제재를 의미한다. 여기서 물질적 경제재란 인간에 의해 생산된 생산수단 내지 중간 생산물로써 1회 또는 일정기간 사용한 후 소멸됨으로 경영활동을 지속하기 위해서는 계속 보충하여야만 가능한 것을 의미한다. 그러나 인간에 의해서 생산되지 않는 토지는 자본재라고 할 수 없다.

그런데 자본재를 때로는 자본과 혼동하여 사용되는 경우가 많은데, 이 두 가지 개념은 근본적으로 다르다. 자본재는 자본의 한 형태로써 구체적이고 물적인 생산수단을 의미하는 반면, 자본(capital)은 자본주의 경제 하에서 생산 및 유통과정을 통하여 운영되는 화폐가치의 총액을 의미하고, 자본의 형태는 화폐자본, 상품자본, 시설자본 등과 같이 다양한 유동적인 개념이라 할 수 있다. <그림 2-2>에서 보는 바와 같이 화폐자본(G)이 생산요소[노동력(A), 토지(L)]에 의해서 생산과정을 거쳐 상품자본(W)으로 판매되어 다시 회수자본(G)화되는 과정 중 하나의 형태에서 다른 형태로 변화하는 유동적 개념을 가지고 있다.

이와 같이 자본의 형태는 한 형태에서 다른 형태로 변화하는 유동적인 형태를 취하며 최초의 투하 화폐자본의 증가분인 잉여가치가 산출된다. 자본을 생산함에 있어서 이윤

추구를 위하여 사용될 때 비로소 의미가 있으며, 각종 생산요소를 결합하여 우회생산을

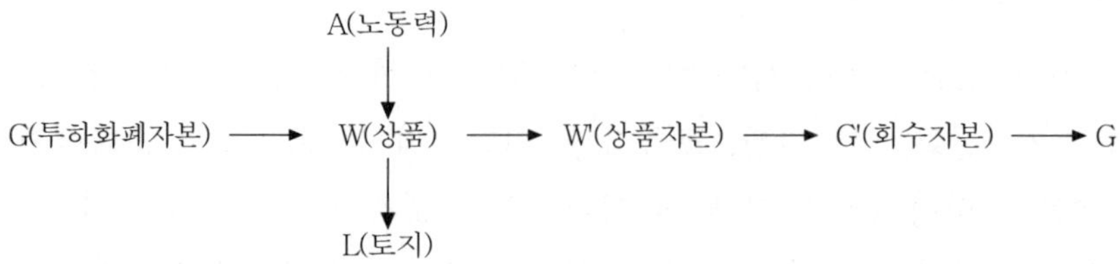

〈그림 2-2〉 화폐의 순환

가능하게 하는 화폐가치액으로써 어떤 형태를 가진 물체가 아니라 눈에 보이지 않는 일정한 구매력에 의해서 이윤을 산출하는 것이다.

따라서 생산요소의 하나인 자본재는 노동력과 토지를 축산경영에 유리하게 이용하여 그 기능을 충분히 발휘할 수 있도록 하여야 하며, 경영자는 각 자본재의 생산 기술적인 기능과 경제적인 성질을 정확히 파악하여야 하고 각 자본재의 상호간에 대체 또는 결합 관계를 파악하여야 한다.

2. 자본재의 종류

생산요소로써의 자본재는 경영목표를 달성하기 위한 생산수단이다. 자본재 분류방법에는 첫째, 경제적 관점에서 유형자본재와 무형자본재로 구분되고, 둘째, 노동의 투입관점에서 노동대상 자본재와 노동수단 자본재로 구분되며, 셋째, 자본재 존속기간의 장·단점에 의하여 고정자본재와 유동자본재로 구분된다.

그러나 가장 일반적인 분류방법은 자본재 존속기간의 장단에 의한 방법으로써 고정자본재(fixed capital goods)와 유동자본재(circulating capital goods)로 크게 분류된다. 고정자본재는 내용년수가 길고 또 그 조달에 많은 액수의 투자를 필요로 하는 자본재로써 건물, 다년생식물, 가축(착유우, 종모우, 종빈우, 종모돈, 번식돈, 종계, 채란계), 대농기구 등이 여기에 속한다.

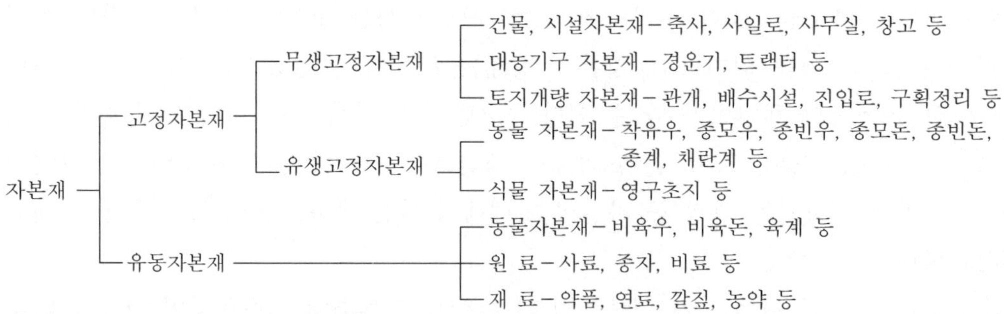

〈그림 2-3〉 자본재의 구성

유동자본재는 1회 사용으로 인해서 그 원형이나 가치가 상실되는 자본재 또는 최종생산물로써 사료, 비료, 가축(비육우, 비육돈, 육계), 소농구 등이 여기에 속한다(그림 2-3 참조).

(1) 고정자본재

고정자본재는 기능과 구조에 따라서 무생 고정자본재와 유생 고정자본재로 분류된다. 무생 고정자본재는 건물, 부대시설, 농기구, 축산용기구로 분류되고, 유생고정자본재는 대동물·다년생 식물자본재로 구분된다.

1) 건물 및 부대시설

건물은 수용력 제공, 사료작물 저장, 기계, 기구 및 가축보호와 기후변화에 대한 방어 등의 목적으로 건축된 것으로써 축산, 건초사, 사료창고, 사일로, 퇴비장 및 우유처리장 등을 들 수 있다.

이러한 건물 및 부대시설은 많은 자본을 필요로 할 뿐만 아니라 시설투자후의 변경은 많은 자본과 시간을 낭비하고, 경영에도 많은 차질을 가져올 수 있으므로 건물 및 부대시설에 자본을 투자할 시에는 목장의 자연적인 환경을 고려하여 선택하여야 한다.

농장이나 목장을 설립할 경우 여건을 고려하여 축종을 선정하고, 시설이 잘 되어있는 다른 목장을 견학하여 자신의 환경에 알맞는 목장을 구상 계획하며, 현재와 미래의 목장 경영목표에 따라 건물과 부대시설이 균형있는 작업체계가 될 수 있도록 경영설계 및 건축이 이루어져야 한다.

이러한 축산시설은 사용목적의 적합성, 경제성, 위생성, 작업의 원활성, 안정성 등을 고려하여야 하며, 또한 건물 구조물은 강도, 방향, 안정성, 이동성, 내구성, 내수성 등을 고려하여 건축하여야 한다.

건물은 그 건물자재에 따라서 목조건물, 콘크리트, 철구조 등으로 분류할 수 있으며, 건물은 고정자본재이므로 신중을 기하고 가축의 생산성과 관리노동의 생산성 등의 경제적인 측면에서 이익이 되도록 해야 한다.

보통 건물의 내용년수는 각 건물의 종류와 각 건물자재에 따라 다르며 일반적으로 내용년수는 <표 2-6>과 같다.

2) 대농기구

대농기구는 축산경영에 있어서 다른 생산요소와 결합하여 축산물을 생산하는 필수적인 생산수단이 되고 있다. 또한 대농기구에 의한 기계화는 노동을 절약케 하여 축산물 생산비를 감소시키고, 작업의 효율화에 의해서 생산성 향상 등의 효과를 가져온다.

〈표 2-6〉 축산시설물 기준내용년수 및 내용년수 범위표

<table>
<tr><th>구 분</th><th>기준내용년수 및 내용년수 범위(하한~상한)</th><th colspan="3">구조 또는 자산명</th></tr>
<tr><td rowspan="2">건 물</td><td>20년
(15~25년)</td><td colspan="3">◦연화조, 블록조, 콘크리트조, 토조, 토벽조, 목조, 목골몰탈조, 기타 조의 모든 건축물</td></tr>
<tr><td>40년
(30~50년)</td><td colspan="3">◦철골·철근콘크리트조, 석조, 연와석조, 철골조의 모든 건축물</td></tr>
<tr><td>전기수도 시 설</td><td>16년
(12~20년)</td><td colspan="3">◦전기·수도산업부문의 시설</td></tr>
<tr><td rowspan="3">운 동 장</td><td rowspan="2">콘크리트바닥</td><td colspan="3">울 타 리</td></tr>
<tr><td>철 제</td><td>목 제</td><td>콘크리트제</td></tr>
<tr><td>15년</td><td>10년</td><td>5년</td><td>15년</td></tr>
</table>

주 : "법인세법시행규칙 제15조"의 내용년수를 감안 작성

축산에 이용하는 농기구는 각 용도에 따라 괭이나 삽 등의 간단한 기구에서부터 트랙터, 분뇨살포기 등에 이르기까지 다양하나 축산이 발달할수록 농촌 노동력의 부족과 인건비 상승으로 인하여 기계화의 요구는 더욱 커질 것이다.

근래에 축산에 많이 이용되고 있는 대표적인 대농기구를 살펴보면 다음과 같다.

① 사료생산 농기구 : 트랙터, 경운기, 쇄토기, 뇨 및 종자살포기, 파종기, 예취기, 제초기, 트레일러, 분무기, 퇴비살포기 등
② 사료제조 및 급여기 : Hammer mill, feed mixer, water cup, cutter, hay conditioner, hay drier, combine 등
③ 가축관리용구 : 보정틀, 돈형기, 우형기, 분뇨보조기, 육추기, 부리절단기, 타임스위치, 케이지, 질경, 정액 주입기 등
④ 착유기구 : 착유기, 우유통, 냉각기 등
⑤ 위생관리기 : 냉장고, 연속주사기 등
⑥ 기타 : 환풍기, 계분건조기, 부화기, 계란선별기, 저울, 작두, 난로, 일륜차, 사료운반차 등

한편 감가상각비의 산출에 필수적인 대농기구의 내용년수는 개별 목장의 사용정도에 따라 다르나 대체적으로 <표 2-7>에서와 같다.

〈표 2-7〉 대농구(축산기자재) 분류부호 및 내용년수

대 분 류	중 분 류	소 분 류	기 자 재 명	내용년수
사양관리용	가 금 용	급 이 용	자동급이장치	10
		급 수 용	자동급수장치	5
		설 비 용	양계용 케이지	13
			육 추 기	5
			산 란 장	5
	양 돈 용	급 이 용	자동급이장치	10
			습식급이기	15
		급 수 용	자동급수장치	5
		설 비 용	양돈용 케이지	7
			분 만 틀	10
	축 우 용	급 이 용	사 료 통	3
			자동급이장치	13
		급 수 용	자동급수장치	7
		설 비 용	보 정 틀	4
		기 타	제 각 기	10
	공 통 용	–	임신진단기	10
			지방측정기	15
			저울(돈·우형기)	10
			목 책 기	10
			손 수 레	5
생산물처리용	가 금 용	채 란 용	집란벨트	5
			자동집란장치	10
			선 란 기	10
			세 란 기	10
			계란포장기	10
			계란운반기	5
		부 화 용	부 화 기	10
			검 란 기	10
			종란소독기	8
		축 우 용	착유장치	20
			냉 각 기	13
			유방세척기	10
			우 유 통	10
사료생산 및 조제용	생 산 용	농후사료용	사료배합기	10
			TMR배합기	8
			사료교반기	9
			사료분쇄기	5
		조사료용	쇄 토 기	8
			파 종 기	7
			예 취 기	10
			결 속 기	7
			수 확 기	6

대 분 류	중 분 류	소 분 류	기 자 재 명	내용년수
			사료절단기	7
			후론트로우더	10
			비료살포기	5
			퇴비살포기	8
			사료탱크(휘드빈)	10
환경시설용	환경조절용	환 기 용	열 풍 기	6
			환기장치(입·배기팬)	10
			윈치커텐	5
		위생방역용	고압세척기	7
			분무세척기	6
			분무소독기	7
			화염방사기	5
			연막분무기	7
	분뇨처리용	이 송 용	스크레퍼	8
			반크리너	6
			컨베이어	3
			분뇨탱크	6
			축분교반기	10
			고액분리기	10
			오수펌퍼	6
			축분포장기	10
			스키드로우더	7
		처 리 용	발효조시설	10
			축분건조기	10
			분뇨수거 및 살포기	13
			톱밥제조기	5
기 타			화물자동차	5
			트 랙 터	10
			경 운 기	8
			경운기 트레일러	8
			트랙터 트레일러	12
			기 타	–

주 : 상기 기자재의 부속기구는 기자재에 포함시킴.

이러한 대농기구를 축산경영에 이용할 것인가의 유무는 생산성 효율과 경제적인 효율에 달려 있다. 농기계를 사용함으로써 경제적 효과인 노동절약을 통해 단위노동생산성을 증대시킴과 동시에 토지의 집약화를 통한 생산비 절감과 소득의 증대를 꾀할 수 있다. 그러나 선택은 노동력이 풍부하고, 농기구를 일시적으로 이용하거나 농기구 가격이 비쌀 경우 또한 수리하기 위한 교통의 불편과 수리비의 지출이 높은 경우 등에 의해서 제약되는 경우가 많다.

경제발달에 의한 농촌 노동력의 부족과 생산비 절감을 위한 노동생산성 향상의 필연성 등의 요인에 의해서 축산분야의 농기계 보급은 광범위하게 실현될 것이다. 따라서 축산경영에서의 대농기구 역할은 노동수단으로써의 기능을 가지고 능률을 향상시켜 생산효과를 높여야 함으로 농기계의 정확한 구입과 철저한 관리가 필요하다.

3) 가 축

가축은 축산경영에 있어서 축산물을 생산하는 가장 중요한 직접 생산수단인 자본재로써 축산물의 생산능력에 따라서 평가된다. 축산경영에 있어서 축산물은 축종에 따라 다르나 축산경영의 일차적인 경영목표는 축산물을 생산하는 것이며, 이 생산주체는 가축이 되고 다른 자본재, 토지, 노동 등은 생산하고자 하는 가축에 투입되는 생산요소가 되기 때문이다.

이러한 축종별 대표적인 품종으로 다음과 같은 것들이 있다.

① 젖소(Dairy cattle) : Holstein, Jersey, Guernsey, Brown Swiss, Milking Shorthorn, Red Danish 등

② 육우(Beef cattle) : Shorthorn, Herefoed, Aberdeen Angus, Polled Hereford, Polled Shorthorn 등

③ 돼지(Swine) : Yorkshire, Berkshire, Landrace, Duroc Jersey Hampshire 등

④ 닭(Fowl) :

◦난용종 – White Leghorn, Block Minorca 등

◦육용종 – White Cornish, Brahma, Cochin 등

◦난·육겸용종 – White Rock, Rhode Island Red, Barred Plymouth Rock 등

위 가축은 동일한 축종일지라도 사용용도에 따라 경영면에서 감가상각의 유무를 기준으로 고정자본재와 유동자본재로 분류된다. 감가상각의 대상이 되는 고정자본재에 속하는 가축은 착유우, 종모우, 종빈우, 종모돈, 종빈돈, 종계, 채란계 등이 여기에 속하며, 감가상각의 대상이 되지 않는 유동자본재에 속하는 가축은 비육우, 비육돈, 육계 등이 여기에 속한다.

한편 가축의 분류는크게 대가축, 중가축, 소가축으로 분류하며, 대가축에 속하는 가축은 소, 중가축은 돼지, 염소, 면양, 소가축에 속하는 가축은 닭으로 구분된다.

고정자본재에 속하는 가축을 경영적 가치로 평가하기 위한 필수적인 요건인 내용년수와 잔존비율은 축종, 품종 또한 나라마다 상이하나 대체로 <표 2-8>과 같다.

〈표 2-8〉 가축의 내용년수와 잔존비율

축 종	젖소(착유우)	육 용 우		종모돈·종빈돈
		종 모 우	종 빈 우	
내용년수(년)	6	5	4	3
잔존비율(%)	50	50	20	30

단, 젖소 종무우의 잔존비율은 10%임.
자료 : 농축산업용 고정자산평가표준, 농림수산성(일본)

<표 2-8>에서와 같이 젖소의 내용년수는 6년 잔존비율은 50%, 육용종 종모우의 내용년수는 5년 잔존비율은 50%, 종빈우의 내용년수는 4년 잔존비율은 20% 그리고 번식돈의 경우 내용년수 3년 잔존비율은 30%이다.

가축은 가축간의 상대적인 경제적 가치 다시 말해서 젖소 1두가 돼지 및 기타 가축 몇 두와 동일한 경제적인 가치를 갖는가 하는 가축단위(animal unit)를 필요로 한다. 가축단위는 나라에 따라 방법은 다르나, 일반적으로 소 1두를 기준으로 환산하며, 구분기준 요소로는 체중에 의한 환산방법, 비육량에 의한 환산방법, 사료소요량에 의한 환산방법, 농후사료에 의한 환산방법 등이 있다.

한편 동일한 축종에 있어서도 사육단계(체중)에 의해서 환산되는 환산계수가 있다. 즉 <표 2-9>에서 보는 바와 같이 젖소의 사육단계별 계수가 경산우를 기준으로 6개월이하 0.25, 6~12개월 0.4, 만 1세~초임전 0.6, 초임우 0.8, 경산우 1.0으로 설정하여 사료의 계획 및 가치평가에 이용하고 있다.

이렇게 축산경영에 있어서 가축은 중요한 자본재로써 투입대상이며 직접소득(이윤)원이 됨으로 가축의 선택과 사육관리는 생산비를 절감하여 소득을 증대시켜 주기 때문에 우수한 가축을 구입 또는 개량·보존하는 것도 중요하다.

〈표 2-9〉 젖소 성우 환산계수

종 류	환산계수
6개월 이하	0.25
6~12개월	0.40
만1세~초임전	0.60
초 임 우	0.80
경 산 우	1.00

(2) 유동자본재

유동자본재는 축산경영에 있어서 최종 생산물이거나 축산물 생산을 위하여 단 1회만을 사용함으로써 그 원형을 소실하는 것으로 생산량의 증대에 따라 비용이 증가되는 것을 의미한다. 이러한 유동자본재로써는 가축(비육우, 비육돈, 육계 등), 소농구, 원료(사료), 재료 등이다.

1) 가　　축

가축이 크기와 관계없이 가축의 사육기간 및 사육목적에 따라 고정자본재와 유동자본재로 구분할 수 있는데 비육우, 비육돈, 육계, 자축 및 육성중인 모든 가축 등은 유동자본재에 속한다.

유동자본재는 감가상각의 대상이 되지 않으며 대체로 최종 생산물로써 이용하기 위한 것이 많다. 고정자본재를 얻기 위한 육성 중의 후보축이나 육추중인 산란계의 경우에는 생산활동을 시작하는 고정자본재로 전환하여 편입된다.

2) 원　　료(사료)

축산경영에 있어서 가축 다음으로 중요한 유동자본재로써는 사료, 종자 등이 있다. 축산물의 생산은 가축과 사료 등의 요인에 의해서 결정되는 것으로써 사료는 가축의 생산력에 많은 영향을 미치므로 경영성과에 직결되는 것이다.

3) 재　　료

재료는 축산물을 생산하기 위하여 이용 소모되는 물질로 원료와는 달리 축산 생산물로 형태가 변하는 것이 아니라 축산물의 생산을 증가시키고 생산을 가능하게 하는 작용을 하는 것을 의미한다.

이러한 재료에는 연중 필요한 약품이나 연료, 깔짚 등으로 1회 사용으로 그 가치가 소모되는 것도 있고, 또 1년 이내에 그 가치가 전부 소모되는 것도 있다.

3. 자본재의 평가방법

(1) 자본재 평가의 의의

축산경영에 있어서 생산요소에 대한 경영비 및 생산비의 산출시 자본재의 평가는 필수 불가결한 것이다.

자본재란 넓은 의미에서는 자산의 개념에 속하는 것으로써 자본재(자산) 평가의 의의는 기말 대차대조표상의 자산재고를 평가하고, 동시에 손익계산서의 계상에 의해서 당기의 손익성과를 분석하기 위한 목적으로 기말의 수량을 조사하고 평가하는 것을 의미한다.

이러한 자본재의 평가방법은 대상에 따라 다르며 크게는 시대와 장소에 따라 다를 수 있다. 그러나 자본재의 평가는 경제적인 가치를 화폐액에 의해서 객관적으로 평가하는 것이 기본적인 조건이다.

한편 동물 자본재의 평가와 감가상각과의 관계는 <그림 2-4>에서와 같이 평가액의 증감을 기준으로 증가기(육성기)와 감가기(기능기)를 기준으로 전자와 후자를 구분할 수 있다. 자본재의 평가는 증가기에 있어서 육성비의 지출로써 자산의 증가를 가져오며 이때 자산의 증가분에 대한 평가를 의미하는 반면, 감가상각의 평가는 감가기(기능기)에 있어서 자본재의 감소로써 비용의 증가를 의미하는 것이다. 또한 고정 자본재와 유동자본재간의 평가에 있어서도 유동자본재의 성격에 의해서 육성기와 기능기의 구분 유무에 따라 가능하다.

따라서 자본재의 평가는 축산물의 생산비 산출은 물론 경영성과의 분석의 기초작업으로 이를 정확히 평가하는데 있다.

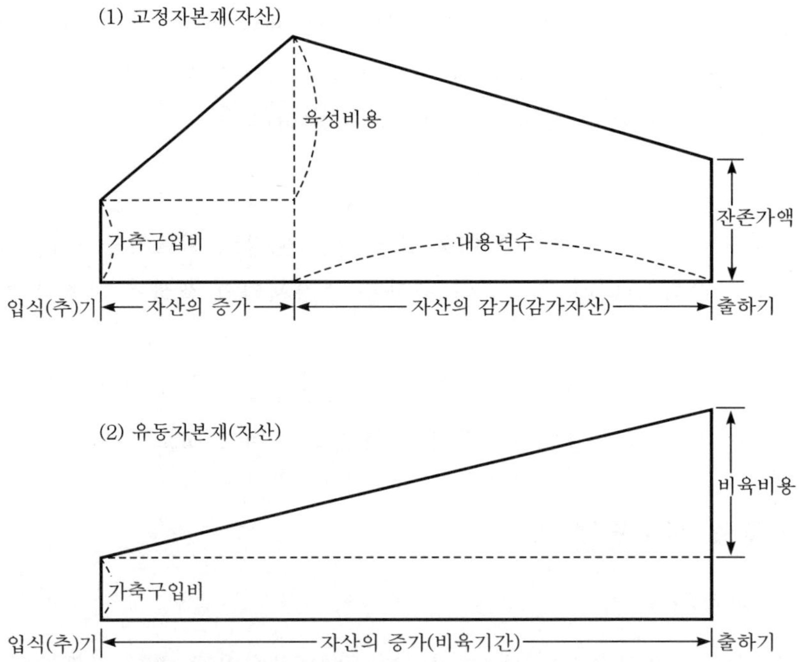

〈그림 2-4〉 동물자본재(자산)의 증가 및 감가

(2) 자본재의 평가방법

1) 취득원가법(取得原價法)

취득원가법이란 자산을 구입할 경우 구입가격과 구입시 소요되는 제반비용을 합산한 비용을 의미하며, 생산할 경우에는 생산비에 의해서 평가하는 방법을 말한다.

2) 시가평가법(市價評價法)

시가평가법이란 자산을 평가시점의 시장가격에 의해서 평가하는 방법을 의미한다.

3) 추정가평가법(推定價評價法)

추정가평가법이란 현존의 자산이 고귀품이거나 현재 존재치 않아 취득원가법과 시가평가법에 의해서 평가할 수 없는 자산일 경우 평가할 자산의 효용이 동일한 유사한 재화를 평가기초로 삼는 방법을 의미한다.

4) 수익가평가법(收益價評價法)

수익가평가법이란 토지와 같은 부동산의 경우 매년 얻어지는 순이익을 기초로 하여 평가하는 방법을 의미한다.

$$\text{수익가격} = \frac{\text{연간 순이익}}{\text{그 지역의 평균이율}}$$

5) 저가평가법(低價評價法)

저가평가법이란 취득가격과 시가 중 낮은 가격을 기준으로 평가하는 방법이다.

위의 평가방법 중에서 시가평가법은 평가시 시장가격의 변동에 의해서 당기순 이익에 좌우되어 결과가 나타나고, 또한 시가평가법에 의하면 시가가 원가를 크게 상회하는 경우 수익을 포함하는 결과가 되며 이익이 과대하게 평가되는 경우도 있다.

한편 시가평가법은 결산시 자산의 가치를 객관적으로 나타낼 수 있는 반면, 원가평가법은 경영의 안전한 운영을 나타낼 수 있다.

4. 감가상각

축산경영에 있어서 건물, 농기구, 가축 등의 고정 자본재는 사용 후 시간이 경과함에 따라 자연적으로 노후나 결손으로 말미암아 그 가치가 점차적으로 격감하게 된다.

이를 감가(減價)라고 하며, 또한 경영적인 측면에서는 이익과 관계없는 경제적인 비용이므로 추정 또는 유효 내용년수에 감가된 상당액을 경영비(또는 생산비) 산출시 계상함과 동시에 고정자본재의 평가액을 절하시키는 절차를 감가상각(depreciation)이라고 한다.

감가상각의 목적은 내용년수 내로 고정자산의 취득원가를 매년 계속적으로 계산하여 절감하고, 생산물의 수익에 의해서 고정자산에 투하된 자본을 회수함으로써 고정자산본래의 감모가 없이 생산을 지속적으로 하는데 있다.

(1) 감가의 원인

1) 물질적 감가

물질적이 감가란 사용소모에 의한 감가다. 고정자산을 계속적으로 사용하므로 가치의 감소가 발생하는 경우를 말한다. 또한 자연적 소모에 의한 감가, 즉 사용하지 않아도 시간이 경과함에 따라 자연적으로 물리화학적인 작용에 의해서 점차적으로 경제적 가치가 감소되는 경우를 의미한다.

2) 기능적 감가

기능적 감가란 진부화에 의한 감가다. 과학의 발달에 따른 새로운 자본재의 개발로 인하여 기존의 자본재의 진부화가 발생되는 것을 의미한다. 또한 부적합에 의한 감가, 즉 규모의 확대에 따라 기존의 자본재가 부적합함으로써 새로운 자본재의 구입으로 발생되는 감가를 의미한다.

3) 우발적인 요인

이 밖에 수해, 화재, 도난, 전쟁 등에 의해서 자연적으로 발생되는 감가를 의미한다. 그러나 이 경우는 엄격히 말하면 감가의 의미가 약하다.

(2) 감가상각법의 종류

감가상각은 구입가격(생산가격), 내용년수 및 잔존가격을 기본요소로 하여 산출된다. 이때 구입가격은 감가상각액의 기초가 되는 금액으로써 취득원가에 의하는 것이 통례다. 내용년수는 취득하여 폐기처분하기까지 유효하게 사용할 수 있는 연수를 의미하고, 잔존가격이란 내용년수가 경과한 후 이를 처분할 때의 가격을 의미한다.

이러한 감가상각을 산출하는 방법은 다음과 같은 종류가 있다.

1) 정 액 법(직선법)

정액법은 기존가격(구입가격, 생산가격)에서 잔존가격을 차감한 잔액에 대해서 내용년수로 나눈 값을 매년 감가상각비로 책정하는 방법으로써 직선법이라고도 한다.

이 법은 간단하며 감가상각비가 매년 균등하다는 장점이 있는 반면 매기 동일하다 함은 고정자본재의 가치감소의 실정과 대응이 되지 않는 단점도 있다.

정액법을 공식으로 나타내면

$$D = \frac{C - S}{N}$$

여기에서 D : 매년 감가상각비
C : 구입가격 또는 생산가격
S : 폐기가격(잔존가격)
N : 내용년수

(산출 예) : 어느 농장에서 초산우를 150만원에 구입할 경우 감가상각비는 매년 얼마인가 정액법으로 산출하라(단 잔존가격은 구입가격의 30% 이고 내용년수는 6년이다).

$$\text{매년 감가상각비} = \frac{1,500,000 - 450,000}{6} = 175,000\text{원}$$

2) 정 률 법(체감법)

정률법에는 체감잔액법과 급수법으로 구분된다.

① 체감잔액법 : 정률법은 구입가격에서 감가누계액을 차감한 감가상각잔액에 대하여 매년 일정률을 곱하여 얻어진 값으로써 연수가 경과함에 따라 감가상각비가 점차 체감하는 방법을 의미한다. 이 방법은 초기에 능률이 크고 잔존가격이 큰 트랙터, 경운기 등에 적합하나, 일반적으로 이 방법은 복잡하고 어려운 단점이 있다. 그렇지만 가장 합리적인 감가상각법이라 할 수 있다.

정률법을 공식으로 나타내면 감가상각비 = 기말 상각잔액×감가율

$$R = 1 - \sqrt[n]{\frac{S}{C}}$$

여기에서 R : 상 각 률
N : 내용년수
S : 잔존가격
C : 취득가격

(산출 예) : 목장에서 농기구를 현금 10만원을 주고 구입하였는데, 내용년수는 5년이고 잔존가격은 10%인 경우 5년간의 상각률을 구하면 다음과 같다(표 2-10 참조).

$$\text{상각률} = 1 - \sqrt[5]{\frac{10,000}{100,000}} = 1 - \sqrt[5]{\frac{1}{10}}$$
$$= 1 - 0.631 = 0.369 = 36.9\%$$

② 급수법(연수합계법) : 급수법은 구입가격에서 잔존가격을 차감한 감가잔액을 자본재의 내용년수 누계로 나누고 이것에 그 내용년수를 곱하여 각 연도의 감가상각비를 구하

는 방법을 의미한다.

〈표 2-10〉 체감 잔액법에 의한 상각률 계산(예)

연 도	상 각 률(%)	연도 상각액(원)	상각액 누계(원)	장부가액(원)
0	–	–	–	100,000
1	0.369	36,900	36,900	63,100
2	0.369	23,280	60,180	39,820
3	0.369	14,690	74,870	25,130
4	0.369	9,270	84,140	15,860
5	0.369	5,860	90,000	10,000
합 계	90,000			

(산출 예) : 내용년수가 20년인 축사를 2,200,000원의 건축비로 건축하였다. 만일 폐기가격을 200,000원으로 가정한다면 이 축사에 대한 매년 감가상각비는 다음과 같이 구할 수 있다.

$$\text{제 1차 연도} = \frac{2,200,000 - 200,000}{1 + 2 + \cdots\cdots + 20} \times 20 = 190,476\text{원}$$

$$\text{제 2차 연도} = \frac{2,200,000 - 200,000}{1 + 2 + \cdots\cdots + 20} \times 19 = 180,952\text{원}$$

제3절 노 동 력

1. 축산노동력의 특수성

축산경영에 있어서 노동력은 모든 활동의 주체로써 가장 기본적인 경영요소이다. 이상적인 토지조건과 자본재가 존재한다 할지라도 경영자의 목적에 적합하도록 노동력을 투입하여 생산물을 관리하지 못할 경우 축산경영의 목적은 달성할 수 없다.

특히 노동의 대상이 살아있는 동물과 식물을 관리하는 축산경영에 있어서는 애정과 세심한 주의력, 성실한 노력이 겸비된 노동력이 필수적이다. 또한 사양, 번식, 생산 등의 다양한 관리기술이 요구되기 때문에 일률적인 기계작업에 의한 생산활동인 공업노동력과는 상당한 차이가 존재한다.

이처럼 축산경영에 이용되는 노동력을 공업 및 경종농업에 이용되는 노동력과 비교하여 살펴보면 다음과 같은 특성이 존재한다.

(1) 노동력의 계절성

경종농업은 계절적인 영향에 의한 노동력의 필요량에 따라 농번기와 농한기로 구분된다. 그러나 축산경영에 있어서 노동력에 대한 계절적인 영향은 사료작물 재배 및 사일리지 제조 등 사료작물의 계절적인 노동력을 제외하고, 가축사양에 있어서는 계절적인 영향을 비교적 적게 받는다. 즉 노동력의 계절성은 축산이 경종농업보다 적다.

(2) 노동력의 이동성

공업생산은 노동과 노동수단이 고정되어 있고 노동대상이 이동하는 반면 경종농업은 노동대상이 고정되어 있다. 또한 소유토지가 거리상 멀리 떨어져 있기 때문에 노동력은 자연히 이동을 하지 않으면 안된다.

축산경영에 있어서 사료작물 재배 시에는 경종농업과 동일하나, 가축은 자유로운 이동이 가능하므로 경종농업에 비하여 이동성이 적다. 양돈경영, 브로일러 경영 및 산란계 경영 등과 같이 축사 내에서 작업이 이루어지는 경우에는 공업노동력과 동일하게 이동성이 적다. 즉 노동력의 이동성은 축산이 경종농업보다 작다.

(3) 노동력의 다양성

공업노동은 상이한 생산과정 하에서 전문적인 기술이 요구되나, 경종농업의 경우 생산량과 노동력과의 관계, 계절적인 영향 등의 여러 가지 조건에 의해서 생산과정의 분업화가 불가능하다. 특히 축산경영에 있어서는 경종농업에 비하여 생물을 다루는 기술 및 가축에 급여하여야 할 사료관리 등 많은 기술이 필요하고 분업화가 필요하다. 즉 노동력의 다양성은 축산경영이 경종농업보다 크다.

(4) 노동력의 지휘 곤란성

공업노동력과 이동성이 비교적 적은 축산노동력은 일정한 장소에서 작업이 이루어지므로 지휘·감독이 가능하나, 경종농업의 경우 이동성과 다양성에 의해서 지휘·감독이 곤란하다. 즉 노동력의 지휘곤란성은 축산경영이 경종농업보다 작다.

(5) 노동력의 중노동성

경종농업과 축산경영은 생물과 식물을 대상으로 하며, 자연적인 조건에 많은 영향을 받고 육체적 노동이 되는 경영형태로써 중노동성이 존재한다.

2. 노동력의 종류

축산경영에 이용되고 있는 노동력을 살펴보면 크게 가족이 중심이 된 가족노동력과 타인을 고용하여 이용하는 고용노동력으로 구분한다.

공산품 생산에 이용되는 노동력은 주로 고용노동력에 의존하지만 축산경영에 이용되는 노동력은 축종과 경영규모에 따라 다르기는 하나 일반적으로 경영자 자신 및 그 가족노동력에 의존하는 경우가 많다. 노동력 종류별 특징 및 장단을 살펴보면 다음과 같다.

(1) 가족노동력

공산품 생산에 있어서는 주로 고용노동력에 의존하는 반면, 경종농업 및 축산경영에 있어서는 경영규모가 영세한 경영의 경우에는 대부분 가족노동력에 의존하고 있다.

가족노동력이란 축산경영의 노동력이 경영주 및 그의 가족에 의해서 영위되는 것이다. 가족노동력은 기존 양축농가에 존재하는 노동력에 의존하므로 노동수요와는 하등 관계가 없이 존재하며, 노동에 대한 보수는 노임으로 지출되는 것이 아니고 경영성과로서 얻게 되고, 가족노동력의 이용은 경영자에 대한 비용이 아니라 소득의 원천이 되는 특성을 가지고 있다.

한편 가족노동력은 고용노동력에 비하여 다음과 같이 잇점을 가지고 있다.

첫째, 가족노동력의 성과는 양축가의 소득과 직결되므로 전 가족이 최선의 노력을 다할 것이며, 가족의 경영체이므로 가축에 대한 개체관리, 각종 농기구 및 물품관리에 항상 주의를 기울이고, 노동시간에 구애받지 않으며 모든 일을 언제든지 수행할 수 있다.

둘째, 가족으로 구성되었이기 때문에 노동감독이 필요치 않으며, 모든 일에 창의적으로 임한다.

셋째, 경제사회 발전에 따른 산업구조의 변화에 의해서 양축농가의 노동력 부족현상이 야기되고, 이에 따른 노임의 상승이 발생되고 있는 추세하에서 영세한 사육규모의 가족경영의 경우 가족노동력을 완전히 이용하여 노동생산성의 극대화에 노력하여야 한다. 축산경영은 생명과 감정을 가진 가축을 다루는 노동력을 필요로 하는 산업으로써 가축에 대한 애정과 관심의 정도에 따라 축산물이 생산량과 질이 상이하게 마련이기 때문이다. 따라서 가족노동력의 이용은 축산물 생산력의 극대화, 자원이용의 효율화에 있어서 중요한 경영방식이다.

(2) 고용노동력

경영규모가 확대됨에 따라 가족노동력만으로는 노동력이 부족할 경우, 또는 직접 가족노동력을 투입하지 못할 경우 고용 노동력의 도입이 불가피하다.

고용노동력이란 일정 금액의 노임을 지불하는 타인의 노동력을 고용하여 경영관리에 투입하는 노동력이다. 이러한 고용노동력은 다른 산업에서의 노동력과의 본질적인 차이는 없다.

고용노동력은 고용되는 기간에 따라 1년이상 고용하는 연고(年雇), 계절적으로 작업량이 많은 시기에 고용되는 계절고(季節雇), 하루 단위로 고용하는 일고(日雇) 및 일정한 작업량을 기준으로 계약하는 청부(請負)로 구분된다.

고용노동력이 특성으로써는 다음과 같은 점을 들 수 있다.

첫째, 축산경영은 타 산업에 비해 불리한 환경적 조건에 의해서 또는 고용노동력의 질적 저하로 말미암아 책임의식과 직업의식이 부족하여 이동성이 크다.

둘째, 경영자와 피고용자간의 심리적, 경제적인 갈등이 발생할 수 있다.

한편 고용노동력에 대한 노임은 축산경영에 있어서 경영비에 포함되며, 연고인 경우 숙식을 제공하고 가족과 함께 생활하면서 모든 작업을 책임지게 되므로 고용안(경영주)과 피고용인(목부 등)간에는 심리적인 갈등이 발생하기 쉽다. 피고용인(목부 등)의 입장에서는 제공한 노동력에 대한 보수를 되도록 많이 받기를 원하고, 고용인(경영주) 입장에서는 되도록 많은 작업을 요구하고 보다 적은 노임을 지불하려는 경향이 있다.

이러한 각자의 입장을 공동 운명체라는 일체감을 가지고 상호 이해하고 협력하여야 한다. 고용인(경영주)이 고용노동력을 낮은 임금으로 이용하려 한다면 노동력 임금을 절약하는 비용보다 손실되는 기회보수(opportuity returns)의 크기만큼 손실이 발생될 수 있다.

그러므로 경영자는 노동력을 적게 고용하는 대신 고용노동력에 대한 보수증가에 의한 생산의욕 앙양과 아울러 경영관리의 효율화, 경영조직의 합리화에 힘을 기울여야 한다.

한편 고용노동력의 이용유무 및 고용노동량의 정도는 필요한 노동력과 가족노동력의 차이, 작업의 종류, 생산물의 가격 등의 요인에 의해서 결정하며, 고용노동력의 선택은 작업의 종류, 작업의 양 등에 따라 결정하여야 한다. 가족노동력의 보충이 연중 가능한 노동력이 필요로 하는 경우에는 연고로써, 계절적으로 필요로 하는 경우에는 계절고로써, 가족노동력의 일시적인 부족은 일고로써 보충하는 것이 적당하다.

1) 연 고(年雇)

연고 또는 상고는 1년 또는 수년을 단위로 하여 계약되는 노동을 의미하므로, 경영에 있어서 노동력의 공급량은 연중 일정하다. 이러한 까닭에 연중 균등하게 노동력을 필요로 하는 축산경영에 있어서는 연고가 유리하다.

축산경영에 있어서 연고인 경우 사택뿐만 아니라 생활비(연료, 작업복, 수도비 등)을 지급함과 동시에 경영자와 함께 숙식을 하는 경우도 있다. 이는 경영규모가 전업형태로써 고용인이 많지 않은 경우이거나, 경영규모가 대규모로 인하여 관리인이 수십명인 경우에는 다른 산업과 동일하게 출퇴근이 가능하다.

임금지급에 있어서는 계약관계에 의한 현금지급이 일반적이나 경우에 따라서는 고용인 자산의 목적으로 가축의 일부를 동시에 사육이 가능하게 하는 경우도 있다. 후자의 경우 고용인의 차별적인 사육관리라는 단점도 있을 수 있으나, 고용인(목부)위에 노동력에 대한 의욕을 향상시킬 수 있는 장점도 있어 많이 보급되고 있다.

2) 계 절 고(季節雇)

계절고란 1개월 내지 2개월을 단위기한으로 하여 노동력을 가장 필요로 할 때에나, 가족노동력 또는 연고의 노동력만으로 작업을 할 수 없을 경우 일시적으로 고용하는 노동력을 의미한다.

계절고는 축종별, 작업별에 따라 노동 수요량은 다르나, 일반적으로 낙농경영의 경우 사일리지제조, 초지활성 등의 노동량이 많이 필요할 때 고용하며, 이 고용노동력은 주로 경종농업의 노동력을 이용한다.

3) 일　　고(日雇)

일고란 1일을 단위로 제공하는 노동력으로써, 우리나라의 경우 이웃의 영세농가로부터 임시로 경영주가 필요할 때 고용하므로 노동의 질은 연고보다 못하나 부락인이나 또는 경영주와 인적인 관계가 있는 사람이 많음으로 노동에 대한 책임감이 있어 비교적 양질이 노동력이라 할 수 있다.

축산경영에 있어서 일고의 사용은 낙농의 경우 사료곡물의 잡초제거 및 수확, 사일리지의 제조, 분뇨처리, 양돈의 경우 분뇨처리, 산란계인 경우 계란수집 및 선별 등과 같은 작업에 필요하는 경우가 많다.

(3) 협동노동력

협동노동력은 자가 노동력과 타가 노동력을 집결하여 경영관리에 이용하여 작업을 하는 노동력을 의미한다. 작업의 능률을 증진시키기 위하여 또는 경영성과를 향상시키기 위하여 개별 양축농가를 병합하는 공동경영 형태로써 각 양축농가의 노력을 공동경영에 제공하는 노동력을 의미한다. 경종농업의 경우 협동노동력은 두레, 공동 퇴비제조 등의 형태에서 볼 수 있으며, 축산경영의 경우 공동방목장, 공동 야초제조 등에서 볼 수 있다.

3. 축산노동의 작업구분

축산경영에 있어서 노동력은 매일 축산물을 수집하고, 사료를 급여해야 하므로 연중 휴일이 없는 중노동적인 성격을 지니고 있다.

노동력은 축종에 따라 여러 가지로 구분할 수 있는데, 일반적으로 작업에 따라 구분하면 다음과 같다.

〈표 2-11〉 노동력의 작업분류

작업구분	작업내용	축종					
		낙농	비육우	번식돈	비육돈	육계	산란계
사료의 조리, 급여 및 급수	사료재료의 절단·분쇄·혼합 등의 조리·급여·급수 등의 작업	0	0	0	0	0	0
착유 및 우유처리	착유준비·착유·유방손질 등의 작업 착유관계 기구의 손질작업 등	0	–	–	–	–	–
방목, 운동, 모손질	모·발굽 등의 손질, 방목장까지의 왕복시간 등	0	0	*	*	–	–
깔짚의 반입, 구비의 반출	깔짚·깔판의 축사로의 투입, 구비의 반출작업 등	0	0	0	0	–	–
채분, 분건조, 분처분 폐기	배분에서 건조까지의 운반작업·분의 반출·집적·포장작업 등	–	–	–	–	0	0
우유운반	원유의 집유소(선)까지의 운반	0	–	–	–	–	–
채란 및 산란	계사에 있어서의 집란, 선란장까지의 운반, 계란의 오물제거, 계란의 대소·파손란선별 및 포장작업	–	–	–	–	–	0
종부	종액조달작업, 후보축선발 및 종부작업, 정액의 보관작업 등	0	*	0	*	–	*
청초예취	조사료(야초 및 사료작물)의 파종부터 예취까지의 작업	0	0	–	–	–	–
약제살포	방충제, 살충제, 소독약 등의 살포작업	0	0	0	0	0	0
구입 및 출하	축산물생산을 위한 생산요소의 구입과 축산물의 출하에 따른 작업	0	0	0	0	0	0
기타	축사의 청소, 케이지 등의 시설물 교체 및 축사의 증축 등 상기에 포함되지 않은 사육관계작업	*	*	*	*	*	*

주 ; 0 : 해당하는 경우.
– : 해당하지 않는 경우.
* : 해당하는 경우와 해당하지 않은 경우가 혼재된 경우.

첫째, 급여할 사료를 절단하고 분쇄하며 혼합하는 작업(사료 생산작업, 사료 제조작업)

둘째, 축산물을 생산하는 과정과 생산물을 관리하는 작업(착유, 우유처리 및 우유 운반작업과 채란, 선란작업)

셋째, 가축의 관리작업(가축의 손질, 종부, 방역치료)

넷째, 시설 관리작업(축사청소, 분뇨의 처리, 시설 및 농기구의 수리)

다섯째, 구입 및 출하작업

여섯째, 장부의 기록 등

이상과 같이 축산노동력은 육체적 노동력만을 의미하는 것이 아니라 정신적 노동력도 중요한 요소로써 이들을 <표 2-11>에서 구체적으로 살펴볼 수 있다.

4. 노동력 투입현황

축산에 투입되는 노동량은 사육두수 및 경지면적의 확대에 따른 규모의 경제성, 사육 및 재배기술의 발달, 시설의 개선, 작업의 체계적인 조직관리 등의 요인에 의해서 변천했다.

노동투하량의 변천과정을 가축별 가축사육관리 측면과 사료작물재배에 소요되는 노동력으로 구분하여 살펴보면 다음과 같다.

(1) 낙농경영과 노동력

낙농경영에 있어서 노동력 투하량은 착유 및 사료조리 및 급여에 가장 많이 소요된다. 두당 사육규모별 노동 투하시간은 40두미만 사육농가에서는 112.33시간, 40~59두 사육농가에서는 92.86시간, 60~79두 사육농가에서는 75.66시간, 80두 이상에서는 61.86시간으로써 사육두수가 증가할수록 노동시간은 감소한 것으로써 이는 시설 및 대농기계의 구입에 따른 대체 노동력이 줄어들기 때문이다.

〈표 2-12〉 낙농경영의 두당 노동시간

(단위 : 시간)

구 분 \ 사육규모	40두 미만	40~59두	60~79두	80두 이상	평 균
착 유	45.26	40.71	30.90	27.37	32.24
사료조리 및 급여	29.75	24.11	20.12	13.95	18.68
방역치료 및 손질	9.31.	6.73	6.51	5.54	6.32
청 소(분뇨제거 등)	17.49	13.14	10.62	8.39	10.59
방 목	0.00	0.01	0.01	0.00	0.00
야생초 예취 및 운반	0.73	0.00	0.00	0.00	0.00
기 타	9.79	8.16	7.50	6.61	7.38
계	112.33	92.86	75.66	61.86	75.27

주 : 성인남녀 환산노동시간임.

자료: 통계청, "2010년 축산물 생산비" 2011년.

(2) 번식우 경영과 노동력

번식우 경영에 있어서 노동력 투하량은 사료조리 및 급여, 청소(분뇨제거 등)에 가장 많이 소요된다. 두당 사육규모별 노동 투하시간은 10두 미만 사육농가에서는 89.31시간, 10~29두 사육농가에서는 62.52시간, 30~49두 사육농가에서는 35.16시간, 50두 이상에서는 30.07시간으로써 사육두수가 증가할수록 노동시간은 감소한 것으로써 나타났다. 평균 자가노동력은 45.87%로 나타났다.

〈표 2-13〉 번식우 경영의 두당 노동시간

(단위 : 시간)

구 분 \ 사육규모	10두 미만	10~29	30~49	50두 이상	평 균
사료조리 및 급여	46.28	32.53	20.74	15.72	24.96
야생초 예취 및 운반	0.97	0.19	0.08	0.08	0.24
방역치료 및 손질	6.87	5.94	3.45	2.94	4.31
구입 및 판매	1.82	1.10	0.46	0.55	0.85
청 소(분뇨제거 등)	23.71	15.39	6.48	5.90	10.88
기 타	9.66	7.37	3.95	4.88	6.06
계	89.31	62.52	35.16	30.07	47.30

주 : 성인남녀 환산노동시간임.
자료 : 통계청, "2010년 축산물 생산비" 2011년.

(3) 비육우 경영과 노동력

비육우 경영에 있어서 노동력 투하량은 번식우 경영과 마찬가지로 사료조리 및 급여, 청소(분뇨제거 등)에 가장 많이 소요된다. 두당 사육규모별 노동 투하시간은 20두 미만

〈표 2-14〉 비육우 경영의 두당 노동시간

(단위 : 시간)

구 분 \ 사육규모	20두 미만	20~49	50~99	100두 이상	평 균
사료조리 및 급여	47.38	23.24	23.55	11.27	21.32
야생초 예취 및 운반	0.00	0.00	0.10	0.00	0.02
방역치료 및 손질	12.47	6.20	3.94	2.42	4.93
구입 및 판매	2.66	0.98	0.91	0.64	1.07
청 소(분뇨제거 등)	17.61	10.58	9.95	4.74	8.73
기 타	10.90	4.73	5.00	0.89	3.89
계	91.02	45.73	43.45	19.96	39.96

주 : 성인남녀 환산노동시간임.
자료 : 통계청, "2010년 축산물 생산비" 2011년.

사육농가에서는 91.02시간, 20~49두 사육농가에서는 45.73시간, 50~99두 사육농가에서는 43.45시간, 100두 이상은 19.96시간으로 각각 나타났다.

(4) 비육돈 경영과 노동력

번식돈 경영에 있어서 두당 노동력 투하량은 청소(분뇨제거 등)와 사료조리 및 급여에 가장 많이 소요된다. 두당 사육규모별 노동 투하시간은 100두미만 사육농가에서는 1.91시간, 1,000~1,999두 사육농가에서는 1.17시간, 2,000~2,999두 사육농가에서는 1.14시간, 3,000두 이상에서는 1.13시간으로써 평균 자가노동력은 0.48시간, 고용노동력은 0.78시간으로 나타났다.

〈표 2-15〉 비육돈 경영의 두당 노동력

(단위 : 시간)

구 분 \ 사육규모	1,000두 미만	1,000~1,999	2,000~2,999	3,000두 이상	평 균
사료조리 및 급여	0.60	0.32	0.31	0.26	0.33
방역치료 및 손질	0.39	0.21	0.21	0.25	0.25
구입 및 판매	0.10	0.07	0.08	0.09	0.09
청 소(분뇨제거 등)	0.53	0.33	0.32	0.31	0.35
기 타	0.29	0.24	0.22	0.22	0.24
계	1.91	1.17	1.14	1.13	1.26
자가노동	1.44	0.65	0.32	0.16	0.48
고용노동	0.47	0.52	0.82	0.97	0.78
자가노동 구성비 (%)	75.39	55.56	28.07	14.16	38.10

주 : 성인남녀 환산노동시간임.
자료 : 통계청, "축산물 생산비" 2011년.

(5) 번식돈 경영과 노동력

번식돈 경영에 있어서 두당 노동력 투하량은 사료조리 및 급여와 청소(분뇨제거 등)에 가장 많이 소요된다. 두당 사육규모별 노동 투하시간은 1,000두 미만 사육농가에서는 13.74시간, 1,000~1,999두 사육농가에서는 12.48시간, 2,000~2,999두 사육농가에서는 42.17시간, 3,000두 이상에서는 13.19시간으로써 이 중 평균 자가노동력은 4.92시간, 고용노동력은 7.99시간으로 조사되었다.

(6) 육계 경영과 노동력

육계 경영에 있어서 수당 노동력 투하량은 사료조리 및 급여와 구입 및 판매에 가장 많이 소요된다. 100수당 사육규모별 노동 투하시간은 30,000수 미만 사육농가에서는

1.04시간, 30,000~39,999수 사육농가에서는 0.78시간, 40,000~49,999수 사육농가에서는 0.75시간, 50,000수 이상에서는 0.65시간으로써 사육수 수가 클수록 사육농가에서 가장 노동시간이적은 것으로 나타났다. 평균 자가노동력은 0.56시간, 고용노동력은 0.17시간으로써 자가노동 구성비는 76.70%로 나타났다.

〈표 2-16〉 번식돈 경영의 두당 노동력

(단위 : 시간)

구 분 \ 사육규모	1,000두 미만	1,000~1,999두	2,000~2,999두	3,000두 이상	평 균
사료조리 및 급여	3.37	2.22	2.15	1.92	2.21
자 돈 분 만	2.87	3.69	3.29	4.44	3.87
방역치료 및 손질	2.42	2.02	2.60	2.06	2.28
구입 및 판매	0.20	0.16	0.13	0.24	0.20
청 소(분뇨제거 등)	3.20	2.55	2.46	2.26	2.47
기 타	1.68	1.84	1.54	2.27	1.98
계	13.74	12.48	12.17	13.19	12.91

주 : 성인남녀 환산노동시간임.
자료 : 통계청, "축산물 생산비" 2011년.

〈표 2-17〉 육계 경영의 100수당 노동시간

(단위 : 시간)

구 분 \ 사육규모	30,000수 미만	30,000~39,999수	40,000~49,999수	50,000수 이상	평 균
사료조리 및 급여	0.29	0.20	0.18	0.13	0.17
계 분 처 리	0.24	0.15	0.16	0.15	0.16
방역치료 및 손질	0.19	0.09	0.11	0.08	0.10
구입 및 판매	0.17	0.20	0.15	0.16	0.17
기 타	0.15	0.14	0.15	0.13	0.13
계	1.04	0.78	0.75	0.65	0.73

주 : 성인남녀 환산노동시간임.
자료 : 통계청, "축산물 생산비" 2011년.

(7) 산란계 경영과 노동력

산란계 경영에 있어서 100수당 노동력 투하량은 집란 및 선란, 그리고 육성계 경영, 사료급여에 가장 많이 소요된다. 100수당 사육규모별 노동 투하시간은 20,000수 미만 사육농가에서는 36.97시간, 20,000~29,999수 사육농가에서는 29.33시간, 30,000~39,999수 사육농가에서는 24.69시간, 40,000수 이상에서는 23.66시간으로써 사육수수가 클수록 사육농가에서 노동시간이 적은 것으로 나타났다.

〈표 2-18〉 산란계 경영의 100수당 노동력 투하량

(단위 : 시간)

구 분	사육규모	20,000수 미만	20,000 ~29,999수	30,000 ~9,999수	40,000수 이상	평 균
산란계	사 료 급 여	6.83	4.35	3.16	2.85	3.51
	계 분 처 리	4.37	3.86	3.48	3.33	3.54
	방역치료 및 손질	2.47	2.00	1.82	1.53	1.72
	집란 및 선란	16.30	14.41	12.86	11.0	12.21
	구입 및 판매	3.16	1.92	1.45	1.36	1.64
	기 타	3.84	2.79	1.92	3.59	3.40
	계	36.97	29.33	24.69	23.66	26.02
	자가노동	24.49	16.07	10.91	6.75	10.18
	고용노동	12.48	13.26	13.78	16.91	15.84
	자가노동 구성비(%)	66.24	54.79	44.19	28.53	39.12
육성계	사 료 급 여	2.71	1.21	1.22	0.54	0.93
	계 분 처 리	1.78	1.00	0.90	0.59	0.80
	방역치료 및 손질	1.15	0.78	0.54	0.42	0.56
	구입 및 판매	0.31	0.23	0.23	0.06	0.12
	기 타	0.94	0.63	0.60	0.32	0.45
	계	6.89	3.85	3.49	1.93	2.86
	자가노동	4.80	2.30	1.43	0.51	1.28
	고용노동	2.09	1.55	2.06	1.42	1.58
	자가노동 구성비(%)	69.97	59.74	40.97	26.42	44.76

주 : 성인남녀 환산노동시간임.
자료 : 통계청, "축산물 생산비" 2011년.

5. 축산노동력의 효율화

축산경영에 소요되는 1두당 연간 총노동 투하량은 사육두수, 기술발달, 경영조직의 체계화 등을 통해서 점차적으로 감소 추세다. 그러나 생산비 절감을 통한 합리적 경영관리, 경영목표 달성을 위한 방법 중의 하나로써 축산노동력의 효율화는 여전히 필수적인 요소이다.

노동력의 효율화란 투하된 노동에 비하여 축산물이 되도록 많이 생산되는 것을 의미하며, 이를 실행하기 위한 방법으로 노동력에 대체할 수 있는 기계화, 노동조직의 체계화 등을 들 수 있다.

(1) 경제적인 기계화

축산경영에 투입되는 노동력을 대체할 수 있는 기계화는 노동력의 절감과 작업의 신

속화 및 중노동력의 경감 등을 통하여 기계의 효율화를 증진시키는 것이다.

기계화를 축산경영에 투입할 것인가의 유무는 기계투입의 경제적인 타당성을 바탕으로 결정하여야 한다. 기계의 투입결정조건은 소요되는 제반 비용과 기계화에 의해서 산출되는 효과를 비교해서 최소한 기계화에 의한 효과가 투입비용을 상회하여야 가치가 있는 것이다.

(2) 노동조직의 체계화

노동의 효율을 증진시키는 방법으로써 경영체 내의 노동조직 체계화는 작업의 간소화, 작업의 분업화 및 작업의 협업화를 통해서 가능하다. 복잡하고 비체계적인 노동관리를 목부(농장 관리인) 상호간에 중복되지 않도록 동일한 관리가 가능한 작업단위로 하여 간소화하고 이를 분업화, 협업화함으로써 최대한의 노동수효를 증가시켜야 한다. 또한 작업량과 작업종류에 따른 적절한 관리인 배치도 노동조직을 체계화하는 방법이다.

(3) 노동체계의 환경조성

노동을 조직적으로 체계화하고, 경제적인 기계화를 이루기 위해서는 환경적인 조성이 중요하다. 시설의 합리적인 설계, 사료작물재배에 이용될 토지간의 거리 단축 및 기존 토지에 기계화 실시를 위해서 경지 또는 초지의 구획정리와 배수시설 등이 이루어질 때 노동의 효율은 증진된다. 따라서 관리인 조달이 곤란해지고, 생산비 절감이 요구될수록 생산요소중 노동력의 절감을 통한 생산비의 절감은 노동효율를 증가시킴으로써 가능하다. 노동효율 향상은 먼저 노동력을 효율적으로 투하할 수 있는 여건을 조성한 후, 노동을 조직적으로 체계화함과 동시에 노동력이 대체 가능한 경우 경제적 투자타당성에 입각하여 기계화시킬 때 이루어 질 수 있다.

제4절 경영능력

일반적으로 경영의 4대 요소란 토지, 노동력, 자본재, 경영이라고 한다. 원래 경영이란 "경제적 급부의 생산을 행하는 협동시스템 그 자체 또는 어떤 목적을 달성하기 위하여 활동하는 조직체"로써 개념을 규정짓는 구조개념이고, 다른 한편으로 경영이란 "어떠한 업무 또는 사업을 계량적으로 질서있게 영위하는 행동"을 말하여 행동개념으로써의 경영, 즉 "경영한다(betrieben)"는 것에 대한 명칭으로 사용하기도 한다.

또한 경영행동의 핵심이 되는 전체적, 기본적, 전략적, 장기적, 정책적인 의사결정의 기능, 즉 경영기능의 약칭으로써 경영이라는 용어를 사용하기도 한다.

이와 같이 경영이라는 용어는 학설에 따라 다양한 의미를 갖고 있으며, 경영의 4대 요소에 "경영"이 포함되는 것은 좀 어색한 표현이고, 실제로는 합리적인 경영활동을 하는데 필요한 능력을 요구하고 있으므로 4대 요소에 포함될 것은 "경영"보다는 "경영능력"으로 표현함이 합리적이다.

1. 경영능력의 중요성

경영의 4대 요소 중 어느 하나도 중요하지 않은 것이 없지만 이 중에서 가장 중요한 것은 경영능력이라 할 수 있다. 경영목표를 달성해야 경영의 4대 요소를 투입한 보람과 가치가 있는데, 경영의 목표를 달성하자면 우선 경영의 적정목표를 설정해야 되고, 그 목표에 가장 적합한 경영계획의 수업과 경영관리가 요구되는 바 이러한 일련의 활동이 바로 경영능력의 발휘이기 때문이다.

만약에 자기가 소유하고 있는 모든 자본을 투자하여 토지를 구입하고 축사를 짓고 가축을 도입하며, 시설을 하고 대농기구를 사들여 고용노동력으로 목장을 경영한다고 할 때 도산하거나 적자경영을 하지 않고 계획한대로 경영성과를 얻으려면 무엇보다도 경영능력이 필요한 것이다.

흔히 주변에서 볼 수 있는 일이지만 자기의 "경영능력"은 생각지 않고 감당할 수 없는 축산을 시작하여 실패하는 경우가 있다.

경영능력의 중요성과 필요성이 비단 축산경영에만 국한된 것이 아니고 인생경영에서부터 국가경영에 이르기까지 경영자의 경영능력은 모든 조직의 성패를 좌우하는 가장 중요한 요인의 하나이다.

2. 축산경영자의 8대 능력

이 지구상에는 수많은 축산경영체들이 새로 생기고 또 도산해가고 있다. 급변하는 정치, 경제, 사회환경 하에서 자기가 경영하는 축산경영체를 계속 유지, 존속, 발전시켜 나간다는 것은 대단히 어려운 일이지만, 이것이 경영자에게 부과된 책임과 의무임에 틀림없다. 그 무거운 책임과 의무를 충실히 이행하여 합리적인 경영을 해 나가기 위해서는 경영자는 탁월한 경영능력을 갖추어야 한다.

(1) 경영자의 정신적 능력

Dan Custer는 그의 저서 "정신력의 기적"(the miracle of mind power)에서 "무엇이든 바라는 것은 달성시켜 주는 힘이 있는데, 그것이 정신력"이라고 했고, "정신은 세계 최대의 힘"이라고 했다. 그리고 "정신력은 우리에게 건강과 행복 그리고 성공을 가져다 준다"고 했다.

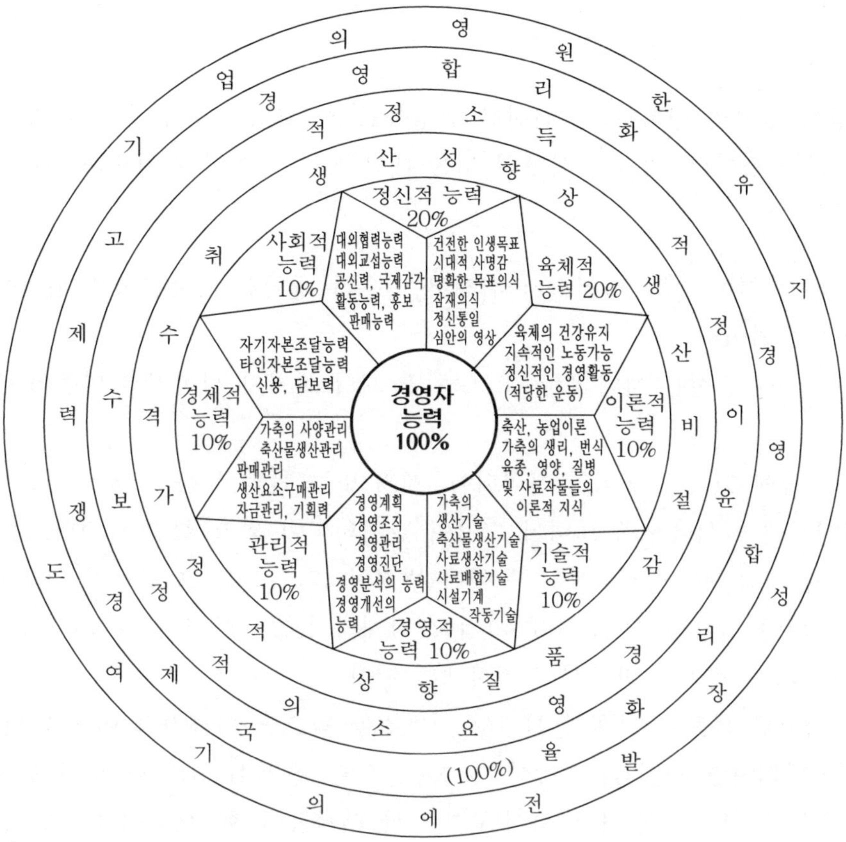

〈그림 2-5〉 경영자 능력과 경영합리화

옛부터 정신력의 위력을 강조해온 진리의 글귀로써 "정신통일무불성사"란 말이 있다. 정신을 한곳에 모으면 안 되는 일이 없다는 뜻이다.

또한 "지성이면 감천이다"이다. "뜻이 있는 곳에 길이 있다(Wkere there is a will, There is a way)"는 말은 동서고금의 공통된 진리로 통하고 있다.

최근에는 이 정신분야에 대한 연구가 활발히 진행되고 있어 휘드백 정신생리학(feedback psychophysiology)이나 정신응용학(psychorientology), 정신조절법(mind control method)을 통해 잠재의식의 적극적인 이용이 잘 되어지고 있는 것 같다. 인간은 만물의 영장이다. 영장이 될 수 있는 유일한 조건은 정신력이 강하고 고도로 발달되었기 때문이다.

우리 인간사회에서는 선진과 후진의 판단기준은 바로 정신력의 개발수준에 두고 있다. 타고날 때의 정신력을 잘 활용하면 우리는 보람된 생애를 보낼 수 있다고 생각한다. 세계의 사업계를 주름잡는 유능한 경영자들은 다음과 같은 남다른 정신력의 소유자였다고 한다.

1) 목 표

인생경영에 있어서 명확하고 "건전한 인생목표"가 설정되어 정진할 때 보람된 삶을 살아갈 수 있는 것이다. 확고한 목표의 힘은 대단한데 그 힘이 가져오는 심리적 원칙을 고찰해 보면,

첫째, 모든 개인이 성공 발전하기 위해서는 우선 명확한 목표달성을 위하여 뚜렷한 계획을 세우는 일이다.

둘째, 모든 목표달성은 하나의 동기 또는 몇 개의 동기가 짜여져서 만들어 내는 결과이다.

셋째, 마음속에 있는 지배적인 아이디어, 계획 또는 목적 등은 그것을 되풀이해서 생각하고 실현하려는 의욕으로 드디어 그것이 잠재의식이 되고 행위가 된다.

넷째, 현재 의식속에 욕구, 계획, 목적이 뚜렷이 그려지고, 그 실현이 절대적인 신념으로 뒷받침되어 있으면 어느 틈에 그것이 잠재의식속에 들어가서 실제로는 한 번도 실현한 일이 없는 계획도 반드시 실현하게끔 된다.

다섯째, 확고한 목표에 절대적 신념의 뒷받침을 받으면 지혜가 되어 나타난다.

목표가 명확해지면 자신감, 적극성, 창조심, 정열, 호기심, 집중적 노력 등이 발휘된다. 이런 것은 물질적 성공자가 되려면 반드시 터득해야 할 요소이다. 그러면 어떻게 목표의 명확화를 도모할 것인가?

제1단계 : 당신이 원하는 돈의 액수를 분명하게 마음에 새겨야 한다. 예를 들면, 낙농이나 비육우를 경영하여 소득을 1,000만원 또는 5,000만원을 벌겠다는 분명한 수준을 정해야 된다는 뜻이다.

제2단계 : 당신이 원하는 액수의 돈을 얻기 위하여 어떤 일을 할 것인가를 분명히 정해야 한다. 주어진 몇 년 동안에 젖소나 비육우, 한우, 번식우를 몇 마리 사육하여 얼마의 목표소득을 달성하겠다는 구체적인 사업계획이 세워져야 한다는 뜻이다.

제3단계 : 당신이 원하는 액수의 돈이 언제까지 들어와야 하는지, 그 기일을 확정해야 한다.

제4단계 : 당신이 이 욕망을 실현시킬 명확한 계획을 작성하고, 곧 이를 실행에 옮길 일이다.

제5단계 : 얼마만한 금액이 언제까지 들어오기를 바라는지를 자세히 명세서로 세우

며, 그 돈을 얻기 위하여 어떤 계획을 실행해 나갈 것인가를 자세히 계획서로 꾸민다.

제6단계 : 당신이 작성한 계획서를 하루에 두 차례씩 소리내어 읽는다. 이는 큰 소리로 읽어가면 당신이 바라는 돈이 점점 당신의 것이 되어오는 듯한 느낌이 강해져 그것이 자신으로 변하게 마련이다.

2) 신 념

신념은 성공의 원동력으로 만반의 준비를 갖춘 마음에만 찾아드는 귀한 손님으로써 유능하고 건전한 경영자가 소유해야 할 필수조건이며 자기의 욕망, 즉 목표를 잠재의식에 주입시켜 달성케 하는 힘을 가지고 있기 때문에 신념을 마음에 지니는 것이 꼭 필요한 것이다.

따라서 신념은 자신의 목표가 명확하고 건전할 때 강해진다. "절대적 신념은 신비와 기적의 근본"이라는 진리를 경영자로서는 체득해야 할 필요가 있다.

3) 자기암시

자기암시란 자기의 목표를 잠재 의식속에 주입시키는 매개체로써 일종의 자기최면이라고 볼 수 있다. 자기의 목표를 명문화해서 아침 기상과 동시에 큰소리로 낭독하고, 저녁 취침전에 동일한 방법으로 되풀이하면 목표를 달성하는 데 큰 도움이 된다.

적극적인 신념은 행복과 번영을 가져오고, 부정적인 생각은 불행과 불운을 가져온다. 그러므로 적극적이고 건설적인 자기암시가 꼭 필요하다.

4) 창 조 력

창조력은 아이디어와 계획을 만들어 내는 원천이다. 자기의 목표를 달성할 새로운 아이디어와 치밀한 계획을 창조력에서 구해야 한다.

인간이 가지는 충동과 욕망은 마음 속의 창조적인 재능의 도움을 받아 체계화되고 행동화되게 마련이다.

인간은 자신이 상상하는 모든 것을 만들어 낼 수 있다고 말하여지고 있다. 즉 달나라를 정복한 인공위성, 컴퓨터의 개발 등은 인간의 의지와 생각을 실현시킨 좋은 예가 되고 있다.

"뜻이 있는 곳에 길이 있다"라는 격언은 인간의 창조력에 바탕을 두고 있기 때문에 안심하고 믿어도 된다고 생각한다. 경영자는 부단히 연구하고 생각하는 가운데 유익한 창안들을 생각하고 그것이 경제적 이익으로 남게 된다.

5) 조직적인 계획

거부가 되려는 욕망을 달성하자면 우선 조직적인 계획이 앞서야 한다. 계획 없는 욕망은 헛된 꿈에 불과하고 계획 없는 곳에 실천이 없고 실천 없는 곳에는 아무런 성과가 없다.

6) 결 단 력

세계의 수많은 사업실패자 2만 5천명을 조사한 결과 그 원인의 첫 번째가 결단력부족으로 나타났다고 한다. 결단력을 신속하게 발휘하는 습관을 길어야 한다. 우유부단은 성공의 가장 큰 적이다. 대성하여 억만장자가 된 사람은 모두가 이 결단력을 가진 자로 조사되었다.

7) 끈 기 력

끈기는 우리의 욕망을 돈이나 재산으로 전환시키는 과정에서 절대 불가결한 요인이다. 그리고 끈기의 기초가 되는 것은 굳센 의지력이다. 칠전팔기의 끈기를 가지고 있다면 반드시 거부로 대성할 수 있을 것이다. 에디슨이 몇만번이나 실패하고도 백열전등을 발명한 것은 끈기의 소산이다. 세계의 재벌들은 끈기로 성공했으며, 헨리포오드가 한 예의 인물이다.

8) 잠재의식

잠재의식은 무한한 지성을 가진 것으로 시간과 공간을 초월한 활동을 하는 것이다. 거부가 되려거든 잠재의식을 활용하면 된다. 잠재의식은 당신이 원하는 것을 무엇이든지 달성시켜 주는 신비한 위력을 지니고 있다.

또한 잠재의식은 밤낮으로 활동하고 있다. 따라서 현재의식으로는 알지 못하는 방법으로써 무한한 지혜의 힘을 끌어내어, 그 힘에 의하여 당신의 욕망이 구체적인 재산으로 바뀌도록 자발적으로 활동하고 있다. 그러므로 이 잠재의식을 잘 이용함으로써 구체적인 방안이 발견되고 당신의 목적이 달성되는 것이다.

잠재의식은 의지의 힘에 의하여 무한한 지성을 끌어내는 매체이다. 재벌이 되겠다는 꿈, 얼마의 재산을 꼭 모으겠다는 당신의 의지를 계속하여 잠재의식 속에 주입시키면 반드시 그 목표를 달성할 방안이 나오게 되며 실천으로 옮기게 된다. 마음속에서 번뜩이는 계시나 착상은 잠재의식이 그 동안의 불타는 욕망에 대한 해답으로 주는 것이다.

노크하면 문은 열리게 되어 있다. 우리 인간은 생각한 것을 실천할 수 있다고 했다. 잠재의식이 이 문제를 해결해 주는 본체인 것이다.

건전한 목표+절대적 신념+자기암시+지성의 노력=만사형통의 공식이 성립된다. 잠재의식은 모든 문제에 대한 해답을 갖고 있다. 축산경영자가 꿈꾸는 아름답고 풍요로운 목장을 충분히 달성해 줄 수 있는 위력을 가지고 있다.

9) 두 뇌

인간의 두뇌는 약 150억 개의 대뇌피질 세포로 조직된 가장 정확한 컴퓨터이다. 두뇌를 활용하면 할수록 새로운 아이디어가 나오게 되며, 인간의 본부인 두뇌를 이해하고 방법을 강구하면 모든 해답을 줄 것이다.

10) 사 랑

축산경영자는 가축을 자식같이 사랑할 줄 알아야 한다. 그리고 나무도 애국자가 심은 것은 잘 자란다고 한다. 그 이유는 정성이 가득 들어갔기에 생명력이 왕성한 것이다.

그러므로 축산경영자는 애국자이어야 한다. 애국하는 마음과 부드러운 마음으로 젖소를 기를 때 젖소는 유전적 능력을 발휘하는 것이다.

한 포기의 꽃을 가꿀 때에도 비료만 준다고 아름다운 꽃을 피우는 것이 아니고, 아름답고 정성어린 마음으로 어루만져 줄 때 싱싱하고 향기로운 꽃송이가 피어오르는 것이다. 또한 가축들과 부드러운 목소리로 대화할 줄 알아야 한다.

유능한 독림가는 숲속에서 나무들과 대화할 줄 알며, 현명한 농부들은 논밭에서 작물들과 오손도손 속삭일 줄 안다.

젖소는 덩치가 클지라도 매우 민감한 동물이다. 목장주인의 따뜻한 손길과 부드러운 음성에 안심할 줄 알고, 신경질적인 목소리와 매서운 눈초리에 생산성이 떨어진다는 젖소의 심리도 파악할 줄 알아야 한다.

11) 인 격

인간적, 도덕적인 면에서 모든 사람으로부터 존경받는 인격자이어야 한다. 경영규모가 확대되면서 경영의 성패는 인사관리에 있고, 모든 종업원이 경영자를 추앙할 때 그 조직은 번창할 수 있다.

(2) 경영자의 육체적 능력

경영자가 경영활동에 최선의 능력을 다하기 위해서는 건강의 뒷받침이 필수적 조건이다. 건전한 육체에서 건전한 정신이 나온다는 말이 있다. 건강을 유지하기 위해서는 균형있는 식생활, 적절한 운동, 마음의 평화를 유지해야 된다.

균형있는 식생활이란 우리에게 필요한 114가지 영양소가 들어있는 완전식품인 우유와 계란을 충분히 마시고 과일과 채소를 즐겨 먹는 일이다.

또한 국민들의 건강을 위하여 열심히 축산물 생산에 노력하면 자연적으로 운동도 될 것이고, 항상 마음의 안정과 평화가 유지될 수 있도록 건전한 생각, 건전한 인생목표를 세우고 성실하고 참되게 살아가는 가운데 마음의 평정을 유지하게 될 것이다.

(3) 경영자의 이론적 능력

경영자는 경영상 필요한 모든 이론을 터득해야 한다. 가축을 사육하자면 가축의 생리, 사양, 영양, 번식, 육종, 질병, 농기계, 시설 등은 물론 자급사료 재배를 위해 사료작물과 목초의 재배관리, 저장, 이용에 대해 완벽에 가까운 지식을 가져야 한다.

뿐만 아니라 축산경영의 적정목표의 설정, 경영계획의 수립, 경영관리, 경영진단 및 분석, 경영개선 등에 대해 충분한 지식을 갖춰야 한다. 그리고 시장의 정보, 가격이론, 정책변화, 국제경제의 상황 등을 분석할 수 있어야 한다.

"아는 것이 힘이다(Knowledge is power)", "알아야 면장을 한다"는 속담은 아는 것이 얼마나 중요한가를 나타낸 것이다.

(4) 경영자의 기술적 능력

이론과 기술은 생산성 향상에 직접적인 관계요인이다. 사양에 대한 이론은 알고 있으나 기술이 없다면 현실적으로 문제가 발생한다. 착유에 대한 이론은 알아도 착유기술이 없다면 무의미한 것이다. 기술은 오랜 경험과 실습에 의해서만 향상되는 것이므로 평소에 이론대로 실기를 익혀야 한다.

요즈음과 같이 농촌의 노동력이 부족하여 목부를 구하기가 어려울 때 목부가 갑자기 자리를 비운다면 경영자는 차질없이 목장의 모든 일을 맡아야 한다.

사양, 번식, 육종, 착유, 재배, 치료기술 등 축산분야에 있어서의 모든 기술을 익혀 두면 완벽한 경영자로서의 능력을 갖추게 된다.

(5) 경영자의 경제적 능력

경영에서 중요한 기능을 담당하고 있는 것은 자본이다. 경영에서는 경영규모가 영세할 때에는 적정규모보다 불리하다. 적정규모로 확대해야 할 경우에도 자본이 필요하고, 시설의 보완을 하는 것이 경영상 유리한 경우에는 과감히 투자를 해야 한다.

그런데 자본에 대한 능력은 자기자본조달능력과 타인자본조달능력으로 구분된다.

경영자의 경제적 능력은 지속적으로 경영체를 유지·발전시키는데 중요한 역할을 한다.

자기자본의 조달능력이 부족하면 타인자본의 조달능력이라도 풍부해야 된다.

3. 축산경영자의 주요활동

(1) 축산경영자의 주요기능

첫째로, 목표설정 : 경영자가 해야 할 첫째의 기능은 확고하고 적정한 경영목표를 설정하는 일이다.

둘째로, 계획수립 : 경영목표를 달성하기 위한 구체적이고 합리적인 경영계획을 수립해야 한다.

셋째로, 경제관리 : 계획이 수립되면 가장 최선의 대안을 선택해서 실행하는 것이다. 구입하고 조직하며 필요한 생산요소를 조달하고 체계적으로 관리하는 것은 계획을 실천하는 기능이다.

넷째로, 통제감독 : 계획대로 모든 것이 잘 되어가고 있는지를 파악 감독하는 경영상의 한 과정이다. 환경변화 요인에 대한 대응과 더불어 목표에 접근할 수 있도록 모든 경영상황을 통제·감독하는 기능은 대단히 중요한 기능이다.

다섯째로, 경영분석 : 경영계획에 따라 실천되고 통제되어진 경영성과가 제대로 나왔는지 경영의 모든 분야를 진단하고 성과를 분석하는 기능은 대단히 중요하다.

결과적으로 기술적 지표나 경영적 지표를 통해서 분석한 내용이 계획과 다르다면 그의 요인분석을 통해 경영개선의 방향을 새로이 설정해야 한다.

(2) 축산경영자의 주요활동

목장과 관련된 조직 및 관리는 복잡해지고 영세적인 부업농에서 전업·기업화되어가고 있으며 이에 따라 소요되는 자본이 더 필요하게 되는 변화 속에서 경영자는 어떻게 하면 효율적으로 경영을 할 수 있는가? 즉 무엇을 생산할 것인가? 얼마만큼 생산할 것인가? 언제 생산할 것인가? 또는 그 생산을 위해서 조직적인 방법, 생산방법, 노동시간 조달방법, 농기구의 선택과 조달 등의 축산경영에 관련된 많은 일에 관해서 심사숙고하여야 한다.

1) 경영기술적인 활동

기술적인 활동이란 시간의 경과와 함께 축산물을 생산해 가는 과정 중 경제적, 기술적 조건이 변함에 따라 모든 생산방법을 생산량 증가를 위해서 경제적으로 선택하는 활동이다. 이러한 활동으로써는 생산해야 할 축산물의 결정, 생산요소의 선택 및 조합, 기술수준의 결정 및 생산규모의 결정 등이 있다.

2) 상업적인 활동

상업적인 활동이란 축산물을 생산하기 위한 생산요소의 최적 결합을 위하여 필요한 생산요소를 조달 구매하는 한편, 생산물을 저장 관리하여 적정한 이윤을 얻기 위하여 시장에 판매하는 활동을 의미하며 이를 위해서는 시장의 정보분석, 적기선정, 결단력 등이 요구된다.

3) 재정적인 활동

재정적인 활동이란 필요한 자본을 적절한 방법에 의해서 필요시에 조달하며 또한 장기적인 자본수요량을 예측하는 경영상 자본의 조달과 관련된 활동이다. 이러한 활동으로서는 필요한 자본의 조달, 자본의 이용방법 및 계획, 장래 자본소요량의 예측과 준비 등이 있다.

4) 회계적인 활동

회계적인 활동이란 경영상에 발생되는 회계, 즉 수입과 지출에 관한 활동으로써 이는 영세한 경영체일수록 직접 경영자가 담당하는 경우가 많다. 이러한 활동으로써는 생산량 및 판매수입 기록, 사업상의 거래기록, 세무보고, 경영성과분석 등이 있다.

(3) 축산경영자의 경영기능

앞에서 설명한 내용은 경영자가 수행해야 할 직무에 대한 것이었다. 이 직무의 기능에는 계획, 수행, 통제로 구성되어 있는데 이에 대하여 구체적으로 살펴보기로 한다.

1) 계 획

계획의 기능에는 문제확인, 정보수집, 대안 등이 포함된다. 계획기능에도 많은 문제점이 발생하며 경영자가 한개 이상의 문제를 해결하는데 수집하는 정보의 수집미약으로 말미암아 발생되는 경우가 많다. 계획은 새로운 문제와 기회를 만들어 내고 새로운 정보는 경영조직 내에서 유효하게 작용할 때 경영은 잘되는 것이다.

2) 수 행

일단 계획단계가 끝나면 가장 최선의 대안을 채택하고 계획을 실행하여야 한다. 구입하고 조직하며 필요한 생산요소를 조달하고 기록을 체계적으로 관리하여 경영성과를 파악할 수 있도록 하여야 한다. 시간이 흐름에 따라서 필요한 생산요소를 통제하고 감독하는 기능 또한 요구된다.

3) 통 제

통제는 계획했던 목표가 달성되었는지를 파악하는 경영상의 한 과정이다. 계획했던 업무들이 실행 과정상 발생되는 여러 가지 환경변화 요인에 의하여 예상했던 결과와 실제 결과와는 많은 차이가 발생하는 경우가 있다.

다시 말해서 축산물의 경우에 축산물의 상품 성격상 많은 불확실성을 내포하기 때문에 가능한 한 발생되는 편차의 형태와 크기를 예상하는 것이 중요하다. 통제는 계획에 대해서 규제할 수 있는 조직적인 체계가 요구되며, 또한 목표에 대한 이행여부를 측정함에 따라 예상결과를 조정해 나감으로써 목표했던 결과치와 일치할 수 있는 조직체계가 요구된다.

통제의 중요성은 강조될 것이고 훌륭한 통제조직 체계는 정확한 기록에 의해서 이루어질 수 있으므로 조직체계 또한 필요하다.

(4) 축산경영자의 의사결정

경영자는 축산물의 생산을 통해서 적정이윤이나 적정소득을 달성하고자 한다. 이러한 경영자의 활동은 합리적인 의사결정에 의해서 이루어질 수 있으며, 또한 의사결정 역시 경영자의 경영여건, 즉 경영자본, 경영조직, 경영목표에 따라 과정과 절차는 상이하게 마련이다.

1) 의사결정의 기본요소

경영자의 의사결정에 있어서 고려되어야 할 기본적인 요소로써 다음과 같은 요건이 갖추어져야 한다.

첫째로, 의사결정의 주체 : 의사결정자로서 소규모 농장인 경우 주인인 경영자가 될 것이나 대규모의 경우 실무담당자 및 그의 상관에 해당된다.

둘째로, 의사결정의 대상객체 : 각 상이한 상태에 따라 의사결정의 대상이 다르게 마련이다. 즉 조사료 생산에 대한 결정인 경우 사료작물의 종류 및 재배면적, 자본조달과 사용방법 등 이루 말할 수 없도록 많다. 이러한 것들이 조사료생산에 대한 의사결정의 대상객체가 된다.

셋째로, 의사결정에 있어서의 제반 주변여건 : 의사결정은 여러 가지 주위의 여건이 갖추어져야 비로소 이루어진다. 그러므로 의사결정이 합리적이고 과학적으로 이루어지기 위해서는 정보 및 여건 전반에 관한 준비가 필요하다.

넷째로, 목표달성정도를 측정할 수 있는 분석지표 : 목표의 달성유무를 분석 판단하여 차기의 경영계획을 세우기 위해서 분석지표를 세우는 것이 의사결정의 평가에 중요한 과정이 된다.

2) 의사결정 방법의 분류

경영자에 의해 계획된 결정은 여러 가지 방법으로 분류할 수 있다. 그 중의 한 가지 분류방법으로는 조직적인 의사결정방법과 운영상의 의사결정방법이 있다.

첫째로, 조직적인 의사결정방법이란 사업계획, 필요한 생산자원 및 계획실행 등 모든 부분을 결정하는 방법을 말한다. 이러한 결정방법의 예로써는 얼마의 토지면적을 구입할 것인가 또는 임대할 것인가에 대한 결정, 자본의 차입액과 차입자본에 대한 이용방법에 대한 결정 등을 들 수 있다.

둘째로, 운영상의 의사결정방법이란 1년 이상의 경영기간 중에 재평가나 수정하지 않은 장기적인 의사결정이라 할 수 있다. 이 운영상의 의사결정방법은 조직적인 의사결정방법이나 많은 수정이 요구되고 목장사업계획을 수행하는데 필요한 업무가 많으며 또한 운영결정이 일, 월 및 년을 기준으로 할 필요가 있는 경우에 조직적으로 자주 반복되는 경우가 많다.

이러한 결정방법의 예로써는 주어진 토지이용기간 동안 작물의 종자투입량과 비료투입량의 선택결정, 가축 폐사율의 변화, 파종기와 수확기의 선택, 생산물의 유통과정 결정 및 일일노동계획 등을 들 수 있다.

3) 의사결정의 과정

대체용도 사이에 제한된 생산요소를 분배하는 일은 경영자가 겪어야 할 의사결정이다. 의사결정의 과정은 논리적인 일련의 경영과정으로써 이루어지는 주요단계가 다음과 같다.

첫째로, 문제를 정확히 확인한다.

둘째로, 데이타, 사실 그리고 정보를 수집한다.

셋째로, 대체해결 방안을 분석한다.

넷째로, 가장 최선의 방법을 선택한다.

다섯째로, 결정한 것을 실행한다.

여섯째로, 결과를 분석하고 결과에 대한 책임을 진다.

4) 의사결정의 순환

문제에 대한 해결책을 선택하는 것은 쉬운 일이 아니며, 또한 항상 가장 좋은 해결책을 선택했다고 확신할 수는 없다.

가장 좋은 해결책이란 때로는 아무것도 하지 않고 원상태로 되돌아가는 것일 수도 있고 또는 의사결정단계를 다시 하는 것일 수도 있다.

이와 같은 것이 합리적인 결정이겠지만 가능성이 있는 대안을 얻었을 때 의사결정을 회피하는 방법을 사용해서는 안 된다.

어떤 대안에 대한 찬성과 반대를 하고 난 다음에도 결정한 대안보다 더 좋은 대안이 있을 수 있다. 여하튼 미래의 불확실성, 즉 장래가격 등의 불활실성으로 말미암아 여러 가지 대체안이 이윤에 영향을 미칠 수 있으므로 경영주는 각 대체안에 예상되는 성과, 그 위험과 관련해서 얻을 수 있는 기회비용 및 이윤을 평가하여 결정해야 한다.

◈ 연 습 문 제 ◈

1. 축산경영의 요소에 대하여 설명하라.
2. 축산경영의 요소 중 토지의 성질에 대하여 구체적으로 열거하라.
3. 토지의 종류와 그 용도에 대하여 설명하라.
4. 축산경영의 4대 필수요소에 대하여 열거하고 구체적으로 설명하라.
5. 자본재의 개념에 대하여 논하라.
6. 자본재의 종류를 열거하고 각각 설명하라.
7. 자본재의 평가방법에 대하여 논하라.
8. 감가상각이란 무엇이며 감가상각의 방법을 설명하라.
9. 축산노동력의 특수성에 대하여 설명하고 노동력의 종류에 대하여 약술하라.
10. 축산경영자의 5대 능력조건에 대하여 논하라.
11. 축산경영자의 주요활동을 구체적으로 설명하라.

〈참 고 문 헌〉

1. 농업계전문대학 교재편찬위원회, 농업경제학, 학문사, 1982.
2. 정수영, 신경제학원론, 박영사, 1986.
3. 진흥복, 최신농업경영학, 선진문화사, 1983.
4. 農林水産性, 農業畜産用固定資産評價表, 1988.
5. 酪農總合硏究所, 成功酪農家の生き方·考え方, 1986.
6. 宮坂悟朗, 畜産經濟地理, 農産漁村文化協會, 1980.
7. Michael J. Jucius, Personnel Management, Richard D. Ir Win, Inc.1968.

제 3 장

축산경영계획

제1절 축산경영계획의 기초이론

1. 경영계획의 개념

경영계획(farm planning)은 경영목표를 가장 경제적으로 달성하기 위한 경영방향을 설계하는 것이다. 경영계획은 목표달성을 위한 미래의 행동을 예정하는 행동의 모델이다. 이 미래의 행동모델을 만들기 위해서는 명확한 목표를 설정하며 관련 정보를 모으고, 여러 가지 대체안을 열거해서 그 중 목표를 달성할 수 있다고 판단되는 안을 선택할 필요가 있다. 계획을 세우는 과정은 "의사결정의 과정"이라고 말하며, 의사결정의 결과로 만들어진 행동의 예정이 계획안이다.

한편 경영자는 자기가 목표한 적정소득과 적정이윤을 효율적으로 달성하기 위하여 경영활동을 과학적이고 합리적으로 체계화할 수 있는 경영계획이 필요하다. 경영의 책임자로서 경영활동의 장래에 대한 예측과 통찰을 통하여 투입요소에 대한 적정한 보수를 기준으로 적정한 목표 결정과 이익 실현을 위한 경영계획의 설정은 중요하다.

이러한 경영계획이란 경영분석에 의해서 얻어지는 자료나 또는 다른 농장에서 수집한 분석자료에 의해서 경영자의 목표를 달성코자 최대한의 자원을 이용하여 경제성을 바탕으로 농장을 설계하고 이를 실행하려는 경영자의 경영관리 과정을 의미한다.

2. 축산경영계획의 과정

(1) 경영계획의 순서

일반 제조업뿐만 아니라 농장을 경영하기 위해서는 경영의 순환과정, 즉 계획(설계) → 조직 → 운영 → 평가 → 통제 → 조사 → 분석 → 계획(설계)의 과정을 필요로 한다. 이

과정 중 경영계획은 경영자의 경영이념 및 경영철학을 바탕으로 가장 합리적이고 과학적인 계획이 필요한 과정이다.

이를 위하여 먼저 경영자는 경영목표에 적합한 경영방침을 설정하여야 한다. 경영방침이란 경영자의 의사결정, 즉 축종, 사료작물, 영농규모, 연차별 사료작물 및 축산물 생산목표 등과 같은 경영계획을 수립하기 위한 개략적인 계획을 의미한다.

경영방침의 방향은 단기적인 방향과 장기적인 방향으로 구분할 수 있다. 가축의 사육 및 축산물 생산을 위한 소요기간에 따라 육계, 산란계, 비육돈과 같이 비교적 단기적으로 생산이 가능한 경영형태인 경우에는 단기적인 경영방침을 수립하여야 한다. 반면 낙농, 비육우 등은 비교적 장기적으로 경영방침을 수립해야 한다.

한편 장기적인 경영방침은 신년도의 경영계획과 이로부터 얻어지는 경영방침을 종합하여 새로운 경영방침을 수립함으로써 경영성과의 극대화를 이루어야 한다.

경영방침이 결정되면 각 경영부문별 생산계획, 원가계획, 이익계획, 자금운영계획, 판매계획, 투자계획, 자금조달계획, 시설계획 등을 경영순서에 따라 수립하여야 한다. 경영부문별 계획순서 및 상호관계는 <그림 3-1>에서 보는 바와 같다.

이상의 경영계획은 경영자의 경험과 과학적인 방법에 의해서 축종이나 사료작물 등을 선택함에 있어서 가장 경제적인 규모를 결정하고 정확한 정보를 바탕으로 경영목표달성을 위하여 최선을 다하여야 한다.

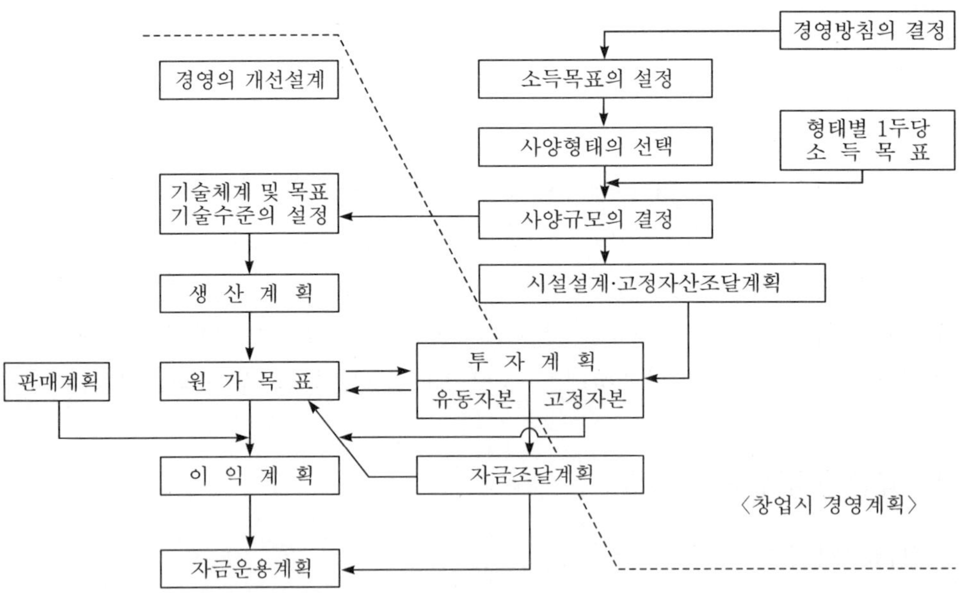

〈그림 3-1〉 경영계획의 순서

자료 : 新井계, "畜産經營" 전국농협중앙회, 평성 원년 9월.

(2) 축산경영 계획상의 유의점

축산경영계획은 경영자의 경영방침을 설정, 계획, 실행, 조사 및 평가분석함으로써 점증적으로 경영목표를 달성하기 위한 경영활동의 한 과정으로써 그 중요성은 크다.

따라서 경영계획 수립상 유의해야 할 점을 살펴보면 다음과 같다.

첫째, 축산물은 연도별, 계절별, 월별, 일별로 가격변동이 불안정하므로 판매가격은 경영계획시의 가격이 아니라 전년도의 평균적인 가격으로 하는 것이 좋다.

둘째, 축산물의 판매단가는 약간 저렴하게, 생산요소의 구입단가는 약간 높게 설정하여 가격변동에 따른 경영계획의 융통성이 있게 한다.

셋째, 축산경영에 따른 소득수준은 인플레이션이나 디플레이션을 고려하여 설정하고 경영규모나 기술이 장래에 변동될 것을 미리 고려하여야 한다.

넷째, 축산경영계획의 주체는 경영자가 되어야 하고, 이를 위하여 경영계획은 경영자의 경험 및 목표가 포함되어야 하며, 또한 실무자(농장장 또는 직원)도 경영계획을 충분히 이해할 수 있어야 한다.

다섯째, 축산경영 계획 중 생산계획은 실현이 가능한 기술수준을 전제로 하여야 하며, 가시적인 계획(사료급여량 및 토지사용면적 등)뿐만 아니라, 자가 노동시간 등과 같이 생산요소로 간주된 부분도 포함하여야 한다.

제 2 절 축산경영 계획법의 종류

축산경영의 경우 일반적으로 비과학적인 방법에 의하여 자본을 투자하는 경우가 많다. 그러나 축산물의 생산과잉 등 경영상의 어려움이 가중될수록 과학적인 경영계획이 요구된다.

목장 경영계획은 신규 또는 기존의 경영자가 생산기술적인 측면과 경영관리적인 측면에서 각 개별농가의 경영여건을 고려하여 경제성과 적합성이 존재하는 경영계획을 세워야 한다. 특히 경영계획은 과학적이고도 합리적으로 계획·작성하여야 하는 경영활동 중의 일부분으로써, 방법은 표준계획법, 직접비교법, 예산법, 적정목표이익법으로 크게 구분할 수 있다.

1. 표준계획법

표준계획법(標準計劃法)은 가장 합리적으로 조직·운영하는 표준모델농장을 설정하여,

이 모델농장의 경영성과 등의 자료에 기초하여 자가 경영여건에 적합하도록 경영목표치 등을 지표로 하여 자가경영계획을 수립하는 방법이다.

경영자가 가축의 생산능력, 토지의 이용, 노동력의 배정, 작업체계, 경영수익, 경영비, 토지소득, 노동소득, 자본수익 등과 같은 표준모델농장의 경영성과를 비교 분석하여 표준모델농장에 근사하게 접근할 수 있도록 경영을 실행하여 가는 계획을 의미한다. 그러나 표준계획법은 어떻게 표준모델농가를 설정하느냐 하는 모델설정상의 어려운 문제가 있다. 그러므로 표준모델농가를 다음과 같은 방법에 의해서 선정하여야 한다.

첫째로, 축산시험장 및 연구기관의 시험연구결과 등의 자료를 기초로 하여 모범적인 모델로 설정한다. 이는 동일축종, 동일규모 및 동일여건 등을 고려하고 또한 기술적, 경영적인 양측면을 고려하여 설정하여야 한다.

둘째로, 표준모델농장이 사육농가일 경우, 경영규모 및 경영형태에 따라 각 기술 및 경영내부를 분석하여 각 경영부분별로 경영계획을 파악한다.

따라서 이상의 모델 설정치에 의해서 경영자는 목장을 모델농장에 표준화할 수 있도록 경영계획을 다음과 같은 순서에 따라 실행하여야 한다.

제1단계－경영하고자 하는 형태 및 규모를 가진 모델농장을 선정한다.

제2단계－선정한 모델농장의 기록에 의해서 경영성과를 표시하는 일람표를 작성한다.

제3단계－작성한 일람표에 의해서 경영성과를 분석한다.

제4단계－모델농장의 조직체계 및 관리체계를 기준으로 투입량과 산출량을 계획한다.

제5단계－생산에 소요되는 비용과 생산량에 의한 수익을 계획하여 수지계획표(손익계산서)를 작성한다.

이와 같은 계획방법은 우수한 모델농장의 실적을 기초로 하여 그 성과를 분석하면서 유사한 경영형태를 설계하는 실용성이 있는 방법이다. 그러나 경영자의 능력 등 경영성과에 눈에 보이지 않는 요인에 의해서 차이가 발생할 수 있다는 점에 유의해야 할 것이다.

2. 직접비교법

직접비교법(直接比較法)은 경영형태가 동일한 농장 중 경영조직 및 경영성과 등이 모범적인 목장을 설정하고, 그 경영성과와 자가농장의 경영성과를 직접 비교하여 목장경영상의 개선점을 찾아내어 경영계획을 수립하는 방법을 말한다. 그러므로 직접비교법을 사용하기 위해서는 경영자와 생산요소의 투입 및 산출관계 등의 경영 전체의 성과를 파악할 수 있는 자료가 있어야 한다.

직접비교법은 다른 방법에 비하여 자가목장의 경영여건과 가장 유사한 평균치를 기준으로 하기 때문에 가장 신뢰성이 있다. 그러나 많은 기간에 걸쳐 수집된 경영실적을 자료로 하여 자가경영성과를 비교분석하여야 함으로 많은 시간이 요구되며, 모범적인 목장의 선정에 있어서 기준이 되어야 할 기술적, 경영적 성과분석지표를 가지고 있는 농장을 찾기가 어렵다.

이처럼 직접비교법은 모범적인 농장선정에 어려움이 많기 때문에 과거의 실적을 기초로 하여 유형별로 평균치를 기준으로 경영상의 결점과 개선점을 모색하여 실용성 있는 경영계획을 수립하여야 한다.

3. 예 산 법

예산법(豫算法)이란 모든 경영부문을 종합적으로 또는 부분적으로 다른 부문과 대체할 경우에 농장경영 내의 변화를 분석·검토하고, 여러 대안 중 가장 효율적인 방법을 선택하여 경영계획을 수립하는 방법으로써 대체계획법(substitution method) 또는 시산계획법이라고도 한다.

예측을 근거로 하여 계획한 여러 가지의 대안은 처음부터 실현 가능성이 모두 존재하는 것이 아니므로 몇 개의 대안 중 가장 경영목표에 적합한 개선대안을 선택하여 경영계획을 수립하는 것을 의미한다.

한편 예산계획법에는 부분적으로 계획하는 부분예산법(部分豫算法)과 경영 전체를 종합적으로 계획하는 종합예산법(綜合豫算法)이 있다. 이 중 부분예산법은 경영을 전체로써 보지 않고 특정부분에 대해서만 수립하는 예산법으로 예를 들면 가축생산계획, 가축관리계획, 사료작물계획 등을 들 수 있다. 반면 종합예산법은 부분예산법을 전체 경영에 확대, 적용하여 경영계획을 수립하는 것을 의미한다.

4. 선형계획법

선형계획법(線型計劃法)은 문제해결이나 계획수립을 위하여 ⓐ목적함수, ⓑ제약조건, ⓒ비부(非負)조건(non-negative condition)을 구성한 후, 주어진 제약조건을 만족시키면서 목적함수의 값을 최대화 또는 최소화하는 결정변수의 값을 찾는 것이다.

이들 관계식은 물론 모두 1차식, 즉 선형이다. 따라서, 결정변수가 2개인 간단한 선형계획 문제는 도해적 방법에 의하여 해결할 수 있지만 결정변수가 3개 이상인 문제는 도표에 변수 상호간의 관계를 표시하기가 매우 어렵기 때문에 이 경우에는 단체법(單體法, simplex method)을 이용한다.

그러나 여러 단미사료를 이용하여 배합사료를 제조하는 것과 같은 많은 수의 결정변수와 제약조건식을 포함하게 되는 경영상의 문제를 수작업으로 계산하여 최적해를 구한다는 것은 사실상 불가능하기 때문에 복잡한 선형계획 문제는 컴퓨터를 사용하여 해결한다.

사례를 하나 들어보자. A목장에서 젖소와 비육우를 사육하고자 한다. 그런데 젖소는 두당 300평의 토지와 2,500,000 원의 자본이 필요하며, 두당 연간 순수익은 300,000원을 얻을 수 있다고 하자. 비육우는 두당 200평의 토지와 2,000,000원의 자본이 필요하며, 두당 연간 순수익은 200,000원을 얻을 수 있다고 하자.

한편 이 목장에서 축산경영에 이용 가능한 자원의 양은 토지는 5,000평, 자본은 50,000,000 원으로 제한되어 있다고 하자.

여기서 사육해야 할 젖소의 두수와 비육우의 두수가 결정변수가 되며, 이 결정변수의 값이 최대로 실현될 수 있도록 결정되어야 하는데, 이를 해결하기 위해서는 다음과 같은 목적함수와 제약조건이 우선적으로 설정되어야 한다.

1) **목적함수** : 이 목장에서 젖소와 비육우의 사육을 통해 얻을 수 있는 총이익(Z)은 $Z=300X_1+200X_2$와 같은 1차식으로 표시할 수 있고, 이 식이 선형계획의 목적함수가 된다.

2) **제약조건** : 이 목장에서 사육할 수 있는 가축은 제한된 자원량의 사용범위 내에서 가능하며, 이를 식으로 표시하면 다음과 같은 1차 부등식이 되는데, 이 식을 제약조건식이라고 한다.

$$300X_1 + 200X_2 \le 5{,}000(\text{토지})$$
$$2{,}500X_1 + 2{,}000X_2 \le 50{,}000(\text{자본})$$

위의 식은 젖소와 비육우를 위하여 사용되는 토지의 총면적($300X_1 + 200X_2$)이 5,000평 이하이어야 하고, 자본의 총금액($2{,}500X_1 + 2{,}000X_2$)도 50,000원 이하이어야 실행 가능한 계획이 될 수 있음을 의미한다.

제약조건이 부등식으로 표시되는 것은 제약된 생산요소가 전부 사용되지 않고 일부 잔량이 발생하는 것을 인정하는 것으로 이것이 선형계획법의 한 특징이다.

3) **비부조건**(非負條件) : 결정변수 X_1과 X_2의 값은 반드시 0이거나 0보다 큰 정수(正數)이어야 하고, 0 보다 작은 부수(負數)가 될 수 없다. 즉 생산하지 않는 경우에는 변수값이 0이 되며, 그 이하의 (-)값이 될 수 없다는 것이다. 따라서, 이 제약도 하나의 조건으로 다음과 같이 표시되며, 이러한 조건을 비부조건(non-negative)이라고 한다.

$$X_1 \ge 0, \quad X_2 \ge 0$$

이와 같이 선형계획법은 주어진 제약조건을 만족시키면서 목적함수의 값을 최대화 또는 최소화하는 결정변수의 값을 찾는 것이다. 따라서, 선형계획법에 의한 문제 규정에는 목적함수, 제약조건 및 변수의 비부조건이 갖추어져야 한다.

5. 적정(목표)이익법

위의 4 가지 계획법을 소개하였으나 모두가 추상적이거나 부분적인 경영계획법으로써 실제로 축산경영자가 확고한 목표의식과 절실한 느낌을 갖고 구체적이고 세부적인 하부목표를 설립하는 데에는 문제점이 있다.

그러므로 경영계획의 기준이 되고 경영합리화의 척도가 되는 적정목표이익을 먼저 설정하고 그 목표를 달성할 수 있는 구체적이고 합리적인 경영계획법을 도출하여 축산경영자들이 보다 효과적이고 용이하게 이용할 수 있도록 경영계획이 이루어져야 한다. 다시 말해서 확고하고 명확한 화폐가치로 표시된 적정목표이익(경영자본×30%)을 먼저 결정하고 이를 기준으로 하여 축산물 생산계획, 생산요소의 구매계획, 생산물의 판매계획, 재무계획, 시설투자계획 등이 체계적으로 세워져야 한다.

사실 장기적이고 종합적인 축산경영의 목표는 농장경영 규모의 확대성장, 농장경영의 안정, 농장의 사회적 책임의 수행, 적정목표 이익(소득 또는 이윤)의 지속적 획득 등의 4 개 영역이다.

제 3 절 축산경영계획의 수립

1. 축산경영의 합리화와 목표달성

(1) 축산경영 합리화의 개념설정

축산을 경영하는 경영자들은 모두 경영합리화를 원한다. 경영자들은 국민들의 식생활 개선을 통한 국민건강을 지킨다는 사회적 기능과 책임을 다하기 위해서 우유와 육류, 계란 등을 생산하는 경영활동에 최선을 다해야 되며, 농장의 안정적 발전과 유지·존속을 위하여 필요한 이익을 올려야 된다.

오늘날 목장의 사회성이 고조되어 경영환경이 복잡해짐에 따라 목장에서 활용하는 생산요소를 유기적이고도 합리적으로 결합하는 경영의 합리화(rationalization of management)가 최대의 관건으로 대두되고 있다.

이와 같은 경영의 합리화는 생산성 향상으로 연결되고 있다. 따라서 생산성 향상과 경영 합리화는 그 이론적 구조가 동일한 것이라고 할 수 있다. 그런데 농장의 관리목표는 바로 경제적 합리성의 실현에 있다고 할 수 있다. 이와 같은 의미에서 농장경영의 합리화 실현이 바로 관리의 목표라 할 수 있다. 왜냐하면 합리화(rationalization)란 이성(rationality)에 합치되는 행동을 하게 되는 것을 의미하는데, 이러한 합리성의 바탕이 되는 것은 바로 최소의 희생을 통해 최대의 효과를 달성하고자 하는 경제원칙이며, 이는 구체적으로 생산성이나 생산비 개념으로 이해되기 때문이다.

합리화의 일반적 성격은 목표달성을 위한 활동 또는 기능의 유효성과 능률을 향상하는 것으로 이해되고 있는 것이다. 유효성(effectiveness)이란 목표의 달성정도이고, 능률(efficiency)은 행동의 기술적 효율을 나타내는 것이다.

이러한 합리주의(rationalism)발상이 실천되고 발전되는 과정이 곧 합리화인 것이며, 이것이 농장경영면에서 실천되고 전개되는 것이 곧 경영합리화인 것이다.

그러므로 축산경영의 합리화란 축산경영의 적정목표를 달성한 상태를 의미한다. 즉 축산경영을 할 때에는 토지, 노동력, 자본재의 3요소를 효율적으로 결합해서 지속적으로 경영을 유리하게 운영할 필요가 있다.

이 경우 축산경영자는 일정한 목표(경영자본이익률 30% 수준)를 설정하여, 그 목표를 달성하기 위해 토지, 노동력, 자본재를 결합정비하고 작목의 편성을 개선하며 기술의 고도화와 생산성 향상을 통하여 수익을 증대하게 되는데 이것이 경영의 개선 또는 경영의 합리화이다.

(2) 축산경영의 목표설정

경영자는 농장이 우유, 고기, 계란, 꿀, 모피의 생산공급이란 사회적 기능인 공경제적 목표와 그 목장을 유지 존속 및 성장 발전시켜 나아가기 위해서 필요한 사경제적 목표인 적정소득이나 적정이윤의 목표를 설정해야 한다.

1) 적정목표이익의 설정

적정이익에 대한 학자들의 몇 가지 견해를 살펴보면, 미국의 경영학자인 딘(T. Dean)은 적정 이윤의 개념을 "기업이 사회적 기능을 수행하면서 지속하는데 필요한 이익"을 적정이윤이라고 정의를 내리고 있다.

그리고 國弘員人교수는 적정이익률의 구성요소를 첫째로 자기자본에 대한 이자, 둘째로 위험료, 셋째로 기타 이익이 포함되어야 한다고 주장하고 있다.

또 山口年一교수는 적정이익을 구성하는 고유의 요소로써 투자가에 대한 적정배당, 주주임원에 대한 적정상여금, 이익처분으로 납부하여야 할 세금, 차기이월 이익잉여금을 들 수 있다.

그리고 목표이익은 기업이 해당기간 동안에 획득해야 할 이익으로써 일반적으로 기업이익은 기업활동의 보상, 장래 예측할 수 없는 위험에 대한 준비, 장래 발전에 대한 준비로 정의했다.

이상에서 여러 학자들의 견해를 살펴보았지만 축산경영에 있어서 적정목표이익에 대한 명확한 개념은 도출되지 않았다.

이에 필자는 축산경영의 적정목표이익의 요소는 ㉠ 자기자본에 대한 적정이자, ㉡ 자기토지자본에 대한 적정보수, ㉢ 자가노동에 대한 적정보수, ㉣ 경영능력의 적정보수로 규정하고자 한다. 이것은 축산경영의 4대 요소의 투입에 대한 적정한 보수로써 합리적이라고 생각된다.

2) 적정목표이익률의 설정

현실적으로 농장에 투자하여 경영에 직접참여하고 있는 경영자본에 대한 적정목표이익이 발생할 수 있을지, 아닐지의 판단지표는 목표이익률로써 설정할 수밖에 없다.

우리가 요구하고 있는 것은 궁극적으로 적정목표이익이지만, 적정목표이익의 여부를 판단하려면 경영자본의 적정이익률을 판정하는 기준이 필요한 것이다. 그런데 이 적정이익률은 각 양축농가마다 농장에 투자한 자본, 투입되는 자가노동력, 소유하고 있는 토지의 크기 그리고 경영자능력에 따라서 다를 수 있다.

이에 대한 설명은 "호돌이 목장"을 실례로 예시해 보고자 한다.

총자본 9,000만원을 가지고 2,000만원을 투자하여 토지를 구입하고, 젖소구입, 우사, 농기구, 시설 및 운영자금으로 7,000만원을 투자했으며, 가족노동력의 투입일수는 760일이었고, 경영자가 직접경영에 참여하였다. 단, 자기자본의 적정이자율은 12%, 토지자본의 적정이자율 10%, 가족노동의 1일당 보수 1만원, 경영능력의 보수율(이윤율) 10%를 적정목표이익 수준으로 간주한다.

그러므로 경영합리화의 판단지표도 이상에서 설정된 경영자본적정이익률 30%를 기준으로 하면 된다.

$$\text{경영자본 적정이익률} = \frac{(\text{자기자본적정이자}) + (\text{토지자본적정이자}) + (\text{자기노동적정보수}) + (\text{경영능력적정보수})}{\text{경영자본}}$$

$$= \frac{8,400,000 + 2,000,000 + 7,600,000 + 9,000,000}{9,000,000}$$

$$= \frac{27,000,000}{90,000,000} = 30\%$$

2. 목표이익계획

(1) 이익계획의 개념

축산경영 계획 중 사경제적 목표인 적정소득이나 적정이윤을 실현하기 위해서는 목표이익의 설정과 그것을 달성하기 위한 계속적인 이익통제, 즉 이익관리 및 계획이 필요하다.

이익계획(利益計劃)이란 경영자가 경영목표 하에서 경영방침을 설정하고, 계획하여 조직적으로 실행하기 위해서 예상되는 생산비, 수익 및 소득 등의 관계를 파악하는 경영계획 중의 한 과정을 의미한다. 이익계획은 목표이익 또는 계획이익을 설정하고 이를 기준으로 하여 판매액을 계획하며, 또한 이를 수행하는데 소요되는 비용을 결정하는 종합적인 관리계획이다.

이와 같이 이익계획은 경영자가 경영방침에 따라 이익을 계획하고, 이것을 달성목표로 하여 축산경영의 활동을 종합적으로 통제 관리해 나가기 위하여 설정되어야 한다.

한편 이익계획은 수익과 비용을 예측하고 투하될 총경영자본을 예측하며, 목표이익을 달성하기 위하여 조수익, 경영비 및 생산비를 통제하여야 한다. 또한 적정목표이익달성을 결정하기 위한 것으로써 이들의 상호관계에 의하여 이익계획의 합리성을 판단할 수 있다.

즉, 조수익－경영비＝소득 ………………………………………… (1)
예상조수익－허용경영비＝목표소득 ………………………… (2)
목표조수익－허용경영비＝적정목표소득 …………………… (3)
목표조수익－허용생산비＝적정목표이윤 …………………… (4)

위의 공식에서 (1)은 이익계획과 이익통제가 별로 되지 않은 상태 하에서 얻어진 경영결과를 의미하여, (2)는 조수익을 단순히 예측한 액수에서 적극적으로 경영비를 통제함으로써 목표소득을 획득하려는 것을 의미한다.

(3)과 (4)는 적정목표소득과 적정목표이윤을 확보하기 위하여 조수익의 목표를 적극적으로 달성하고 동시에 생산비와 경영비의 허용한도를 통제함으로써 계획한 목표이익을 달성하려는 적극적이고 합리적인 이익계획이다.

(2) 손익분기점 분석

농장경영 계획을 세우는 데 있어서는 우선 목표이익을 설정하고 더불어 손익분기점과 자본회수점을 활용한 이익계획도표의 작성이 필요하다. 이들 각 도표의 활용을 위하여 도형법과 수식법이 병행되는데, 이익계획의 설정은 다음과 같은 순서에 의하여 세워진다.

첫째, 목표이익의 설정
둘째, 손익분기점의 도표작성
셋째, 자본도표작성
넷째, 이익계획표작성

모든 경영자가 어떤 수준의 생산량과 조수익에서 손실과 이익이 발생하는가를 알려고 할 때에는 반드시 그 농장(기업)의 손익분기점(break-even point)이 필요한 것이다.

이와 같은 손익분기점은 경영관리에 의한 이익증대 방법을 용이하게 발견할 수 있으므로 이익계획에 널리 이용된다. 과거의 자료로부터 손익분기점을 구하고 이익도표를 작성하여 축산 경영분석을 하는 자체도 중요하지만 그 이상으로 수익 및 비용에 영향을 주는 제반 조건의 변화를 예측해서 새로운 조건 하에서 손익분기점을 산출해서 적절한 이익계획을 수립하는 데에 손익분기점 분석의 중요성이 있는 것이다.

그런데 수익과 비용의 관계로부터 경영상의 모든 조건이 변화하는 것은 다음의 세 가지의 경우를 생각할 수 있다.

첫째로, 축산물 판매가격의 변동 - 수익의 증감
둘째로, 사료 등 소모자재의 구입가격 변동에 의한 변동비의 증감 - 비용의 증감
셋째로, 시설, 대농기구 등 고정자산의 신규 구입에 의한 고정비의 증가 및 판매에 의한 고정비의 감소－비용의 증감 등을 나타낸다.

이때에 여러 가지 가격변화의 유리성에 대한 효과를 도해하는 간결한 묘사의 하나로 경영자가 이용하는 것이 손익분기도표(break-even chart)이다.

이와 같은 손익분기도표를 작성하기 위해서는 우선 고정비와 변동비가 구분되어야 하며, 이러한 자료는 통상의 손익계산서(profit and loss statement)를 분해함으로써 얻어진다.

축산 경영자가 어느 정도의 조수익을 올리고 어느 수준에서 경영비를 통제하여야 목표이익을 달성할 수 있을 것인가? 즉 어느 수준의 조수익과 경영비가 자기 경영여건에서 이익이 발생할 수 있는 분기점인가를 파악하는 것은 중요하다.

손익분기점이란 일정기간의 조수익(매출액)과 이를 올리기 위하여 지불되는 비용이 교차하는 점, 즉 이익과 손실이 없는 점으로써 손익분기점 매출액(損益分岐點 賣出額)이라고도 한다. 그러므로 손익분기점 매출액 이상으로 매출액 또는 조업도를 높이는 경우 이익이 발생하고, 그 매출액 이하일 경우 손실이 발생한다.

이 손익분기점을 공식으로 표시하면 다음과 같다.

조수익(매출액+평가액)−비용=이익
조수익−비용=0
조수익=비용(손익분기점)

여기에서 비용이 경영비일 경우에는 소득손익분기점이 되는 것이고, 비용이 생산비일 경우에는 이윤손익분기점이 되는 것이다.

이러한 손익분기점을 산출하는 손익분기분석(break-even analysis)은 소위 CVP(cost volume profit analysis)의 일종으로써, 그 중 가장 대표적이고 기본적인 분석법이다.

CVP 분석은 일정기간에 있어서 생산비, 매출량, 이익의 관계를 분석하는 방법으로써 일반적으로 이익계획(profit planning), 생산계획, 생산방법 선택, 자체사료(조사료)와 구입사료(농후사료)의 결정, 설비투자계획 등의 경영계획의 결정과 통제를 위한 유용한 수단으로 이용된다.

여기에 축산경영의 손익분기점 활용범위와 수단을 요약하면 다음과 같다.

① 농장의 최저 및 적정조업도의 결정
② 목표이익을 달성하기 위한 조업도 및 비용의 허용한계
③ 일정한 조업을 했을 때의 예상되는 이익과 비용
④ 제품의 가격변동이 제품에 미치는 영향
⑤ 고정비 또는 변동비가 변화했을 때의 기업손익의 변화
⑥ 비용변동이 생산비 원가에 미치는 영향
⑦ 예산편성에 있어서 비용의 허용한계
⑧ 시설투자가 기업손익에 미치는 영향

이상과 같이 다양한 용도를 가지는 반면에 손익분기점을 사용할 경우 몇 가지 전제조건과 한계가 있다. 첫째로 각 생산물 농장의 생산비율이나 판매율이 일정할 것, 둘째로 비용이 고정비와 변동비로 구분할 수 있을 것, 셋째로 당기의 판매량과 생산량이 같을 것이다.

이상의 전제조건이 성립하기에는 문제점이 따른다.

첫째로, 비용을 고정비와 변동비로 구분해야 하지만 준고정비, 체증비, 체감비, 비약비 등이 있으며, 변동비도 각각 그 변동비율이 상이하다.

둘째로, 고정비와 변동비의 구분은 이론적으로는 명백하나 실제로는 고정비가 변동하는 경우도 있고 변동비가 고정화될 수도 있다.

셋째로, 물가 또는 비용의 단가가 항상 유동적이며 매출단가도 변화한다.

넷째로, 다품종제품 생산농장에서는 제품별 매출구성비율이 항상 변동한다.

그러므로 손익분기분석을 할 경우에는 이상의 문제점과 전제조건을 충분히 고려하여야 할 것이다. 그런데 비용에는 조업도에 관계없이 발생되는 고정비와 조업도에 따라 변화하는 변동비가 있으나 고정적 성격하에 변동적인 비용의 성격을 지니면서 고정적인 준고정비와 준변동비가 있으므로 이들의 분해가 원활하게 이루어져야 한다. 또 일정한 조업도를 초과하게 되면 일정한 비율이 갑자기 단계적으로 발생하는 비약비(stepped cost)가 있는데 그것은 불규칙적 변동비로 취급한다. 한편 변동비로써 매출액의 증감에 따라 일정률로 체증 또는 체감하는 체증비와 체감비가 있다.

이와 같이 여러 가지 특성의 비용이 존재하고 있는데 이것들을 정확히 변동비와 고정비로 분류할 수 있을 때만 손익분기점 산출이 가능한 것이다.

한편 손익분기분석의 목적이 결과에 대한 분석 그 자체보다는 장래의 이익을 확보하기 위하여 얼마의 비용증가에 얼마의 이익을 얻을 수 있느냐 하는 경영개선의 방향과 그 방안을 구하는데 있기 때문에 협의의 손익분기분석보다는 광의의 손익분기분석의 입장에서 목표이익을 달성할 수 있는 방법을 강구하는 것이 더 의의가 있다.

(3) 손익분기점과 비용분해

비용을 고정비와 변동비로 구분함으로써 손익분기점을 산출할 수 있으며, 비용분해(resolving cost)방법은 개별법(계정과목분해법), 기술적 분석법, 비례율법, 경영공학적 분석법, 실적분석법(실적분석법, 산포도표법, 최소자승법) 등이 있다.

이상과 같은 방법에는 장·단점이 있으나 본 장에서는 산포도표법(散布度表法, scattergraph method)의 문제점을 보완하여 정밀히 세워진 통계적인 기법인 최소자승법(最小自乘法, method of least squares)을 이용하기로 한다. 왜냐하면 이 방법은 과학적이고 객관적이며 정확히 비용을 분해할 수 있기 때문이다. 최소자승법에 의한 방정식에는 직선, 포물선 등이 사용되지만 비용해법에서는 직선방정식(linear equation)을 사용하였다.

일차방정식 $y=a+bx$에서 두 미지수 a, b는 이원 1차 연립방정식을 통해서 구할 수 있다. 위의 식에서 매출액을 x, 총비용을 y, N은 월수, 고정비를 a, 변동비율을 b로 한다. (1)식과 (2)식에서는 a, b는 다음과 같은 방법으로 산출된다.

$$y=a+bx$$

$$xy=ax+b^2$$

$$\sum y=Na+b\sum x \tag{1}$$

$$\sum xy=a\sum x+b\sum x^2 \tag{2}$$

$$b = \frac{\Sigma X \Sigma y - N\Sigma X y}{(\Sigma X)^2 - N\Sigma X^2} \quad (3)$$

$$a = \frac{\Sigma X^2 \Sigma y - \Sigma X \Sigma X y}{N\Sigma X^2 - (\Sigma X)^2} \quad (4)$$

$$\text{또는 } a = \frac{\Sigma y - b\Sigma X}{N} \quad (5)$$

이상과 같이 a, b가 산출되면 손익분기점을 산출하게 된다.

(4) 손익분기점 산출방법

1) 손익분기점 산출공식

손익분기점 산정에 있어서는 도해법과 공식법이 있는데, 고정비와 변동비로 비용을 분해하여 공식에 의하여 산출하거나 도해법에 의하여 산출한다.

손익분기점을 계산하는 공식은 다음과 같다.

$$\text{손익분기점}(X) = \frac{\text{총고정비}(F)}{1 - \frac{\text{상품개당변동비}(V)}{\text{판매단가}(S)}}$$

손익분기점에서는 이윤이 0이 되므로,

이윤 = 총수익 − 총비용 = 총수익 − 총고정비 − 총유동비

손익분기점의 판매량을 Q라고 하면,

$$S \cdot Q - F - V \cdot Q = 0$$

$$S \cdot Q - V \cdot Q = F, \; Q(S - V) = F$$

$$Q = \frac{F}{S - V} = \frac{1}{S} \cdot \left[\frac{F}{1 - \frac{V}{S}} \right]$$

$$QS = \frac{F}{1 - \frac{V}{S}} = X \text{---- 손익분기점 매상고}$$

따라서,

$$X = \frac{F}{1 - \frac{V}{S}}$$

의 기본공식이 된다.

또한 기본공식을 통하여 아래와 같은 각종의 응용공식을 만들 수 있다.

첫째, 일정한 이익(G)을 올리는데 필요한 손익분기점(X)을 구하는 공식

$$X = \frac{F + G}{1 - \frac{V}{S}}$$

둘째, 판매가격이 R율만큼 변화했을 때의 손익분기점(X)을 산출하는 공식

$$X = \frac{F}{1 - V/S(1 \pm R)}$$

셋째, 변동비가 R율만큼 변화했을 경우의 손익분기점(X)을 산출하는 공식

$$X = \frac{F}{1 - V(1 \pm R)/S}$$

넷째, 고정비가 A액만큼 증감했을 경우의 손익분기점(X)을 산출하는 공식

$$\frac{F + A}{1 - \frac{V}{S}}$$

2) 손익분기점산출 도표법

손익분기도표(break-even chart)는 매출액, 비용 및 손익관계를 도표로 나타낸 것이다. 앞서 말한 바와 같이 손익분기도표는 매출액, 비용, 손익만을 나타내는 것이 아니고 가격변동이나 고정비와 변동비의 변화시 손익관계의 영향을 표시할 수 있으므로 "도표로 표현한 동적 손익계산서"라고 한다.

<표 3-1> 호돌이 목장의 경영성과

(단위 : 만원)

매 출 액	12,000
변 동 비	6,000
고 정 비	4,000
당기순이익	2,000

손익분기표를 그리기 위하여 다음의 사례를 가지고 설명하고자 한다. 위의 경영성과를 거둔 목장의 손익분기도표를 작성하는 순서는 다음과 같다.

① 회계년도의 경영성과를 토대로 손익계산서를 작성한다.

② 손익계산서상의 비용을 계정과목별로 분류하거나 또는 최소자승법에 의하여 고정비와 변동비로 분해한다.

③ 손익분기표를 작성한다.

㉠ 종축에 매출액, 비용 및 손익을 표시하고 횡축에는 매출액(조업도)을 표시한 정

사각형의 도표를 만든다.

㉡ 도표의 좌하점에서 우상점으로 매출액선을 긋는다.

㉢ 고정비 4,000만원을 종축으로 구하여 저변에 평행하게 긋는다.

㉣ 매출액이 12,000만원일 때 변동비는 6,000만원이므로 고정비 4,000만원을 가산한 10,000만원과 좌단의 고정비 4,000만원점과 연결한다. 이선이 총비용선인 동시에 변동비선이 된다.

④ 매출액과 총비용곡선이 교차하는 점이 손익분기점이다.

그림에서는 매출액 8,000만원이 손익분기점 산출액이다.

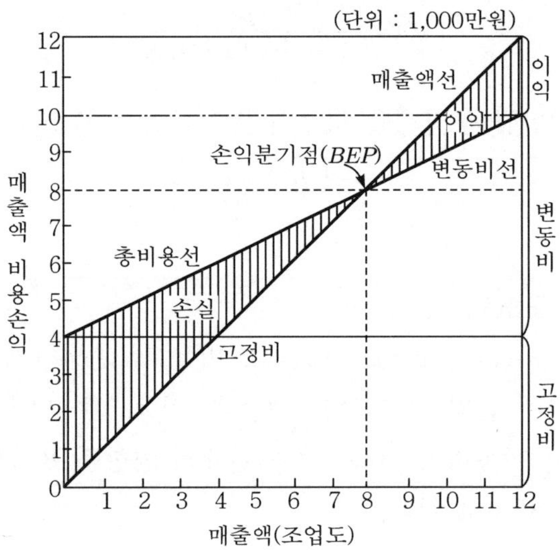

〈그림 3-2〉 손익분기도표

(5) 손익분기점률과 안전율

손익분기점률(break-even point ratio)이란 손익분기점 산출액을 실제매출액으로 나눔으로써 구해지는데 이 비율은 총매출액 중 어느 정도의 매출액으로써 수지균형을 이루는가를 나타내는 지표가 된다. 그리고 안전율(安全率, margin of safety ratio)은 역시 안전 매출액을 실제 매출액으로 나누어 구할 수 있다.

$$\text{손익분기점률} = \frac{\text{실제매출액} - \text{안전매출액}}{\text{실제매출액}} = \frac{\text{손익분기매출액}}{\text{실제매출액}}$$

$$\text{안전율} = \frac{\text{실제매출액} - \text{매출액}}{\text{실제매출액}}$$

$$= \frac{\text{안전매출액}}{\text{실제매출액}}$$

이들 두 비율은 상대적인 관계를 가지고 있으므로 손익분기점률을 70%로 한다면 안전율은 30%가 된다.

(6) 한계이익률

한계이익률(marginal contribution ratio)은 매출액(총수입)에 대한 한계이익의 비율이며, 이것은 총수입 중에서 변동비를 뺀 이익을 총수입으로 나눈 것이다.

$$\text{한계이익률} = \frac{\text{매출액} - \text{변동비}}{\text{매출액}} = \frac{\text{한계이익}}{\text{매출액}}$$

즉 이것은 하나의 목장에서 육우사육, 한우비육, 양계, 양돈을 복합경영하고 있을 때 각 부문별로 한계이익률을 산출하여 비교함으로써 한계이익률이 제일 높은 부문의 생산량을 높이는 것이 전체 경영을 유리하게 이끌어 가게 된다.

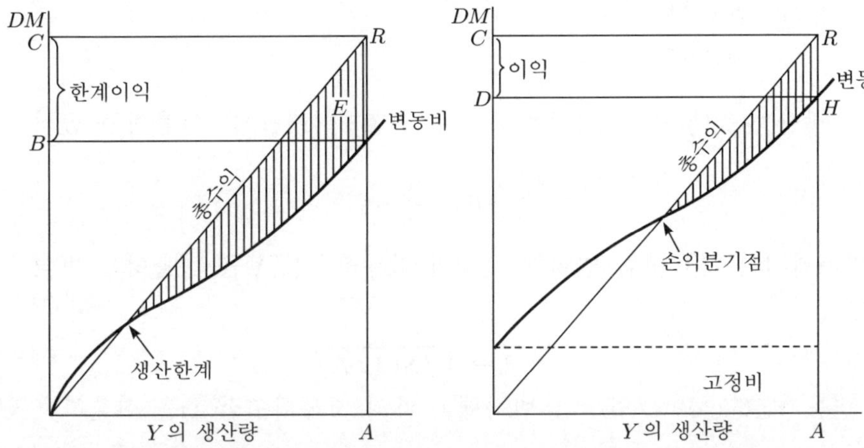

(a) 최대한계이익 (b) 최대이익의 결정

〈그림 3-3〉 최대한계이익과 최대이익의 결정

<그림 3-3>에서 비용은 곡선이고 매출액이 직선인 경우에 최대한계이익과 최대이익의 결정내용 및 생산한계를 설명하고 있다. 생산활동에 관계없이 지불되는 고정비를 보상할 수는 없을지라도 다만 변동비를 보상할 수 있는 수준이 생산한계다.

(7) 자본회수점 산출방법

경영상 이익계획을 세울 경우에 목표이익, 예상목표조수익의 허용범위를 과학적으로 결정하여야 한다. 그런데 목표이익이란 어떤 절대액을 전제로 한 것이 아니라 매출액을 높이기 위하여 투입되는 변동자본에 비례하여 결정해야 한다.

한편 경영자본이익률은 매출액이익률과 자본회수율에 의해서 결정되며, 매출액이익률은 매출액과 이익과의 관계로써 이루어진다.

이에 따라 조업도의 변동에 따른 자본(고정자본과 유동자본)변동과 관련하여 자본회전관계 및 목표경영자본이익률에 상응하는 목표이익선을 구하기 위하여 손익분기도표와 자본회전도표가 요구된다. 이 자본회수도표(capital turnover chart)란 자본도표(capital graph)라고도 칭하는 것으로써 경영자본이 1회전하는데 필요한 연간 매출액을 나타내는 자본회수점(capital turnover point, *CTP*)을 도표로 나타낸 것을 의미한다.

경영자본회수점을 산출하는 공식은 다음과 같다.

$$X = \frac{F}{1-(V/S)}$$

단, X : 경영자본 회수점의 매출액
F : 고정자본
V : 변동자본
S : 동기간의 매출액

첫째, 일정한 매출액(S'')을 달성했을 경우의 총자본(Tca)을 산출하는 공식

$$T = F + \frac{V}{S} \cdot S''$$

둘째, 판매가격이 R율 만큼 변화했을 때의 자본회수점(X)을 산출하는 방식

$$X = \frac{F}{1 - V/S(1 \pm R)}$$

셋째, 변동자본(Vca)이 R율만큼 변화했을 때의 자본회수점(X)을 산출하는 공식

$$X = \frac{F}{1 - V(1 \pm R)/S}$$

넷째, 고정자본이 T액 만큼 변하했을 때의 자본회수점(X)을 산출하는 공식

$$X = \frac{F + T}{1 - V/S}$$

〈표 3-2〉 호돌이 목장의 경영성

(단위 : 천원)

매 출 액	120,000
고 정 자 본	50,000
변 동 자 본	60,000

㉠ 자본회수점의 매출액 :

$$X = \frac{F}{1 - V/S} = \frac{5,000}{1-(6,000/12,000)} = 10,000\text{만원}$$

㉡ 판매가격이 20%로 증감했을 때의 자본회수점의 매출액

$$\text{증가의 경우 } X = \frac{F}{1-[V/S(1+R)]} = \frac{5,000}{1-[6,000/12,000(1+0.2)]} = 8,620\text{만원}$$

$$\text{감소의 경우 } X = \frac{F}{1-[V/S(1-R)]} = \frac{5,000}{1-[6,000/12,000(1-0.2)]} = 13,330\text{만원}$$

3. 생산계획

축산경영을 위한 생산계획 수립자는 항상 경영계획 수립시 다음과 같은 세 가지 요인을 염두에 두어야 한다.

첫째, 무엇을 얼마만큼 생산할 것인가? 즉 적정목표이익을 달성하기 위하여서는 어떤 축산물을 얼마만큼 생산하여야 하는가 하는 의문에서 경영계획을 수립하여야 한다.

주어진 여건이 다르고 경영요소의 투입에 의하여 예상되는 수익이 다르기 때문에 경영자는 자기의 경영 내에 존재하는 여건 하에서 축종을 선택하고 또한 경영규모를 선정하여 가장 유리하게 경영계획을 수립하여야 한다.

둘째, 어떤 방법에 의하여 생산계획을 수립할 것인가? 즉 축산부문과 경영규모가 결정되면 누가(경영자 또는 종업원), 어떠한 자원, 즉 토지, 노동력, 자본재로써 어떠한 기술로써 이것을 생산해야만 하는가를 결정하여야 한다.

셋째, 왜 또는 누구를 위하여 생산을 할 것인가? 즉 축산물을 생산 공급하는 데는 유효수요자가 있어야만 경영이 존재할 수 있는 것이며, 더욱이 개별경영의 경우 경영목표로써의 적정소득 및 적정이윤이 확보되어야만 경영의 지속성이 존재한다. 이와 더불어 축산경영은 공경제적인 목표인 사회적 기능을 수행하기 위하여 축산물의 생산자로서의 역할에 중요성이 있는 것이다.

그러므로 축산물을 생산하는 경영자는 축산물의 생산공급에 의하여 국민들의 영양을 공급한다는 공경제적인 목표에 자부심과 사명감을 가져야 한다.

축산물의 수요량 및 공급량을 예측함은 축산발전에 중요한 역할을 담당한다. 생산자의 입장에서는 차년의 수요량을 예측하여 이를 기준으로 개별농가에 적합한 생산계획을 수립하여 최대이익을 얻으려 한다. 또 정부의 입장에서는 수요량 및 공급량을 예측하여

적정가격에 의해서 적정량이 생산될 수 있도록 축산정책을 수립하는 등 축산발전에 도움을 주어야 한다. 이러한 축산물의 수요량 및 공급량의 예측이 중요함과 동시에 예측량의 정확성이 요구된다. 다시 말해서 부정확한 예측은 더욱 많은 부작용을 발생시키는 결과를 초래한다.

(1) 수요량 예측

수요란 소비자가 어떤 재화를 구입하고자 하는 욕구를 의미하는 것으로써 수요량은 인구(가족의 규모, 연령별 기호 및 인구구성 등), 가처분소득, 소비지의 지역적인 위치(해안 또는 내륙 등) 소비자의 기호 및 선호, 대체재와 보완재의 가격 등에 영향을 받는다.

반면 수요함수란 협의의 의미에서는 어떤 상품의 가격과 수요량과의 함수관계로써 이는 각 가격수준에 대응하여 소비자가 매 기간 구매하고자 하는 상품의 수량을 나타내며, 광의의 의미에서는 수요량에 미치는 가격을 포함한 제반 요인과의 함수관계식을 의미한다.

이러한 수요함수는 재화나 서어비스의 장래수요예측을 위한 수학적 수단으로써 이용되며, 한편 수요예측이란 수요를 야기시키는 여러 가지 변수의 인과관계를 파악하고 그 원인을 분석하여서 장래 수요를 예측하는 것으로써, 수요예측의 목적과 효과는 다음과 같다.

첫째, 정부 및 축산관련 연구기관은 수요예측에 의존해서 장·단기 계획과 각종 정책을 수립하는 데 이용하며,

둘째, 업체 및 관련기업은 계량적인 수요예측과 잠재수요조사(시장조사)를 통해서 판매, 계획, 생산계획 및 재고관리 등을 수립하고,

셋째, 농가는 정부 및 관련기관에서 발표한 수요함수를 이용하여 예측한 생산계획을 합리적이고도 과학적으로 수립한다.

이처럼 수요예측은 정부, 기업 및 낙농가에게 중요한 정보로써 수요예측은 정확한 자료에 의한 이론적 분석이 이루어져야 한다.

예측은 여러 가지 방법에 의하여 이루어질 수 있다. 과녁에다 핀을 던져 수치를 맞추는 간단한 방법부터 시작하여 복잡한 수학적 방법과 컴퓨터를 통원하여 예측하는 방법에 이르기까지 다양하다. 어느 방법을 택하느냐하는 것은 예측자의 여건에 달려있다.

예측방법을 선택하는 것은 다음의 다섯 가지 요인의 상대적 중요도에 좌우될 것이다.

① 요구되는 정확도

② 주어진 시간

③ 상황의 복잡성

④ 예측하려는 시간의 길이

⑤ 자금, 인력 등 동원 가능한 자원의 양 등이 그것이다.

그런데 이러한 요인들은 서로 연관되어 있다. 예컨대 시간이 제한되면 정확도는 기대할 수가 없고, 시간이 충분하여 정확도를 높일 수 있으면 비용이 상승한다. 따라서 이러한 요인들을 적절히 조화시켜 예측방법을 선택하여야 할 것이다. 그러나 가장 좋은 예측방법은 직접적이고 복잡하지 않아야 한다는 점이다.

우선 축산 경영자들이 간편하게 축산물의 미래의 수요량을 계량 경제적 지식 없이도 예측할 수 있는 다음 공식을 이용해서 우유의 수요량과 적정사육두수를 추정해 보기로 하자.

$$Q_t = Q_0(1 + e \cdot g)^t (1 + p)^t$$

단 : Q_t : 예측수요량

Q_0 : 기준년도 소비량

e : 소득탄성치

g : 국민소득증가율

t : 소비, 수요추정년도

p : 인구증가율

(2) 목표소득과 생산계획

축산경영의 사경제적 목표인 적정목표소득이나 적정목표이윤을 달성하기 위하여 필요한 목표조수익을 올리기 위해서는 뚜렷한 생산목표가 설정되어야 한다.

일정한 축산물의 가격 조건 하에서 목표 생산량을 얻어내는 생산활동은 무엇보다 중요하다. 그런데 축산물의 생산은 두(수)당 생산량과 경영규모에 의해서 결정되므로 이 두 요소에 대한 구체적인 세부목표가 세워져야 한다.

1) 두(수)당 목표 생산량의 달성

가축의 단위당 생산량을 높이기 위해서는 가축의 유전능력, 젖소의 비유능력, 비육우, 비육돈, 육계의 산육능력, 번식우, 번식돈의 번식능력, 산란계의 산란능력을 향상시켜야 할 뿐만 아니라 기술체계 및 목표 기술수준을 설정하고, 종합적인 이론과 경영능력을 발휘하여야 한다. 기술수준의 향상은 생산성 향상을 도모하고 축산물 가격수준의 예측에 의해 수익수준의 향상 가능성을 검토함으로써 소득목표에 접근할 수 있다.

2) 적정두수의 유지

목표소득을 얻으려면 먼저 적정목표조수익을 올려야 되며 이를 위해서는 적정목표생산량을 얻어야 한다. 이것을 등식으로 정리하면 다음과 같다.

적정목표생산량 = 1두(수)당 목표생산량×적정(필요)두(수) ……… (가)
적정목표조수익 = 적정목표생산량×예상적정가격 ……………………… (나)
적정목표소득 = 적정목표수익 - 허용경영비 ……………………………… (다)

등식 (가), (나), (다)를 통해서 두(수)당 목표생산량과 적정(필요)두(수)를 유지하는 것이 바로 적정목표소득을 달성하는 "2대 필수요소"임을 알 수 있다.

4. 판매계획

소득수준이 높아질수록 소비자의 요구가 다양해지고 경쟁 상품이 출현하는 경제환경과 사회환경의 변화로 말미암아 종래의 생산지향적인 경영에서 새로운 판매위치를 확보할 수 있는 마켓팅 계획의 필요성이 점차 증가하고 있다.

마켓팅 계획의 목적이 환경변화에 대처하고 이를 최대한으로 이용하여 경영목표를 달성함에 아울러 판매망의 확보를 가져오는데 있는 만큼, 마켓팅 계획을 세우는데 있어서는 무엇보다도 먼저 판매시장조사와 더불어 판매확대방안과 그에 대한 효과를 마켓팅에 대한 정확한 이해가 있어야 한다.

마켓팅 계획 목적의 하나인 판매시장의 확대를 위한 방법으로 기존의 판매시장을 침투하는 방법과 새로운 시장을 개척하는 방법으로 크게 구분할 수 있다. 전자의 경우 현재의 상품에 대하여 선전광고를 통한 판매를 촉진하거나 생산비의 절감으로 판매가격을 인하함으로써 가능하다. 후자의 경우 소비자의 기호에 맞는 축산물을 생산 공급함으로써 새로운 축산물 시장을 확대 또는 창출할 수 있다.

축산물의 경우 제품의 디자인, 기능 및 상표를 중시하는 공산품과는 달리 가시적인 상품의 평가가 어렵기 때문에 판매계획에 있어서도 다르기 마련이다. 즉 원유(原乳)의 경우 유가공업체의 집유선을 통해서 판매되며, 가축의 경우 가축시장의 경매 또는 중간상인에 의해 판매되는 반면 축산가공품의 경우에는 공산품과 동일하게 이뤄지고 있는 실정이다.

현재 우리나라 축산업의 경우 생산 및 판매구조에 있어서 생산규모가 영세하고 판매선이 단순하며 가격결정이 합리적으로 이루어지지 못하고 있는 실정하에서 양축가의 판매계획이란 판매방법, 판매선, 판매시기 및 판매두수는 결정하는 것을 의미한다. 예를 들면 양돈가가 비육돈의 판매계획을 수립한다는 것은 도매시장에 출하할 것인가, 중간상인에게 출하할 것인가 또는 판매두수는 얼마 만큼하고 언제 판매할 것인가를 계획하는 것이다.

5. 자본의 투자계획

(1) 자본투자의 의의

축산경영에 있어서 투자계획이란 축산물의 생산을 통한 적정이윤을 달성하기 위하여 자본 및 자본재를 투입하는 경영행위로써 이는 장차 발생될 것으로 기대되는 이윤을 현실화하기 위한 계획을 의미한다. 자본의 투자는 축산경영에 필요한 노동력의 증가와 동시에 노동력의 생산적 효율(efficiency)을 향상시키는 역할을 하는 것이다.

이러한 자본투자는 축산경영에 있어서 자본의 투자증대 → 생산규모의 확대 → 생산물의 증가 → 소득의 증대를 가져온다. 이와 더불어 경영조직, 운영관리의 변화가 수반되어야 한다.

자본투자가 증대될수록 가족적인 영세경영형태에서 전업적 내지 기업적인 경영형태로 전환되고, 경영형태는 이윤중심의 동태적인 경영활동으로 변화를 가져오며 의사결정이 안전 선호경향에서 위험부담 경향으로 변화되는 것이다. 그러므로 자본의 투자는 새로운 이윤의 창출을 의미하는 것이며, 투자의 유무는 여러 가지 요인에 의해서 결정된다.

(2) 자본투자계획 순서

축산경영의 성장·발전의 문제는 축산경영투자의 문제와 밀접한 관계를 갖고 있는데, 이들 자본의 투자계획 순서는 대략 다음과 같다.

소득을 경영성장의 한 지표로 생각할 경우 성장적 축산경영에서는 축산투자의 증대 → 생산규모의 확대 → 생산물의 증가 → 축산소득의 증대는 일정한 과정을 취하게 된다. 그리고 이것과 병행해서 자연히 축산경영의 조직이나 운영의 변혁이 이루어진다. 여기에 축산경영의 성장 내지 발전의 원동력으로써 자본의 역할을 볼 수 있으며, 축산경영의 발전은 단순히 경영의 소득증대 뿐만 아니라 경영의 질적 변화를 가져온다.

축산경영의 발전의 요인은 무엇이고, 그 중에서 자본은 어떠한 역할을 하고 있는가를 보다 구체적으로 검토해 보고자 한다. 경영의 발전요인은 많으나 가장 구체적이고 중요한 것만 열거해보면 다음과 같다.

1) 내부적 요인

① 경영자 능력(계획능력, 경영관리능력, 시장거래능력, 자금조달능력 등)

② 자원량의 보유수준 내지 동원가능한 수준(토지, 노동, 자본의 보유 내지 동원 가능한 수준)

③ 기술수준

④ 수신력(담보력, 인적 신용력)
⑤ 위험부담력

2) 외부적 요인
① 축산물의 수요 및 가격조건
② 생산요소(토지, 노동력, 자본재)의 공급 및 가격조절
③ 경영을 둘러싼 외적생산조건(농로, 관배수시설 등의 경지정비조건, 집출하설비, 출하조직 등의 정비조건)

내부적인 발전요인을 종합해 볼 때 "경영능력"이라고 말할 수 있으며, 이 경영능력이 크면 클수록 잠재적인 성장력은 크고 성장 발전을 위한 투자율은 보다 적게 된다.

한편 투자계획은 새로운 투자와 규모를 확대하기 위하여 두 가지로 구분하여 살펴볼 수 있는데, 이들 투자계획 순서는 다음과 같다.

첫째로, 축종선택과 생산물의 판매시장분석으로 이는 경영자의 경영 목표로써 수요를 고려한 생산물의 공급계획을 수립하기 위하여 시장의 판매가격과 판매방법 등에 대해서 조사 분석하여야 한다.

둘째로, 생산규모 결정과 투입될 생산요소 조사로써 이는 시장의 공급량에 따라 축종의 생산규모와 더불어 축종에 투입될 각 생산요소를 파악하고 이들 조달방법을 조사하여 가장 적당한 방법을 선택하여야 한다.

셋째로, 투자의 경제성 분석 [생산비, 수익(소득), 생산성, 자본효율, 자본회수기간, 자본비용 부담력, 노동조절 등]으로 이는 투자의 타당성에 의거하여 경제성을 계측하여 우열성을 판단하고 선택하여야 한다.

넷째로, 자본조달계획으로 이는 필요한 자본의 종류, 조달방법(이자율, 상환방안 등), 조달 자본량 등을 검토하며 또한 자본조달력이 있는 계획안에 대하여 경영 재무분석을 통하여 최선의 투자계획안을 선택하여야 한다.

다섯째로, 자본조달이용의 방법으로 이는 자본조달이 이루어졌을 경우 가축의 구입, 시설 및 건물의 건축 등이 이루어진다.

이러한 투자계획은 불완전한 정보, 예측의 불확실로 인하여 위험성을 내포하기 마련이므로 불확실성 원인을 제거하고 예측의 정확성을 높이며 불확실성에 대처할 수 있는 방안을 강구하여야 한다.

(3) 투자 타당성 분석

투자의 목적이 이윤의 증대를 위한 것으로써 정확한 사전 타당성을 분석함은 당연하

다. 즉 투자의 타당성 분석은,

첫째로, 경제성이 부족한 투자를 억제하여 경영손실을 미연에 방지하고,

둘째로, 제한된 자본으로 여러 가지 대안 중 이윤을 가장 최대화할 수 있는 대안을 선택함과 동시에 투자의 우선 순위를 결정할 수 있다.

이러한 투자의 타당성은 과학적이고 합리적인 절차에 의해서 이루어져야 할 뿐만 아니라, 투자산업에 대한 정보 및 시장분석을 통한 타당성 분석과 예측된 재무분석 등을 통하여 적정이윤이 발생하는 대안을 선택하여 계획을 실행하여야 한다.

(4) 자본투자의 한계성

축산경영에 있어서 투자의 역할, 투자의 타당성 분석 등에 대해서 앞에서 살펴보았으며, 투자계획의 목적이 소득의 형성과 자본의 채산성 및 안전성을 분석하는데 있다는 것을 살펴보았다.

축산경영에 있어서 투자계획은 투자수익률이 적어도 기대치 이상이며, 자본회수기간에 있어서도 기대치 이내에 이루어져야 하는 기본의 투자에 제한되는 요인들이 있기 마련이다.

<그림 3-4>에서는 자본투자의 한계에 관련된 요인을 나타내고 있다. 투자한계액에 영향을 주는 요인은 크게 차입자금과 자기자본 측면에서 살펴볼 수 있다.

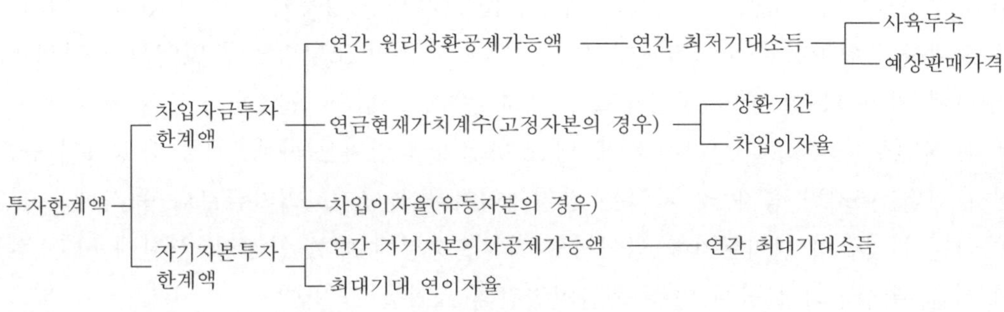

〈그림 3-4〉 자본투자한계의 관련요인

첫째로, 차입자금투자의 한계액은 연간 원리상환공제가능액, 연금현재가치계수 및 차입이자율과 관련이 되어 있다. 연간 원리금 상환공제가능액은 연간 최대기대 소득에 영향을 받으며, 연금현재가치계수는 상환기간과 차입이자율에 영향을 받는다.

둘째로, 자기자본투자의 한계액은 연간 자기자본 이자공제가능액과 최대기대 연이자율에 관련이 있다. 연간 자기자본이자 공제가능액은 경영성과, 즉 연간 소득(이윤)의 영향을 받으며, 최대기대 연이자율은 소득이 금융기관의 이자율에 비하여 고저에 따라 경영

자의 투자의욕에 영향을 미친다.

따라서 축산경영에 있어서 투자의 결정은 여러 가지 요인에 의하여 결정되나, 이는 투자수익률이 투자기준이 되는 금융기관의 이자율보다 높아야 한다는 조건 하에 투자액의 한계는 조달능력과 이윤을 고려하여 결정하여야 한다.

(5) 자본투자계획

1) 자본조달계획

경영자본의 목표이익을 달성하기 위한 축산경영 계획에 있어서 먼저 어떠한 자본을, 어떻게 조달하고 어떻게 운용할 것인가에 대한 구체적이고 합리적인 계획이 이루어져야 한다. 자금계획은 목표이익의 실현을 위하여 자본의 조달과 운용을 명확함과 동시에 합리적으로 조정하여야 한다.

경영에 필요한 경영자본은 자기자본과 타인자본 [사채(私債), 시중은행융자, 정부의 융자]에 의해서 조달되며, 경영자본의 상환기간, 이자율, 상환금액 등이 축종에 따라 상이하기 마련이다.

그러나 자금조달의 의사결정에 있어서 척도가 될 수 있는 것은 어떠한 경영자본의 조달이 이루어지든 자본의 투자에 의한 한계수익과 한계비용이 같아질 때까지 자본투자가 이루어져야 한다는 투자의 경제원칙, 즉 자본조달비용이 자본투자에 의해 얻어지는 이익(소득)과 같게 되어야 한다.

한편 투자를 위한 자본조달은 새로 축산업을 시작하는 경우와 기존의 경영 하에서 규모를 확대하기 위하여 이루어지는데, 일반적으로 자본의 조달방법에 있어서는 영세규모인 경우에 자기자본인 반면 경영규모가 확대될수록 조합의 융자와 정부의 융자(초지개발융자, 축산물분뇨 시설 설치지원)에 의한 방법과 타인자본(사채, 시중 은행차입 등)이 커지고 있다. 이러한 융자 및 차입은 장기저리자금이 단기고리자금보다 유리한 조건일 뿐만 아니라 자금의 설비투자에 있어서도 자본운용상에 대한 안정성, 상환에 따른 경영상의 지출, 위험성의 분담에 따른 생산비절감의 효과를 가져온다.

자본의 운영상에 있어서도 투자의 우선순위를 결정하여야 하며, 이 투자의 우선순위 결정은 자본투자효과, 즉 자본생산성이 가장 큰 부문에 중점을 두어야 한다.

2) 자본운용계획

자본운용계획은 조달한 자본을 경영자의 목표에 따라 이용하고자 수익과 비용을 계산하고 손익을 분석한 결과에 기초를 둔 생산계획에 따라 자본운용을 계획하는 것을 의미한다. 이러한 자본운용계획을 원활히 추진하기 위하여 <표 3-3>, <표 3-4>, <표 3-5>에서와 같이 자본운용계획표를 작성하여 경영활동상 예상되는 수익과 지출을 작성하고 더불어 자본의 과부족을 파악하여 대책마련을 계획하는데 있다.

자본운용계획표는 수입, 지출의 유동상태를 나타내는 것이다. 그러므로 감가상각비와 같은 항목을 실제로 지출하지 않으므로 생산비 산출 및 손익계산서를 작성할 때에는 포함하지만 자본운영계획표에는 포함하지 않는다. 또한 생산계획에 기준하여 설정하나 월별로 작성하는 것이 더 구체적인 계획이 될 수 있다.

그리고 자본운용계획표에는 생산계획 및 가격변화 등에 의하여 변경하여야 할 필요도 있다. 이때 경영자는 생산계획, 손익계획 및 자금계획을 축산물시황, 금융정책 및 여건 등을 고려하여 자본운용계획을 수립하여야 한다. 자본의 조달계획과 운용계획을 한 표에 모은 것이 대차대조표이다.

3) 대차대조표 작성

대차대조표란 일정한 시점에 있어서 농장이 소유하고 있는 자산(asset), 자본(capital), 부채(liabilty)의 크기를 일목요연하게 표시한 일람표로써 기초 대차대조표와 기말 대차대조표가 있다. 기초 대차대조표란 회계년도(accounting year) 초에 농장소유의 자산, 부채, 자본의 상태를 나타낸 것이고, 기말 대차대조표는 회계년도말, 즉 경영성과 계산기간의 종료시에 작성되는 결산서이다.

농장이 소유하는 자산(A)=부채(P)+자본(K)으로 표시할 수 있는데, 이것을 대차대조표 방정식이라고 말한다. 또한 A=P+K의 등식은 실제로 A=P, A=K의 등식이 성립될 수도 있다.

〈표 3-3〉 기초 대차대조표(2011. 1. 1.현재)

(단위 : 원)

자 산		부채·자본	
토 지	5,000,000	부 채	1,000,000
건물 및 시설	2,000,000	자 본	29,000,000
대농기구	1,000,000		
젖 소	20,000,000		
사 료(재고)	500,000		
현 금	1,000,000		
예 금	500,000		
합 계	30,000,000	합 계	30,000,000

왜냐하면 자산이 부채없이 자기자본으로만 얻어진 경우는 A=K의 조건이고, 자산이 자기자본은 없이 모두 타인자본에 의해서만 이루어진 것이라면 A=P가 되기 때문이다. 자산을 얻기 위해서 투자된 자본을 총자본이라고 말하고, 총자본 중에 차지하는 자기자

본의 비율을 자기자본 구성비율이라고 말하며, 이것으로 재무구조의 건전성 여부를 판단하는 지표로 삼고 있다.

<표 3-4>의 기말 대차대조표(A)의 경우는 <표 3-3>의 기초 대차대조표 차변에 있는 자산 30,000,000원보다 7,100,000원이 많은 37,100,000원으로써 1년간의 경영성과는 자산의 증가를 가져왔고, 대변에 있는 부채는 반대로 1,000,000원에서 2,100,000원으로 증가하였기 때문에 차변과 대변의 합계는 6,000,000원으로 차액을 나타내고 있다.

이 차액 (A−P=K+G)이 바로 대변에 생겼으므로 당기순이익이 되는 것이다. 이와는 반대로 <표 3-3>, <표 3-5>를 비교하면 1년간의 경영성과는 4,100,000원의 당기순손실을 내고 있다. 즉 차변의 합계자산은 31,500,000원−(부채 2,500,000원+자본 29,000,000원)=(−)4,100,000원이 된다.

〈표 3-4〉 **기말 대차대조표**(A) (2011. 12. 31**현재**)

(단위 : 원)

자 산		부채·자본	
토 지	5,000,000	부 채	2,100,000
건물 및 시설	1,900,000	자 본	29,000,000
대농기구	900,000	단기순이익	6,000,000
젖 소	25,000,000		
사 료	300,000		
현 금	3,000,000		
예 금	1,000,000		
합 계	37,100,000	합 계	37,100,000

〈표 3-5〉 기말 대차대조표(B)

(단위 : 원)

자 산		부채·자본	
토 지	5,000,000	부 채	2,500,000
건물 및 시설	1,900,000	자 본	29,000,000
대농기구	900,000		
젖 소	18,000,000		
사 료(재고)	400,000		
현 금	500,000		
예 금	700,000		
당기순손실	4,100,000		
합 계	31,500,000	합 계	31,500,000

이상과 같이 기초 대차대조표와 기말 대차대조표로써 당기순이익을 산출하는 방법을 재산법이라고 말하고, 손익계산서(income statement)에 의한 산출방법을 손익법이라고 한다. 자본조달의 의사결정에 있어서 척도가 될 수 있는 것은 자본조달비용(이자 및 기타 비용의 합계)과 자본조달로 추가될 수 있는 이익과의 비교이다. 즉 지불되는 이자와 기타 부담비용이 추가이익보다 적을 때만이 조달되어져야 된다. 그런데 자본비용은 정확히 측정할 수 있으나 앞으로 발생할 추가이익은 단언하기 어려운 점이 있으므로 신중히 검토 분석하여 확실할 때 의사결정 해야 한다.

축산의 시설투자의 경우를 예로써 검토해 보면 축사의 건축에 있어서 반드시 우사가 있어야 유리한가 그렇지 않으면 조달된 자본을 가지고 가축을 구입하는 것이 유리한가를 비교해볼 필요가 있다.

이러한 경제성문제 때문에 외국이나 우리나라 시험장에서는 스탄촌(stanchion)과 루스반(loose barn)식의 경영형태를 취하고 있다. 낙농의 경우 외국에서는 루스반식의 우사 설계가 많이 이용되고 있다. 단, 착유법과 사조의 시설만 되어 있으며 농후사료 급여량은 젖소 개체별 착유량에 비례하여 가감하고 목초, 사일리지, 건초 등의 조사료는 일률적으로 급여함으로써 개체관리를 할 수 있는 것이다. 물론 장·단점이 각각 있겠으나 자본

〈표 3-6〉 운영자금 계획서(산란계)

(단위 : 천원)

구 분	과 목	기수잔고	금년도상반기						기말잔고
			1월	2월	3월	4월	5월	6월	
수입예정	현금·예금	500	500	487	1,207	2,509	3,447	4,496	5,012
	계란판매대		1,326	2,326	2,845	2,526	2,638	2,224	
	부산물수입		44	62	59	50	58	45	
	합 계		1,870	2,875	4,111	5,085	6,143	6,756	
지출예정	사 료 비		1,044	1,250	1,259	1,303	1,313	1,316	
	노 임		90	90	90	90	90	90	
	방역치료비		–	60	–	20	–	60	
	광 열 비		4	4	4	4	4	4	
	소 모 품		3	3	5	3	5	5	
	장기차입금		217	236	219	193	210	253	
	지불이자		25	25	25	25	25	25	
	합 계		1,383	1,668	1,602	1,638	1,647	1,753	
자본운영	차입과부조금		487	1,207	2,509	3,447	4,496	5,012	
	신규차입금		–	–	–	–	–	–	
	미지불금		–	–	–	–	–	–	
차기이월금			487	1,207	2,509	3,447	4,496	5,012	

사정이 풍부하지 않은 우리나라에서는 우사를 비롯한 축사의 시설자본투자액을 가능한 줄일 때 경영자본의 목표이익을 달성하는데 유리한 조건이 될 것이다.

한편 양계경영에 있어서 현금수지에 의한 운영자본의 계획서는 <표 3-6>과 같다. 그리고 이 계획서에 의한 기술지표는 <표 3-7>에서 나타내 주고 있다.

〈표 3-7〉 자본이용에 의한 기술지표

항 목	1월	2월	3월	4월	5월	6월
총마리수(수)	51,855	46,666	46.632	45,482	43,824	39,075
도계 및 폐사(수)	17(0.9%)	28(1.5%)	22(1.2%)	10(0.5%)	21(1.1%)	490(2.6%)
총산란수(개)	31,144	46,666	46,632	45,482	43,824	39,075
1일평균산란율(%)	60.1	91.3	92.2	90.8	88.3	80.0
1수당사료섭취량(g/수)	105.1	124.7	127.0	128.3	141.3	149.6

제4절 낙농경영계획

낙농경영계획상 경영요소 지표는 다음과 같이 구분하여 살펴볼 수 있다.

첫째, 시설과 토지의 경우 상시 1두당 건물 및 시설의 소요면적, 상시 1두당 토지소요면적

둘째, 농기구와 노동력의 경우 노동력 1인당 사육가능두수

셋째, 사료소요량의 경우 상시 1두당 사료소요량

넷째, 소요자본의 경우 상시 1두당 자본투자액

이들 각 생산요소의 경영지표설정에 영향을 미치는 요인에 대해서 서술하고자 한다.

1. 토지계획지표

낙농경영의 형태가 초지형 낙농경영, 경지형 및 구입사료의존형 등 여러 가지 낙농경영 형태에 따라 토지의 면적은 상이하기 마련이나 일반적으로 낙농경영에 관련된 요인을 살펴보면 <그림 3-5>에서와 같이 낙농경영상 토지면적은 축사면적, 부속건물면적, 부속용지면적 및 경지면적으로 구분된다.

(1) 축사면적

축사면적은 우사면적, 착유실면적, 분만실면적을 합계한 면적으로써 각 면적은 다음과 같이 산출한다.

- 토지소요면적
  - 축사면적
    - 경산우 1두당 우사면적
      - 경산우 1두당 우상면적 : 사육방식, 착유의 유무와 방식
      - 경산우 1두당 사조면적 : 사료의 종류, 사료의 급여방법
      - 경산우 1두당 통로면적 : 사용될 농기구의 종류, 작업방식
      - 경산우 1두당 분뇨구면적 : 배설량, 분료처리방식 등
    - 경산우 1두당 착유실면적 : 우유착유량, 집유방식 등
    - 경산우 1두당 분만실 면적 : 분만관리방법 등
    - 육성우 1두당 우사면적 : 육성방식, 육성기간 등
  - 부속건물면적
    - 경산우 1두당 건초사면적
      - 경산우 1두당 건초 사용량 : 건초의 종류
      - 건초 단위당 소요면적: 건초의 종류, 제조방법
      - 건초제고량
    - 경산우 1두당 농기계·기구사 면적 : 농기계·기구의 종류, 농기계·기구의 형태
    - 경산우 1두당 사일로 면적
      - 경산우 1두당 사일리지 소요량
      - 사일리지 단위당 저장면적 : 사일로의 종류
    - 경산우 1두당 사료저장고 면적
      - 경산우 1두당 농후사료 소요량 : 사료의 종류
      - 농후사료 단위당 용적 : 사료의 형상
      - 농후사료의 저장일수 및 회전수
    - 경산우 1두당 분뇨류 면적 : 분뇨의 처리방법·저장기간, 배수량
    - 경산우 1두당 관리실 면적 : 종사자수
    - 경산우 1두당 관리주택 면적 : 거주목부 및 가족수, 경영자의 거주유무 및 가족수
  - 부속용지면적
    - 경산우 1두당 운동장면적 : 젖소의 크기 등
    - 경산우 1두당 소요공간면적
      - 건물간격의 면적 : 작업관리의 체계화
      - 도로의 면적 : 운송량
      - 기 타 : 장애물, 호수, 녹지, 법적 제한면적
  - 경 지 면 적
    - 경산우 1두당 연간 조사료 소요량 : 체중, 산유량 및 유지율, 임신 등
    - 경지 단위당 생산량
      - 채초지 단위당 생산량 : 사료작물의 종류, 자연조건, 관리기술, 이용방법 등
      - 방목지 단위당 생산량 : 초지의 종류, 자연조건, 관리기술, 방목방법 등
      - 채초 및 방목의 비율 : 자연조건(지세, 경사 등), 사육두수 등

〈그림 3-5〉 낙농경영의 토지소요면적과 관련요인

자료 : 중앙축산회, 초지형 낙농경영의 계획·설계지표, 1977.

1) 우사의 면적

경산우 두당 우사면적은 우상면적, 사료통면적, 통로면적, 분뇨배출구 면적을 합계한 면적으로써 경산우 1두당 면적은 다음과 같이 산출한다.

우상면적 = 우상의 폭(120cm)×우상의 길이(165cm) = 1.98m^2

통로면적 = 중앙급이통로(1.32m^2)+ 다용통로(1.84m^2) + 횡단통로(1.00m^2) + 기타 통로(0.36m^2) = 4.52m^2

사료통면적 = 사조폭(0.75m)×우상폭(1.2m) = 0.9m^2

분뇨배출구면적 = 폭(0.42m)×우상폭(1.2m) = 0.504m^2

<표 3-8> 육성우 두당 축사면적

(단위 : m^2)

구	분		1두당 면적
전유면적	우상		1.98
	사조		0.90
	분뇨구		0.50
	소계		3.38
공통면적	통로면적	중앙급이통로	1.32
		다용통로	1.84
		횡단통로	1.00
		기타 통로	0.36
		소계	4.52
	우유처리실		0.35
	분만 우방		0.36
	기타 시설		0.34
	소계		1.05
	계		5.57
합계			8.95

2) 착유실 면적

경산우 두당 착유실 면적은 우유착유량 및 착유방식 등에 따라 다르나 다음과 같이 면적을 산출한다.

경산우 두당 착유실 면적 = 경산우 두당 벌크쿨러 면적($0.1m^2$) + 기타 시설부문면적($0.25m^2$~$0.35m^2$)

3) 경산우 분만실 면적

경산우 분만실 면적은 분만관리방법, 분만기간 등에 따라 다르나 일반적으로 분만우방 겸 생후 1.4개월까지 송아지용을 겸하는 다목적 우방으로써 $18m^2$가 적당하다.

4) 육성우 우상면적

육성우 우상면적은 육성방식과 육성기간 등에 따라 상이하나 일반적으로 육성우 두당 육성방은 $3.6m^2$로 한다. 이상의 각 면적을 총괄하면 <표 3-8>과 같이 $8.95m^2$가 된다.

(2) 부속건물 면적

부속사의 면적은 건초사, 농기계 및 기구사, 사일로, 사료저장고, 분뇨조, 관리실, 관리주택 면적을 합한 면적이다.

1) 건초사 면적

건초사 면적은 두당 건초사용량, 건초단위당 소요면적, 건초제고량 등에 의해서 결정되며 산출방법은 다음과 같다.

건초사 면적=건초소요량(kg)×건초 1톤당 용적/적재높이

예를 들면 경산우 1두당 건초사면적=1두당 건초소요량(1,417kg)×건초 1톤당 용적 8m^3/적재높이(2.5m)=4.531m^{2}이 된다.

2) 농기계·기구사 면적

농기계 기구사 면적은 농기계·기구의 종류, 농기계·기구의 형태 등에 의해서 결정한다.

3) 사일로 면적

사일로의 면적은 사일리지의 소요량과 종류에 따라서 결정되며, 이는 다음과 같은 방법에 의해서 사일로의 면적을 산출한다.

사일로의 면적=사일리지 총소요량/사일리지 m^{3}당 중량/사일로의 높이

예를 들면 경산우 1두당 사일로의 면적=1두당 사일리지의 소요량(8,202kg/사일리지 m^{3}당 중량(480kg)/사일로의 높이(2.5m)=6.84m^2

4) 사료저장고 면적

사료저장고 면적은 농후사료의 총소요량, 농후사료 단위당 용적, 농후사료 저장일수 및 회전수 등에 의해서 결정되며 산출방법은 다음과 같다.

사료저장고 면적=농후사료소요량/배합사료 1m^{3}당 용적×저장일수/사료적재높이

예를 들면 경산우 1두당 사료저장고 면적=1두당 농후사료 소요량(919kg)/배합사료 m^{3}당 용적(450kg)×저장일수(15/365일)/사료적재높이(1m)=0.084m^2

이 밖에 분뇨조 면적은 분뇨처리방법, 저장기간, 배수량 등에 의해서 결정되며 산출방법은 다음과 같다.

분뇨조 면적=1일 총분뇨량(사육두수×1두 1일 배뇨량)×저류기간/깊이

예를 들면 경산우 1두당 분뇨처리면적=1두당 1일 배뇨량(15ℓ)×저류기간 150일/깊이(2m)=1,125m^2

5) 관리실 및 관리주택 면적

관리실의 면적은 고용인의 수에 의해서 관리주택 면적은 거주목부 및 가족수, 경영자

의 거주유무와 거주가족수 등에 의해서 결정된다.

(3) 부속용지의 면적

부속용지의 면적은 운동장, 건물, 도로 및 기타 장해물, 호수, 녹지, 법적제한 면적을 의미한다.

① 운동장 면적은 젖소의 두수에 의해서 결정되나 일반적으로 1두당 20.7m^{2}가 적당하다.

② 기타 면적으로써 건물간격과 도로의 간격 및 장애물, 녹지 등의 이용불가능한 면적이나 자연환경조성을 위한 면적으로써 이는 경영자의 의도와 설계에 따라 다르다.

(4) 초지경지 면적

낙농경영에 필요적인 초지면적은 사육두수, 두당 연간 조사료 소요량 및 경지 단위당 생산량에 의해서 결정되며 산출방법은 다음과 같다.

초지면적＝조사료 총소요량(사육두수×두당 연간 조사료 소요량)/경지 단위당 생산량

1) 조사료 총소요량

조사료 총 소요량은 사육두수 및 두당 연간 조사료 소요량에 의해서 결정되는 것으로써 두당 연간 조사료 소요량은 체중, 산유량 및 유지율, 임신 등에 의해서 결정된다.

2) 경지면적당 생산량

경지면적당 생산량은 채초지 단위당 생산량, 방목지 단위당 생산량 및 채초와 방목의 비율 등에 의해서 또한 <그림 3-6>에서와 같이 초치 1ha당 조사료 생산량과 관련된 요인들로써는 시비량, 유지관리방식, 방목관리 등에 의해서 결정된다.

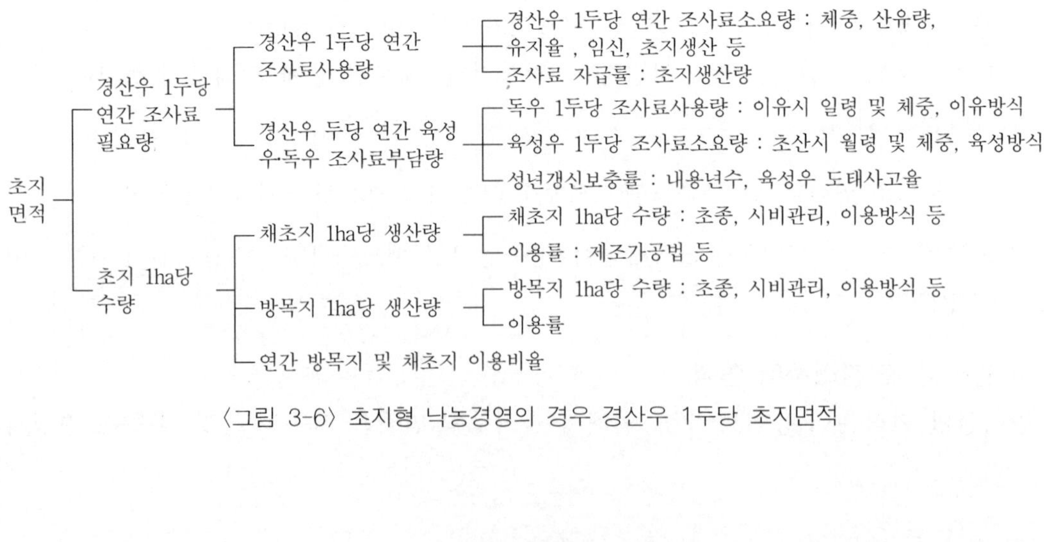

〈그림 3-6〉 초지형 낙농경영의 경우 경산우 1두당 초지면적

2. 자본투자계획 지표

낙농경영상 자본투자는 사육규모, 토지면적 및 구입가격 등에 따라 다르기 때문에 일률적으로 자본투자지표을 설정하는 것은 무리한 점이 있다. 그러므로 자본을 투자함에 있어서 고려하여야 할 관련요인을 살펴보면, <그림 3-7>에서와 같이 경산우 1두당 평균 투자자본은 고정자본과 유동자본을 구분하여 자본투자계획을 설정하여야 한다.

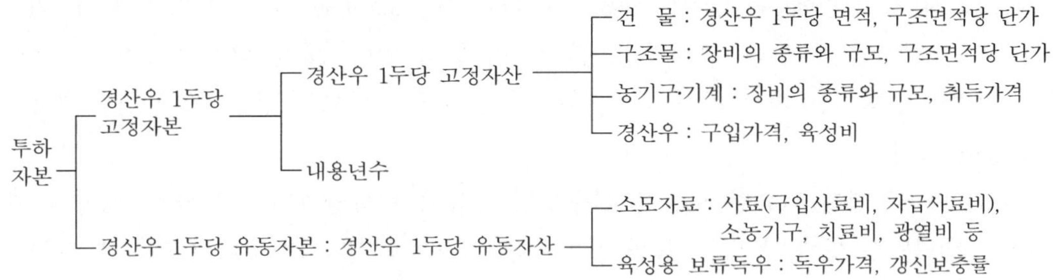

〈그림 3-7〉 경산우 1두당 투하자본

고정자산인 건물, 구조물, 농기계 및 경산우는 구입가격과 내용년수를 고려하여야 한다. 축사 및 부속건물의 경우 경산우 두당 소요면적과 구조물 면적당 건축가격으로 산출하며, 착유시설 등의 구조물은 장비의 종류와 규모, 구조물 면적당 단가로 산출하고, 농기계 및 기구는 장비의 종류와 규모, 취득가격에 의해서 산출한다. 또한 경산우 및 착유우는 자가생산시에는 육성비에 의해서, 구입하는 경우에는 구입가격에 의해서 산출하여야 한다.

유동자본의 사료 소모량과 구입각격, 자급사료의 생산비, 소농기구의 종류와 구입가격, 기타 치료비 및 광열비 등 낙농경영에 소요되는 비용은 기존의 생산비를 참고하여 계획하여야 한다.

〈표 3-9〉 경산우 1두당 자본투자액

(단위 : 원)

구 분	투 자 액
가축자본액	1,545,000
유동자본액	192,733
대농구자본액	965,521
건물자본액	2,241,426
토지자본액	3,823,244
합 계	8,767,925

자료 : 통계청, 2010년도 축산물 조사 보고서, 2011년.

예를 들면 우리나라 2010년도 젖소 두당 자본투자는 8,767천원 이었으며, 각 자본에 대한 구체적인 투자액은 <표 3-9>에서와 같이 가축자본액 1,545천원, 토지자본액 3,823천원으로 구성되어 있다.

3. 노동력계획 지표

낙농경영에 있어서 노동력은 초지관리 및 사료작물 재배관리의 파종, 예취, 운반, 건초, 사일리지 제조 등에 투입되고, 사료급여관리에는 사료운반, 방목 등이 있으며, 번식관리로서는 발정발견, 수정, 임신감정, 분만처리 등이 있다. 또한 젖소의 질병관리에는 제각, 질병발견 및 예방치료 등이 있고, 우사의 관리에는 배설물 청소, 깔짚정리, 착유실 청소 등이 있다.

이상의 낙농경영에 필요한 노동은 성우두당 노동력 투하량과 1인당 사육가능두수 측면에서 살펴볼 수 있다. 두당 노동력 투하량은 사육두수 및 기계구비의 유무에 따라서 차이는 있으나 우리나라의 경우 <표 3-10>과 같이 나타내고 있다. 이상에서와 같이 착유작업과 젖소 손질 및 청소에 많은 시간이 소요되는 것으로써 성우 두당 평균투하 노동시간은 75.27시간으로 나타나고 있다.

한편 1인 사육가능두수는 <그림 3-8>에서와 같이 1인당 연간 노동가능시간과 1두당 연간 소요총노동시간에 의하여 결정되며, 1두당 연간 소요총노동시간은 1두당 연간 사양관리시간, 초지단위당 유지관리시간, 사료제조시간, 농기구 관리시간 등에 의해서 영향을 받는다.

〈표 3-10〉 경산우 1두당 노동력 투하량

(단위 : 시간)

구 분 \ 사육규모	40두 미만	40~59두	60~79두	80두 이상	평 균
착 유	45.26	40.71	30.90	27.37	32.24
사료조리 및 급여	29.75	24.11	20.12	13.96	18.68
방역치료 및 손질	9.31	6.73	6.51	5.54	6.32
청소(분뇨제거 등)	17.49	13.14	10.62	8.39	10.59
방 목	0.00	0.01	0.01	0.00	0.00
야생초 예취 및 운반	0.73	0.00	0.00	0.00	0.06
기 타	9.79	8.16	7.50	6.61	7.38
합 계	112.23	92.86	75.66	61.86	75.27

주 : 성인남자 환산노동시간임.
자료 : 통계청, 2010년 축산물 생산비조사 보고서, 2011년.

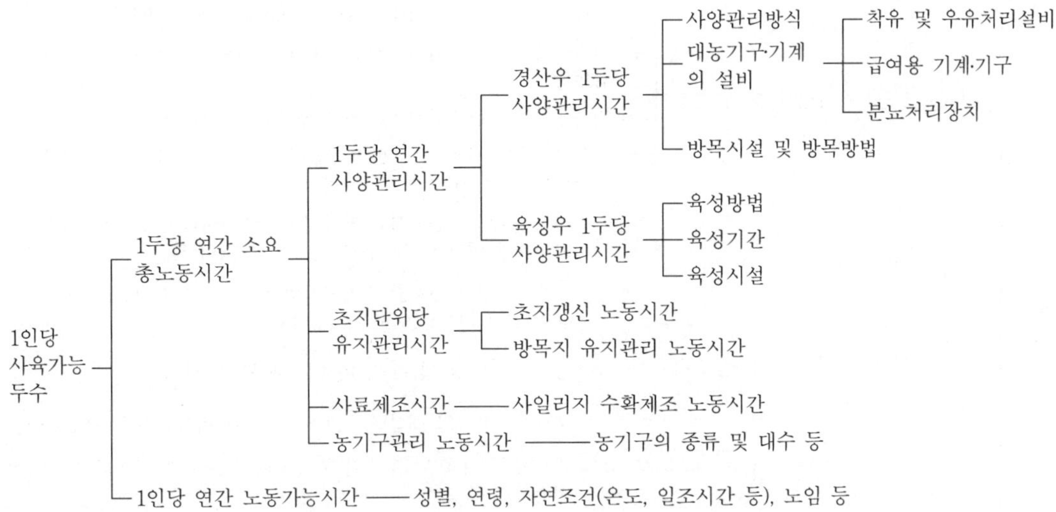

〈그림 3-8〉 낙농경영에 있어서의 1인당 사육가능두수

제 5 절 육우경영계획

비육우 및 번식우의 경영계획지표는 다른 축종과 동일하게 다음과 같이 구분하여 살펴볼 수 있다.

첫째, 시설 및 토지의 경영계획지표로써는 비육우(번식우) 1두당 건물 및 시설면적과 1두당 조사료 생산토지면적

둘째, 노동력과 기계장비의 경영계획지표로써는 노동력 1인당 사육가능두수

셋째, 필요자본의 경영계획지표로써는 비육우(번식우) 1두당 평균투자액 등을 살펴볼 수 있다.

이들의 생산요소에 대해서 구체적으로 살펴보면 다음과 같다.

1. 토지계획지표

(1) 비육우의 토지계획지표

비육우 토지면적은 <그림 3-9>에서와 같이 축사면적, 사료저장시설면적, 농기구의 창고시설면적, 퇴비저장시설면적, 분뇨통 시설면적, 자급조사료 생산토지면적으로 구분할 수 있다.

- 토지소요면적
  - 비육우 1두당 우사면적
    - 비육우 1두당 우상면적 : 사육방식, 사료급여방식, 비육일수
    - 비육우 1두당 사조면적 : 사료급여방식, 급여사료의 종류 및 1일 급여량
    - 비육우 1두당 통로면적 : 사용될 농기구의 종류, 작업방식
    - 비육우 1두당 사료조리실면적 : 급여사료의 조리 및 취급량, 사료조리방법, 사료조리기계·기구장비
  - 비육우 1두당 사료저장시설면적
    - 비육우 1인당 농후사료 저장시설면적 : 비육우 1두당 농후사료소요량 연간 비육회전율, 농수사료조달간격
    - 비육우 1인당 조사료 저장시설면적 : 비육우 1두당 조사료 소요량 연간 비육회전율, 조사료조달간격
  - 비육우 1두당 농기구 격납시설면적
    - 농기구의 종류 및 크기, 비육우 사양두수 규모
  - 퇴비저장시설면적
    - 비육우 1두 1일 배설량, 비육일수, 연간 비육회전율, 깔짚종류
  - 비육우 1두당 분뇨류 시설면적
    - 비육일수, 비육우 1두 1일 분(뇨) 배설량, 연간 비육회전율, 저장기간
  - 비육우 1두당 자가재배 조사료 생산면적
    - 비육우 1두당 자가재배 조사료 생산면적 : 청예사료작부, 사일리지 및 건초생산비율
    - 경지(초지)이용률

〈그림 3-9〉 비육우경영의 토지소요면적과 관련요인

1) 축사면적

축사면적은 우상면적, 사료통면적, 통로면적, 사료조리실면적을 합계한 면적으로써 각 면적은 다음과 같은 방법에 의해서 산출된다.

① 우상의 면적 : 우상의 면적은 우상의 폭×우상의 길이로써 이는 사육방식, 사료급여방식, 급여일수 등에 따라서 우상의 면적은 다르다.

② 사료통의 면적 : 사료통 면적은 폭×우상의 폭으로써 사료의 급여방법, 급여사료의 종류 등에 따라 사조의 면적은 다르다.

③ 통로면적 : 통로면적은 중앙급이 통로, 다용통로, 횡단통로를 합한 면적으로써 작업방식 및 작업에 사용될 농기구의 종류에 따라서 통로면적은 다르다.

④ 사료조리실면적 : 사료조리실면적은 급여사료의 조리 및 취급량, 사료조리방법, 사료조리기계·기구장비 등에 따라서 면적이 다르다.

이상이 면적을 총괄하여 산출하면 다음 <표 3-11>에서와 같이 비육우 1두당 축사면적은 약 7.8m^{2}가 된다.

2) 사료저장시설면적

농후사료 저장면적과 조사료 저장면적으로 구분하여 살펴볼 수 있다.

〈표 3-11〉 비육우 1두당 축사면적

(단위 : m^2)

구 분	사육두수규모			
	30두	50두	70두	90두
우 상	6.3	5.94	5.79	5.70
사 조	1.05	0.99	0.96	0.95
통 로	1.89	1.78	0.92	0.90
사료조리실	0.3	0.24	0.25	0.22
합 계	9.54	8.95	7.92	7.77

자료 : 축협중앙회

① 농후사료 저장시설면적 : 농후사료소요량, 연간 비육회전율, 농후사료 조달간격에 의해서 저장면적을 결정한다.

·농후사료 저장량 = 연간 농후사료 소요량/연간 조달회수

(연간 조달회수 = 365일/조달간격일수,

연간 농후사료 소요량 = 1두당 농후사료 소요량×연간 비육회전율)

·농후사료저장면적 = 농후사료 저장량/농후사료 부피당(m^3) 면적

② 조사료 저장시설면적 : 조사료의 저장시설면적도 농후사료와 동일한 결정요인과 계산방법에 의해서 산출한다.

이상의 저장면적을 배합사료, 대맥 및 목건초의 1두당 연간 사료소요량을 예를 들어 살펴보면 <표 3-12>에서와 같이 비육우 1두당 사료저장 소요면적은 0.4m^2가 된다.

〈표 3-12〉 비육우 1두당 사료저장 소요면적

사 료	1두당 연간 사료소요량(kg)	사료조달간격 (일)	사료저장 필요량 (kg)	톤당 체적량 (m^3)	저장소요면적 (m^2)
배합사료	1.850	10	50	1.6	0.080
대 맥	380	10	10	2.3	0.023
목 건 초	330	60	55	5.0	0.275
합 계	2,560	80	115	8.9	0.378

자료 : 축협중앙회

3) 농기구창고시설면적

농기구의 격납시설면적은 농기구의 종류 및 크기, 비육우의 사육두수 등에 의해서 결정된다. 한편 비육우 1두당 농기구격납고 소요면적은 농기구격납고 총면적을 비육우 사육두수로 나눈 면적이 된다.

4) 퇴비저장시설면적

퇴비저장시설면적은 비육우 1두당 일 분(뇨)배설량, 비육일수, 연간비육 회전율, 깔짚의 종류에 의해서 영향을 받는다. 일반적으로 퇴비저장면적은 1두당 3m^{2}을 하는 것이 일반적이다.

5) 분뇨조시설면적

분뇨조의 시설면적은 비육우의 비육일수, 비육우 1두당 1일 분(뇨)배설량, 연간 비육 회전율, 분뇨류의 저장기간 등에 의해서 결정된다.

6) 자급사료재배면적

비육우의 조사료생산면적은 비육우 1두당 조사료의 급여량과 사료작물의 종류에 따라 상이하나 동일한 조사료를 생산하기 위한 면적은 낙농경영과 동일하다.

〈표 3-13〉 비육우 1두당 축사시설 소요면적

(단위 : 평)

구 분 \ 사육규모	10두 미만	10~29두	30~49두	50~99두	100두 이상	평 균
축 사	3.61	3.57	3.52	2.43	2.44	3.30
창 고	0.42	0.50	0.32	0.26	0.26	0.39
퇴 비 사	0.17	0.30	0.52	0.20	0.29	0.26
기 타	0.50	0.94	0.42	0.88	1.17	0.73
계	4.70	5.31	4.78	3.77	4.16	4.68

이상의 축사면적과 부대시설로써 사료저장시설면적, 농기구의 격납시설면적, 퇴비저장시설면적, 분뇨저장시설면적 및 여유면적을 종합하면 다음, <표 3-13>에서와 같이 나타날 수 있다. 90두 규모에서 17.m^{2}가 된다.

(2) 번식우의 토지계획지표

번식우 경영에 있어서 소요되는 면적은 <그림 3-10>에서와 같이 축사면적, 부대시설면적, 조사료 생산 소요토지면적 및 방목토지 소요면적으로 대별할 수 있다.

1) 축사면적

축사면적은 우상면적(경산우, 미경산우, 육성우, 독우), 분만실 면적, 사료조리실 면적 및 통로면적으로 크게 나누어진다.

우상면적의 경우 경산성빈우, 미경산성빈우, 육성성빈우 및 송아지에 따라 소요면적이 다르며, 또한 관리·사양방식, 각 단계별 성빈우의 체중 등에 의해서 소요면적이 다르게

- 토지 소요 면적
  - 축사면적
    - 미경산성빈우 우상면적
      - 관리·사양방식, 경산성빈우 체중
      - 1우방 수용두수, 성빈우 평균내용년수
    - 육성성빈우 우상면적
      - 관리·사양방식, 경산성빈우 체중
      - 1우방 수용두수, 성빈우 평균내용년수, 육성성우 사고폐사율
    - 포유독우별실 우상면적
      - 관리·사양방식, 경산성빈우 분만율
      - 성빈우에 대한 경산성빈우 사양두수율
    - 분만실, 사료조리실, 통로면적
  - 부대시설면적
    - 사료저장 시설면적
      - 사료격납고 : 성빈우 두당 연간 농후사료소요량, 조달간격
      - 사일로시설면적 : 연간 사일리지소요량, 사일로사용회전수
    - 농용기계·기구 격납시설면적 : 농용기계·기구의 장비, 성빈우 사양두수규모
    - 퇴비시설면적 : 건물배설량, 연간퇴적회전율
    - 뇨·오수저장 시설면적 : 연간 뇨·오수처리용량, 연간 뇨·오수처리회수, 뇨·오수저장조 깊이
  - 조사료생산소요 토지면적
    - 청예조사료 생산소요토지면적 : 단위면적당 연수확량, 이용률
    - 사일리지재료용 생산소요토지면적 : 사일리지 소요량, 단위면적당 수확량, 이용률
    - 건초조제재료(원물) 생산소요토지면적 : 건물소요량, 단위면적당 수확량, 이용률
  - 방목토지 소요면적
    - 목초방목소요면적 : 목초지 방목채식 필요량, 단위면적당 연간야초수확량, 목초채식이용률
    - 목초방목지갱신보충면적
    - 야초방목지소요면적 : 야초지방목채식 필요량, 단위면적당 연간 야초수확량, 야초채식이용률

〈그림 3-10〉 경영의 토지의 소요면적과 관련요인

된다.

일반적으로 축사면적은 사육두수에 따라서 다음 <표 3-14>와 같다.

〈표 3-14〉 성빈우 1두당 축사시설 소요면적

(단위 : m^2)

사육규모 / 구 분	30두	20두	15두	10두
경산성빈우	3.2	3.2	3.2	3.6
미경산성빈우	0.5	0.5	0.7	0.8
육성성빈우	0.4	0.5	0.6	0.7
포 유 우	0.6	0.6	0.6	0.6
분 만 실	0.6	0.4	0.5	0.8
사료조리실	0.5	0.7	0.8	1.1
사내통로	5.0	4.1	3.9	4.6
합 계	10.8	9.9	10.3	12.2

자료 : 축협중앙회

2) 부대시설면적

부대시설면적은 사료저장시설면적(사료창고, 사일로 면적), 농기계·기구창고 시설면적, 퇴비시설면적 및 분뇨저장 시설면적으로 크게 나눌 수 있다.

① 사료저장면적 : 사료격납고 및 사일로 시설면적을 합한 면적으로써, 사료의 격납고 면적은 성빈우의 1두당 연간 농후사료 및 조사료의 소요량, 사료의 조달간격, 사육두수 등에 의해서 계산되며, 사일로의 면적은 연간 사일로의 소요량, 사일로의 사용회전율 등에 의해서 결정된다.

사료저장면적은 사료의 격납저장 필요용적/퇴적높이의 방법에 의해서 산출한다.

② 농기계·기구의 격납고면적 : 농용기계·기구의 종류 및 크기, 성빈우 사육규모 등에 의하여 결정된다.

③ 퇴비시설면적 : 건물배설량, 연간 퇴적회전율에 의해서 산출된다.

④ 분뇨저장시설면적 : 연간 뇨·오수처리용량, 처리회수 등에 의해서 결정된다.

이상의 부대시설면적을 성빈우 1두당 소요면적을 종합하면 다음의 <표 3-15>에서와 같다.

〈표 3-15〉 성빈우 1두당 부대시설 소요면적

(단위 : 평)

구 분 \ 사육규모	5두 미만	5~9두	10~29두	30두 이상	평 균
축 사	3.61	3.73	3.62	3.09	3.44
창 고	0.48	0.41	0.29	0.35	0.38
퇴 비 사	0.06	0.22	0.31	0.37	0.25
기 타	0.31	0.26	1.04	0.65	0.60
계	4.46	4.62	5.26	4.46	4.67

3) 조사료생산 소요토지면적

조사료의 생산면적은 조사료의 종류, 즉 청예조사료, 사일리지제조용 조사료, 건초제조용 조사료로 대별할 수 있으며 이의 면적은 낙농경영계획에서의 이용면적과 동일하다.

2. 자본투자계획지표

비육우 및 번식우의 경영에 있어서 자본투자계획도 다른 축종의 자본투자와 마찬가지로 시간적 지역적인 차이 등에 의해서 일률적으로 자본투자계획 지표를 설정하는 데에는 무리가 있다.

그러므로 비육우 및 번식우의 경영에 소요되는 자본투자계획은 먼저 고정자산(건물, 구축물, 농기구·기계, 번식우 등)과 유동자산(사료, 동물약품, 육성·비육우, 소농구, 송아지 등)으로 구분하여 자본투자를 계획하여야 한다. 이때 전자의 경우 내용년수와 잔존가격을 고려하여야 하고, 후자의 경우에는 연간 비육(번식)회전율과 연간 출하회수를 고려하여 자본투자계획을 세워야 한다.

한편 자본투자 계획시 유의해야 할 각 자본과 그에 관련된 요인을 고려하여 투자계획을 수립하여야 한다. 이에 대해서 살펴보면 고정자본은 ① 건물의 경우 1두당 축사면적, 구조 및 재질, 건축단가에 의해서, ② 구축물의 경우 장비의 종류 및 규모, 구조와 재질, 건축단가에 의해서, ③ 농기구·기계의 경우 장비의 종류 및 규모, 취득단가에 의해서, ④ 번식우의 경우 초산일령, 육성 생산비, 구입시 월령·산차, 구입시 가격에 의해 산출된다.

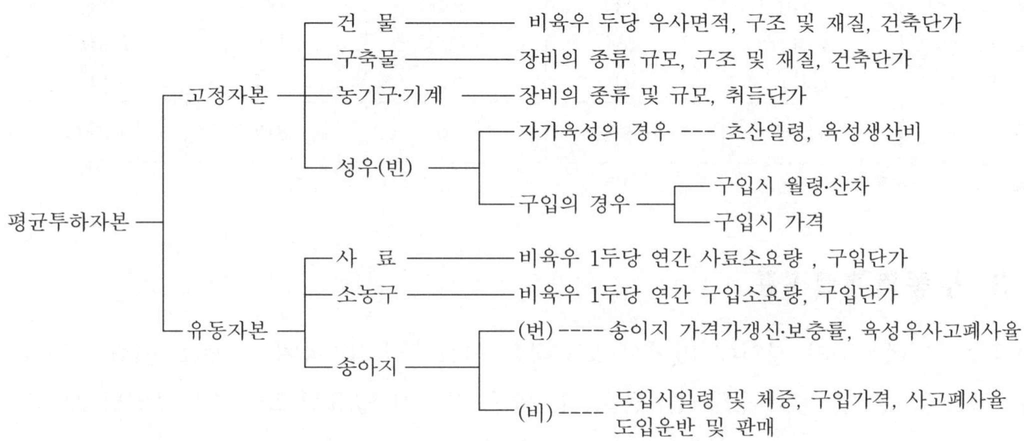

〈그림 3-11〉 비육우(번식우) 1두당 투하자본

한편 유동자본투하는 ① 사료의 경우 연간사료 소요량, 구입단가에 의해서, ② 소농구의 경우 연간 구입요소량, 구입단가에 의해서, ③ 송아지의 경우 독우가격, 갱신·보충률, 육성우 사료폐사율, 도입시 일령 및 체중, 구입가격, 도입운반 및 판매 등에 의해서 산출된다.

〈표 3-16〉 번식우 1두당 자본평가액

(단위 : 천원)

구 분 \ 사육두수	10두 미만	10~29두	30~49두	50두 이상	평 균
가축자본액	2,413	2,413	2,413	2,413	2,413
유동자본액	1,044	1,021	1,014	1,278	1,143
건물자본액	229	236	283	277	261
대농구자본액	1,542	1,502	1,507	1,435	1,477
토지자본액	1,796	1,264	945	1,257	1,291
합 계	7,024	6,436	6,160	6,660	6,586

자료 : 통계청, 축산물 생산비조사 보고서, 2011년.

투자지표의 설정시 가격결정에 어려움이 많기 때문에 기존의 자본평가액을 제시하였으니 이를 참고로 자본투자계획을 수립하는 것이 바람직한 것으로 생각된다.

〈표 3-17〉 비육우 1두당 자본평가액

(단위 : 천원)

구 분 \ 사육규모	20두 미만	20~49두	50~99두	100두 이상	평 균
가축자본액	2,011	2,104	2,005	2,182	2,976
유동자본액	1,543	1,583	1,553	1,501	1,543
대농구자본액	279	239	233	187	235
건물자본액	1,742	1,184	1,093	1,343	1,361
토지자본액	1,011	1,101	858	601	894
합 계	6,585	6,212	5,742	5,813	6,109

자료 : 통계청, 전게서, 2011년.

3. 노동력계획지표

비육우 및 번식우의 경영에 있어서 노동력은 사료조리 및 급여, 야생초 예취, 구입과 출하, 치료 및 손질, 청소 등을 들 수 있다. 육우 경영에 필요한 노동력은 1인당 사육가능 두수와 성우 1두당 노동력투하량 측면에서 살펴볼 수 있다.

여기에서 1인당 비육우 및 번식우의 사육가능 두수는 <그림 3-12>에서와 같이 1두당 연간 소요 총노동시간과 1인당 연간 노동시간에 의해서 결정된다. 전자의 경우 사육두수, 사료급여방식, 사육방식, 우사구조 및 부대건설, 기계 및 기구의 장비, 우사 및 부대시설의 배치에 의해서, 후자의 경우 성별, 연령, 자연조건(온도, 일조시간), 노임 등에 의해서 산출된다.

1인당 사육가능두수
- 1두당 연간소용 총노동시간 -- 사육두수, 사료급여방식(무제한 급여, 제한급여)
  사육방식(단사, 군사), 우사구조 및 부대시설
  기계 및 기구의 장부, 우사 및 부대시설의 배치
- 1인당 연간 노동시간 ———— 성별, 연령, 자연조건(온도, 일조시간), 노임 등

〈그림 3-12〉 1인당 비육우 및 번식우의 사육가능두수

먼저 우리나라의 비육우 및 번식의 경영에 있어서 1두당 노동력 투하량을 살펴보면,

첫째로, 비육우의 경우 <표 3-18>에서와 같이 평균 55.35 시간이 소요되고 있다.

둘째로, 번식우의 경우에는 <표 3-19>에서와 같이 사료의 조리 및 급여에 가장 많은 시간이 소요되며 평균 47.30 시간이 소요되는 것으로 나타나고 있다.

〈표 3-18〉 비육우 1두당 노동력 투하량

(단위 : 시간)

구 분 \ 사육두수	20두 미만	20~49두	50~99두	100두 이상	평 균
사료조리 및 급여	54.19	28.40	22.29	14.08	30.58
야생초 예취	0.00	0.00	0.00	0.00	0.00
병역치료 및 손질	10.61	5.42	3.74	2.72	5.81
구입 및 판매	1.72	0.94	1.04	0.70	1.11
청소(분뇨제거 등)	21.95	10.18	8.21	4.91	11.67
기 타	11.06	5.34	4.13	3.37	6.18
합 계	99.53	50.28	39.41	25.78	55.35

자료 : 통계청, 전게서, 2011년.

〈표 3-19〉 번식우 1두당 노동력 투하량

(단위 : 시간)

구 분 \ 사육두수	10두 미만	10~29두	30~49두	50두 이상	평 균
사료조리 및 급여	46.28	32.53	20.74	15.72	24.96
야생초 예취	0.97	0.19	0.08	0.08	0.24
방영치료 및 손질	6.87	5.94	3.45	2.94	4.31
구입 및 출하	1.82	1.10	0.46	0.55	0.85
청소(분뇨제거 등)	23.71	15.39	6.48	5.90	10.88
기 타	9.66	7.37	3.95	4.88	6.05
합 계	89.31	62.52	35.16	30.07	47.30

자료 : 통계청, 전게서, 2011년.

제6절 양돈경영계획

양돈경영계획을 수립하는데 있어서 기본이 되는 지표는 다른 축종의 경영계획지표와 동일하게 토지, 노동력, 자본에 대한 계획 지표로 크게 구분된다.

1. 토지계획지표

(1) 번식돈의 토지계획지표

번식돈에 사용되는 토지면적은 <그림 3-13>에서와 같이 축사소요면적 및 부대시설 소요면적과 기타 여유면적으로 크게 대별할 수 있다.

- 총 토지 소요면적
  - 돈 사 소요면적
    - 종빈돈사 소요면적 : 돈사양식, 사육두수, 사양방법(사료급여방법 등), 자돈의 이유시기, 돼지의 품종, 갱신방법 등
    - 종웅돈사 소요면적 : 돈사양식, 사육두수, 사양방법(사료급여방법 등), 지배방법, 종웅돈의 취득방법
    - 분만돈사 소요면적 : 돈사양식, 사육두수, 기상조건(온도), 포유시기 등
    - 종빈 후보돈사 소요면적 : 돈사양식, 사양방법, 사육두수, 갱신 및 선발방법 등
    - 격리돈사 및 관찰돈사소요면적 : 돈사양식, 사양방법(사료급여방법 등), 격리 및 관찰돈 비율
    - 자돈사 소요면적 : 돈사양식, 사양방법, 기상조건, 자돈출하시기, 사양방법(사료급여방법) 등
  - 부대시설 소요면적
    - 퇴비사 소요면적 : 배설량, 퇴적기간
    - 사료저장시설 소요면적 : 사료소비량, 사료저장기간
    - 기타 면적 (관리사면적, 농기구사 소요면적, 차고면적 등)
  - 여유면적 : 사업계획(확장 및 복합축산 등)

〈그림 3-13〉 번식돈 경영의 토지 소요면적과 관련요인(중앙축산회)

1) 번식돈 축사소요면적

번식돈 면적은 종빈돈사, 종모돈사, 종웅돈사, 분만돈사, 종빈후보 돈사, 격리 및 관찰돈사, 자돈사 소요면적을 합한 것을 의미한다.

① 종빈(牝)돈 1두당 종빈돈사 면적 : 종빈(牝)돈 두당 종빈(牝)돈사면적은(1두당 면적+1돈방당 통로면적 및 여유면적)×종빈돈 1두당 돈방소요수 방법에 의해서 산출하며, 이는 돈사양식, 사육두수, 사양방법(사료급여방법), 자돈의 이유시기, 돼지의 품종, 갱신방법 등에 영향을 받는다.

② 분만돈사 및 자돈 소요면적 : 분만돈사 소요면적은 종빈돈사 소요면적 산출방식과 동일하며, 이에 영향을 미치는 요인으로선 돈사양식, 사양방법, 사육두수, 기상조건, 포유기간, 자돈 출하시기 등을 들 수 있다.

③ 종빈 후보돈사 소요면적 : 종빈 후보돈사 소요면적은 종빈(모)돈사 소요면적을 산출하는 방식과 동일하며, 소요면적은 돈사양식, 사양방법, 사육두수, 갱신 및 선발방법 등에 영향을 받는다.

④ 격리돈사 및 관찰돈사 소요면적 : 격리돈사 및 관찰돈사는 병걸린 돼지나 실험용 돼지를 격리하여 산출하고자 하는데 사용되는 돈사 이므로 별개의 건물이 바람직하다. 한편 이는 격리돈 및 관찰돈의 비율, 사양방법, 돈사양식 등에 영향을 받는다.

2) 번식돈의 부대시설 소요면적

번식돈 부대시설 소요면적은 사료저장시설, 퇴비사, 분·뇨 및 오수저류시설, 관리사, 농기구 및 차고면적, 기타(가축의 상하차시설, 정문소독조) 등을 합계한 면적이다.

① 사료저장 소요면적은 연간 사료소요량, 사료조달간격 및 사료탱크 소요대수 등에 영향을 받는다.

한편 번식돈 1두당 사료저장시설 소요면적은 다음과 같은 방법에 의해서 산출한다.

번식돈 1두당 사료저장시설 소요면적 = 1두당 연간 사료소요량 ×
(사료조달간격/365일) × (사료톤당 비체적/1,000kg)

② 퇴비사 소요면적은 종빈돈 1두당 배분율, 돈분의 성상, 연간 생분처리량, 처리간격 등에 의해서 결정된다.

③ 분뇨 및 오수저류시설 소요면적은 급·배수구조에 따라 다르나 오줌 및 돈방청소 오수만을 대상으로 할 경우 연간 뇨처리량과 연간 세척오수처리량 등에 의해서 결정된다.

④ 관리사 소요면적은 노동자 및 관리자의 인원수와 주거유무에 의해서 결정된다.

⑤ 농기구 및 차고의 소요면적은 농기구의 종류 및 대수의 의해서 결정된다.

이 밖에 부대시설로써 가축의 상·하차시설 및 정문소득조 면적 등이 있다.

3) 여유면적

여유면적은 차기의 사업계획을 고려하여 여분으로 남아있는 면적을 의미한다.

이상의 각 부분별 소요면적을 기초로 하여 종빈돈 100두를 사양하는 번식경영시 필요로 하는 건물의 면적을 종합하면 번식돈사 427.5m^2, 분만·자돈사 513.0m^2, 격리·휴양돈사 48.6m^2, 퇴돈사 19.8m^2, 차고 22.8m^2, 관리사 19.4m^{2}가 된다.

(2) 비육돈의 토지계획지표

비육돈에 이용되는 토지면적은 <그림 3-14>에서와 같이 건물, 부대시설 및 여유면적으로 대별할 수 있다.

1) 비육돈 축사 소요면적

비육돈의 축사 소요면적은 돈방수, 돈방면적, 돈방당 수용두수, 돈방 이용률 및 통로와 여유면적에 의해서 결정된다.

한편 돈방수는 사육두수, 축사양식, 토지면적 등에 의해서 산출되며, 돈방면적은 사육관리방식, 축사양식, 자연환경 등에 의해서, 돈방당 수용두수는 사육방식, 축사양식, 돈방면적 및 사육두수 등에 의하여 결정된다. 또한 돈방 이용률은 비육일수, 돈방 비이용일수(소독, 비육돈사업의 휴기) 등에 의하여 산출되며, 통로 및 여유면적은 축사양식, 작업체계 등에 의하여 결정된다.

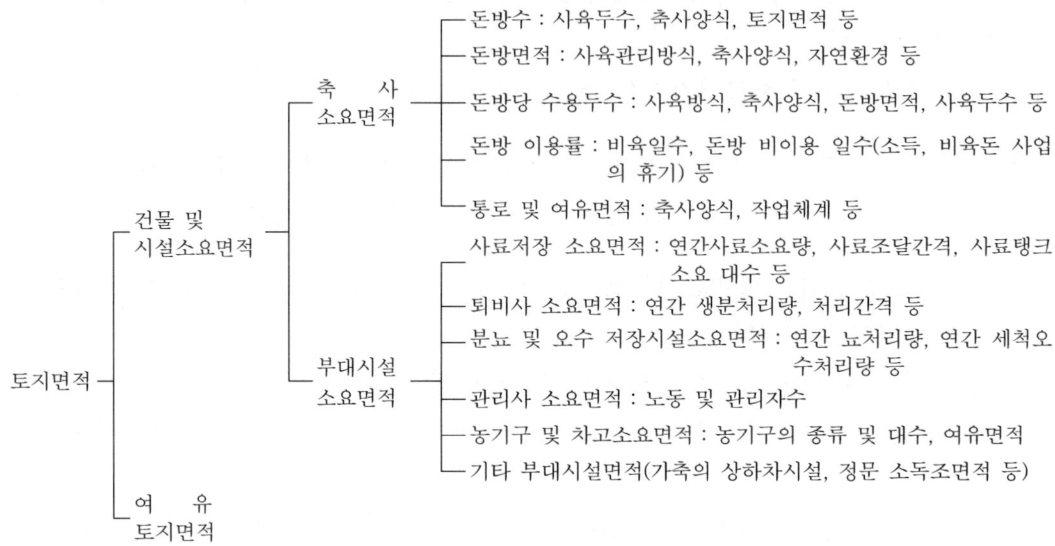

〈그림 3-14〉 비육돈경영의 토지 소요면적과 관련요인(중앙축산회)

2) 부대시설 소요면적

비육돈의 부대시설 소요면적은 번식돈 경영시의 부대시설 소요면적과 동일하게 적용된다.

2. 자본투자계획지표

(1) 고정자본

양돈경영상 고정자본에서는 돈사 및 부대시설, 구축물(사료탱크, 뇨저류조), 농기계 및 기구, 가축(번식돈), 토지 등에 투하한 자본이며, 그 내용년수와 잔존가격에 의하여 결정된다.

또한 각 고정자본의 투자에 미치는 요인을 보면 돈사 및 부대시설, 구축물(사료탱크, 뇨저류조)은 면적과 건축단가에 의해서 결정되고, 농기계 및 농기구는 기종별 사용대수와 취득단가에 의해서 결정되며, 가축은 각 품종별 연령별 사육두수와 구입가격에 의해서 결정된다. 또한 토지는 총건물 및 여유면적과 구입가격에 의해서 결정된다.

(2) 유동자본

유동자본은 사료, 노동비, 위생비, 수도광열비, 소농기구비, 수선비 등으로서 생산기간과 출하회수에 의해서 결정된다.

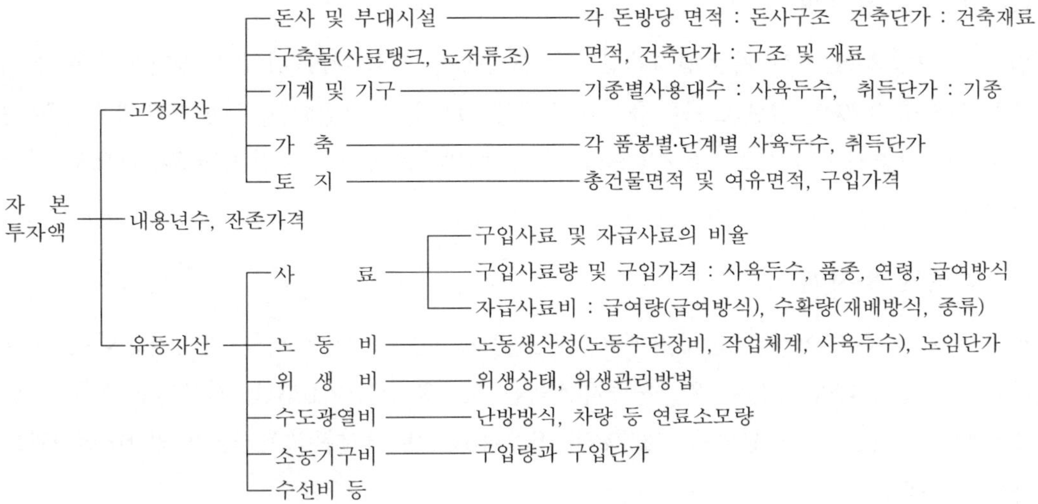

〈그림 3-15〉 양돈경영의 자본투자와 관련요인

각 유동자본의 투자에 미치는 요인으로는 사료의 경우 구입사료 및 자급사료의 비율, 구입사료량 및 구입가격, 자급사료비에 의해서 결정되고, 노동비는 노동생산성, 즉 노동수단 및 장비, 작업체계, 사육두수, 노임단가 등에 의해서 결정된다. 위생비는 위생상태, 위생관리법에 의해서, 수도광열비는 난방방식, 차량 등 연소량에 의해서, 소농기구비는 구입종류 및 구입단가에 의해서 결정된다.

양돈경영시 이상과 같은 자본투자에 미치는 요인을 고려하여 자본투자를 설정하고 계획하여야 한다.

한편 번식돈 및 비육돈경영에 있어서 창업투자지표가 매년 다르므로 일정하게 지표화하는 데에는 어려움이 있으나 최근의 자본평가액을 살펴보면 다음과 같다.

〈표 3-20〉 번식돈의 자본투자액(1두당)

(단위 : 원)

구 분 \ 사육규모	100두 미만	1,000~1,999두	2,000~2,999두 이상	3,000두 이상	평 균
가축자본액	410,798	381,022	369,168	384,993	384,264
유동자본액	459,186	481,824	495,916	487,583	484,271
건물자본액	133,827	131,677	97,457	101,268	112,052
대농기구자본액	517,070	587,020	531,831	687,008	615,408
토지자본액	393,414	170,496	265,230	159,623	207,647
합 계	1,914,294	1,752,038	1,759,603	1,820,474	1,803,642

자료 : 통계청, 전게서, 2011년.

(3) 번식돈 평가액

번식돈 경영에 있어서 자본평가액은 <표 3-20>에서와 같이 평균 가축자본액은 전체 자본평가액 중 12%인 169,323원, 유동자본액은 28%인 392,790원, 건물자본액은 37%인 526,862원, 대농기구자본액은 6%인 95,611원, 토지자본액은 15%인 214,542원으로 각각 평가되었다.

(4) 비육돈 투자액

비육돈 경영에 있어서 자본투자액은 <표 3-21>에서와 같이 평균 가축자본액은 전체 자본평가액 중 14%인 74,483원, 유동자본액은 38.8%인 212,138원, 건물자본액은 5.2%인 28,890원, 대농기구자본액은 29.9%인 163,345원, 토지자본액은 12.4%인 67,709원으로 평가되었다.

그러므로 자본을 양돈경영에 투자할 경우에 이상의 자본평가액 비율을 참고하여 투자하는 것이 바람직하다.

〈표 3-21〉 비육돈의 평가액(1두당)

(단위 : 원)

사육규모 / 구 분	1,000두 미만	1,000~1,999두	2,000~2,999두	3,000두 이상	평 균
가축자본액	101,158	80,496	70,716	65,898	74,438
유동자본액	206,453	208,624	224,163	211,000	212,138
건물자본액	44,294	39,237	25,211	20,712	28,890
대농기구자본액	210,783	164,626	144,023	157,904	163,345
토지자본액	108,411	65,346	84,981	52,281	67,709
합 계	671,100	558,332	549,094	507,767	546,564

자료 : 통계청, 전게서, 2011년.

3. 노동력계획지표

(1) 번식돈 경영의 노동력계획지표

번식돈 경영에 투하되는 노동력은 자돈의 생산 및 성돈의 출하까지 작업을 총칭하는 것으로써 작업의 종류에는 사료조리 및 급여, 자돈분만, 방역 및 치료, 구입 및 판매, 청소 및 기타로 대별할 수 있다.

한편 번식돈 경영의 경우 노동력 1인당 자돈생산수에 미치는 요인은 <그림 3-16>에서와 같이 종모돈 1두당 연간 자돈생산두수와 연간 종모돈 1두당 노동시간에 의해서 결정되며, 또한 종모돈 1두당 연간 자돈생산두수는 종빈돈 연간 분만회수와 복당 산자수 및 자돈육성률에 의하여 결정된다.

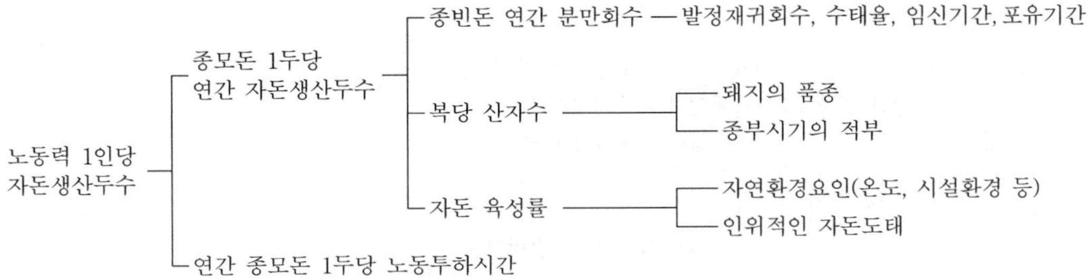

〈그림 3-16〉 번식돈 경영의 자돈생산두수와 관련요인

각 작업종류 및 작업시간이 지수화되지 않은 우리나라의 번식돈 경영에 있어서 현 노동력 투하현황을 참고하여 이를 경영계획에 이용한다면 <표 3-22>에서와 같이 1두당 노동력 투하시간은 100두 미만의 경우 연간 13.74시간, 1,000~1,999두인 경우 12.48시간, 2,000~2,999두의 경우 12.7시간, 3,000두 이상의 경우 13.19시간으로써 평균 번식돈 경영에 투하되는 노동력은 1두당 연간 12.91시간인 것으로 계산된다.

〈표 3-22〉 번식돈의 노동력 투하현황(1두당)

(단위 : 시간)

구 분 \ 사육규모	1,000두 미만	1,000~1,999두	2,000~2,999두	3,000두 이상	평 균
사료조리 및 급여	3.37	2.22	2.15	1.92	2.21
자 돈 분 만	2.87	3.69	3.29	4.44	3.87
방역치료 및 손질	2.42	2.02	2.60	2.06	2.18
구입 및 판매	0.20	0.16	0.13	0.24	0.20
청소(분뇨제거 등)	3.20	2.55	2.46	2.26	2.47
기 타	1.68	1.84	1.54	2.27	1.98
합 계	13.74	12.48	12.17	13.19	12.91

자료 : 통계청, 전게서, 2011년.
주 : 성인남자 환산노동시간임.

(2) 비육돈 경영의 노동력계획지표

비육돈 경영에 투하되는 노동력에는 사료조리 및 급여, 방역치료, 구입 및 출하, 청소 및 기타 등의 노동력이 있다.

한편 1인당 비육돈 출하두수에 영향을 미치는 요인은 <그림 3-17>에서와 같이 연간 출하두수와 연간 투하노동시간에 의해서 결정된다. 연간 출하두수는 비육돈의 상시 사육두수, 연간 비육회전율, 사육기술(사고율, 폐사율 등)등에 의존하며, 1인당 연간 투하노동시간은 사육두수, 사육관리 방법, 농기구 및 기계의 설비상태, 사육관리 기술수준, 노동력의 질적 수준, 작업체계 등에 의존한다.

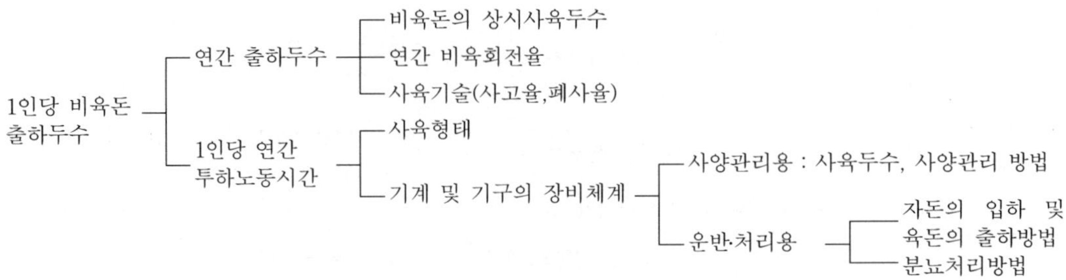

〈그림 3-17〉 1인당 비육돈 출하두수와 관련요인

비육돈 경영에 있어서도 번식돈 경영 계획지표와 마찬가지로 우리나라의 노동계획지표가 연구되지 않은 실정하에서 최근 노동력 투하현황을 참고하여 이를 경영계획에 이용한다면 <표 3-23>에서와 같이 1두당 비육돈 경영에 투하된 연간 노동시간은 1,000두 미만의 경우 1.92시간, 1,000~1,999두는 1.17시간, 2,000~2,999두는 1.14시간, 3,000두 이상인 경우 1.13시간이며, 평균 연간 1두당 1.26시간인 것으로 계산된다.

〈표 3-23〉 비육돈의 노동력 투하현황(두당)

(단위 : 시간)

구 분 \ 사육규모	1,000두 미만	1,000~1,999두	2,000~2,999두	3,000두 이상	평 균
사료조리 및 급여	0.60	0.32	0.31	0.26	0.33
방역치료 및 손질	0.39	0.21	0.21	0.25	0.25
구입 및 판매	0.10	0.07	0.08	0.09	0.09
청소(분뇨제거 등)	0.53	0.33	0.32	0.31	0.35
기 타	0.29	0.24	0.22	0.22	0.24
합 계	1.91	1.17	1.14	1.13	1.26

자료 : 통계청, 전게서, 2011년.

제 7 절 양계경영계획

양계경영에는 육계를 생산목적으로 하는 브로일러 경영과 계란생산을 목적으로 경영하는 산란계 경영으로 크게 나눌 수 있다. 이러한 생산목적에 따른 생산계획에 있어서도 생산요소에 따라서, 첫째 시설 및 토지면적의 계획지표, 둘째 노동력 투입계획지표, 셋째 투하자본의 계획지표로 대별하여 살펴볼 수 있다.

육계와 산란계 경영에 있어서 토지소요면적은 계사면적, 부대시설면적 및 여유면적을 합계한 면적을 의미한다.

1. 토지계획지표

(1) 계사면적

계사면적은 케이지, 케이지통로, 계사동수 및 자동채란기의 소요면적에 의해서 결정된다. 또한 케이지면적과 계사의 통로면적은 사육방식(평사사육, 빠다리 사육 등), 급여·급수방식, 급여기계 등의 농기구시설 등에 의해서 결정되며, 계사의 동수는 사육수수 및 사육계획수수에 의해서 결정된다(그림 3-18 참조).

- 토지 소요면적
  - 계사면적
    - 케이지면적 : 케이지의 양식 및 크기, 급이·급수방식
    - 케이지간의 통로 및 측면과의 간격 : 계사의 양식, 사육관리체계
    - 자동채란기 등의 소요면적 : 기종
    - 계사동수 : 사육수수, 계사의 이용률, 계사의 휴식기간 등
  - 부대시설
    - 선별실 : 선별기의 유무, 선별기 종류, 계란의 양 등
    - 사무실 및 관리실 : 종업원의 수, 책상 및 의자의 수와 크기, 숙박실의 유무 등
    - 계분건조실 : 계분건조방식, 처리기간, 작업여유면적, 환경조건 등
    - 오물처리시설 : 오물배수량, 오물처리시설방식 등
    - 농기구·기계격납고 : 농기구·기계의 종류 및 대수 등
  - 여유면적 — 도로, 배수로 등

〈그림 3-18〉 육계(산란계) 경영의 토지소요면적과 관련요인(중앙축산회)

(2) 부대시설면적

부대시설로써는 계분건조실, 계분저장고, 사무실 및 관리사, 오물처리시설, 농기구·기계격납고 및 선별실 등을 들 수 있다.

먼저 계분건조실면적은 계분건조방식, 환경조건, 처리기간, 작업여유면적 등에 영향을 받으며, 계분저장고의 면적은 계분저장량, 계분의 상태, 작업여유면적 등에 영향을 받고, 오물처리시설면적은 오물배수량, 오물처리방식에 의하여 산출된다.

또한 사무실 및 관리사의 면적은 종업원수, 숙박실유무 등에 의하여 영향을 받으며 농기구·기계격납고의 면적은 농기구의 종류 및 대수 등에 의하여 결정되고, 산란계경영에 필요한 선별실은 선별기의 설치유무, 선별기의 종류, 계란의 생산량에 의해 산출된다.

(3) 여유면적

여유면적은 축사면적과 부대시설면적 이외에 도로, 배수로, 차년 증축계획면적 등으

로써 경영자의 사정과 계획에 따라서 여유면적이 다르게 마련이다.

이상의 축사의 면적과 부대시설은 여러 가지 요인에 의해서 결정되기 때문에 사육방식 및 사육두수를 무시하고 일률적으로 지표화하는 것은 어려움이 있다. 한 가지 예로써 약 100수당 축사면적은 2.9평, 창고 0.1평, 퇴비사 0.4평, 기타 1.2평이 적당한 것으로 나타나 있다.

2. 자본투자계획지표

(1) 산란계 경영

1) 산란계의 투자계획지표

<그림 3-19>에서와 같이 산란계의 경영자본은 고정자본과 유동자본으로 구성된다. 고정자본은 고정자산인 건물, 구축물, 기기류, 차량, 토지, 산란계 등에 투자된 자본이다.

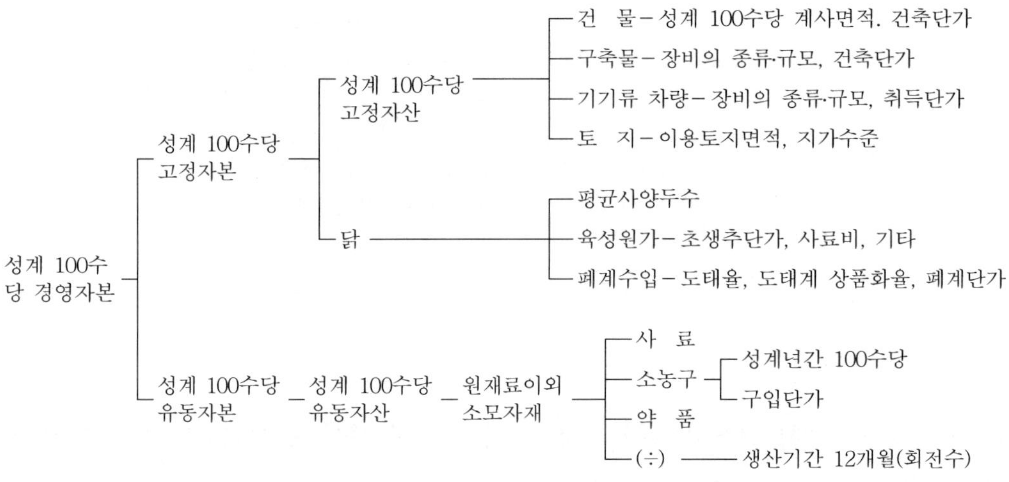

〈그림 3-19〉 산란계 경영의 자본투자와 관련요인

이것들은 다시 계사의 면적, 건축단가, 장비의 종류와 취득단가, 이용토지면적과 지가수준육성원가에 따라 크게 영향을 받게 된다. 또한 유동자본은 유동자산에 투자된 자본으로 사료와 소농구 및 약품 등에 의해 결정된다.

2) 산란계의 투자액

<표 3-24>에서와 같이 2010년도의 산란계경영에 있어서 산란계 100수당 투자자본액은 20,000수 미만의 경우는 2,875,601원, 40,000수 이상의 규모에서는 2,151,238원으로 평균 2,331,231원으로 조사되었으며, 투자액의 구성은 가축자본, 건물자본, 대농

기구 순이었다.

〈표 3-24〉 산란계의 자본평가액(100수당)

(단위 : 원)

구 분 \ 사육규모	20,0,00수 미만	20,000~29,999두	30,000~39,999두	40,000수 이상	평 균
가축자본액	1,101,209	1,077,776	1,061,216	867,849	940,184
유동자본액	174,542	165,970	178,722	172,478	173,925
대농기구자본액	301,369	265,647	183,187	219,158	231,356
건물자본액	873,498	660,770	727,271	568,318	632,722
토지자본액	424,983,	438,114	369,636	323,435	353,044
합 계	2,875,601	2,608,278	2,520,032	2,151,238	2,331,231

자료 : 통계청, 전게서, 2011년.

(2) 육계 경영

1) 육계의 투자계획지표

<그림 3-20>에서와 같이 육계의 경영자본은 고정자본과 유동자본으로 구성되며, 고정자본을 규제하는 요인은 고정자본과 내용년수 및 잔존비율이다.

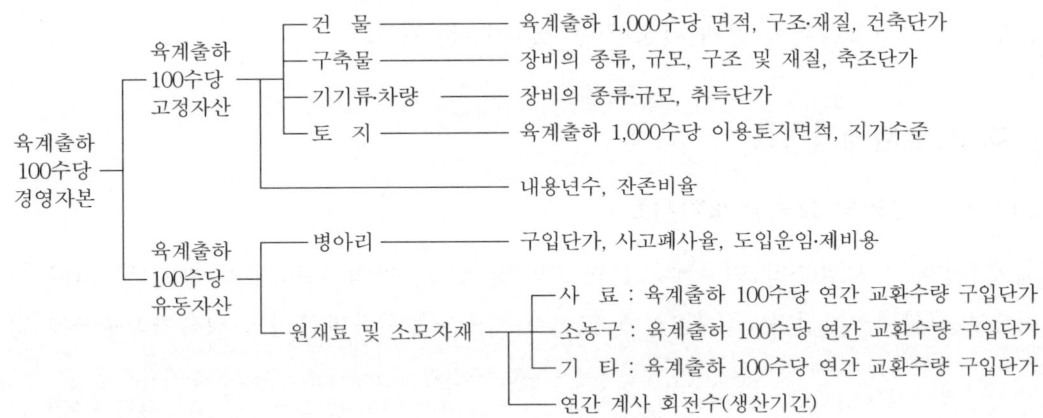

〈그림 3-20〉 육계경영의 자본투자와 관련요인

그리고 고정자산은 건물, 구축물, 기기류, 차량, 토지 등에 따라 영향을 받게되며 이들 요인들은 다시 계사의 면적, 건축단가, 장비종류와 축조단가, 토지의 면적과 지가수준에 크게 규제를 받게 된다.

또한 유동자본은 유동자산에 투자된 자본으로, 병아리의 구입단가, 폐사량, 도입시 운임과 제비용을 비롯하여, 사료의 소요량과 단가, 소농구의 수량고 구입단가, 연간계사회전수 등에 따라 규제를 받게 된다.

2) 육계의 투자액

<표 3-25>와 같이 2010년도 육계경영에 있어서 육계 100수당 자본투자 수준은 30,000수 미만 농가는 289,110원, 50,000수 이상 농가는 250,391원으로 평균 264,914원 이었다.

〈표 3-25〉 육계의 자본평가액(100수당)

(단위 : 원)

구 분 \ 사육규모	30,000수 미만	30,000~39,999두	40,000~49,999두	50,0000수 이상	평 균
가축자본액	51,154	55,394	49,963	44,980	48,088
토지자본액	134,964	145,352	128,671	128,930	132,023
건물자본액	10,346	12,373	12,462	9,902	10,751
대농구자본액	39,746	43,518	48,718	45,465	45,048
유동자본액	52,900	14,197	51,469	21,105	29,005
합 계	289,110	270,835	291,283	250,391	264,914

자료 : 통계청, 전게서, 2011년.

경영목표의 기준은 적정소득에 두고 있으며, 적정소득의 기준은 경영자본에 기준을 두고 있기 때문에 투자액의 크기에 따라 소득수준도 달라진다. 그러므로 가능한 한 적은 자본투자가 경영합리화를 쉽게 달성할 수 있다고 본다.

3. 노동력계획지표

(1) 육계 경영의 노동력계획지표

육계경영에는 사료조리 및 급여, 분뇨처리 및 청소, 방역치료, 구입·판매 및 기타 노동력으로 구분할 수 있다. 육계경영에 있어서 사육노동시간과 1인당 사육가능수수에 영

〈표 3-26〉 육계의 노동력 투하량(100수당)

(단위 : 시간)

구 분 \ 사육규모	30,000수 미만	30,000~39,999두	40,000~49,999두	50,000수 이상	평 균
사료조리 및 급여	0.29	0.20	0.18	0.13	0.17
계 분 처 리	0.24	0.15	0.16	0.15	0.16
방역치료 및 손질	0.19	0.09	0.11	0.08	0.10
구입 및 판매	0.17	0.20	0.15	0.16	0.17
기 타	0.15	0.14	0.15	0.13	0.13
합 계	1.04	0.78	0.75	0.65	0.73

자료 : 통계청, 전게서, 2011년.

향을 미치나 일반적으로 사육수수, 계사의 구조, 사육관리방식, 농기계·기구의 장비(계분의 처리방법, 사료의 급여 및 급수방법), 노동의 질(사육기술수준) 등에 영향을 받는다.

그러므로 육계경영시 노동계획은 이러한 요인의 영향에 의해서 상이하나 우리나라의 경우 평균적인 노동력 투입량을 기초로 하여 노동계획을 수립할 수 있다. <표 3-26>은 우리나라의 2010년도 노동력 투입량은 30,000수 이하의 사육수수에는 100수당 1.04시간, 30,000~39,999수의 경우에는 0.76시간, 50,000수이상의 경우에는 0.65시간, 평균 0.73시간이 소요되는 것으로 나타났다.

(2) 산란계 경영의 노동력계획지표

산란계경영에는 육계경영에 투입되는 노동력 이외에 채란 및 선란 등이 있으며, 산란계 경영에 있어서 성계사육관리노동시간은 경영규모, 관리방식, 노동력의 수와 질, 계란의 출하방식, 계분의 처리방식, 예방·방역대책, 농기계·기구의 장비 등에 의하여 영향을 받는다.

그러므로 산란계경영에 있어서 노동계획을 우리나라의 산란계 경영시 투입된 노동력을 기초로 하여 수립한다면 <표 3-27> <표 3-28>에서와 같이 각 작업에 투입된 노동시간과 총노동시간은 산란계의 경우 평균 26.02시간, 육성계의 경우 평균 100수당 2.86시간으로 나타났다.

〈표 3-27〉 산란계 경영에 있어서 노동력 투입량(100수당)

(단위 : 시간)

구 분 \ 사육규모	20,000수 미만	20,000~29,999두	30,000~39,999두	40,000수 이상	평 균
사 료 급 여	6.83	4.35	3.16	2.85	3.51
계 분 처 리	4.37	3.86	3.48	3.33	3.54
방역치료 및 손질	2.47	2.00	1.82	1.53	1.72
집란 및 선란	16.30	14.41	12.86	11.00	12.21
구입 및 판매	3.16	1.92	1.45	1.36	1.64
기 타	3.84	2.79	1.92	3.59	3.40
합 계	36.97	29.33	24.69	23.66	26.02

자료 : 통계청, 전게서, 2011년.

한편 노동력 1인당 계란생산량은 계란의 총생산량과 연간 노동시간에 의해서 산출되며, 계란 총생산량은 계사의 구조, 사육관리방식, 산란계의 품종, 관리자의 사양기술수준(육성률, 폐사율 등)에 영향을 받으며, 연간 노동시간은 농기계·기구의 설비체계수준, 계분처리방식, 계란처리방식 등에 영향을 받는다.

〈표 3-28〉 육성계의 노동력 투입량(100수당)

(단위 : 시간)

구 분 \ 사육규모	20,000수 미만	20,000~29,999두	30,000~39,999두	40.000수 이상	평 균
사 료 급 여	2.71	1.21	1.22	0.54	0.93
계 분 처 리	1.78	1.00	0.90	0.59	0.80
방역치료 및 손질	1.15	0.78	0.54	0.42	0.56
구입 및 판매	0.31	0.23	0.23	0.06	0.12
기 타	0.94	1.63	0.60	0.32	0.45
합 계	6.89	3.85	3.49	1.93	2.86

자료 : 통계청, 전게서, 2011년.

◈ 연 습 문 제 ◈

1. 축산경영계획의 개념과 과정에 대하여 설명하라.
2. 축산경영계획법의 종류를 열거하고 각각의 계획법을 구체적으로 설명하라.
3. 목표설정의 중요성에 대하여 논하라.
4. 목표이익계획이란 무엇인가?
5. 손익분기점이란 무엇인가?
6. 손익분기점과 안전율과의 관계를 설명하라.
7. 한계이익률에 대하여 설명하라.
8. 자본회수점이란 무엇인가?
9. 적정목표 이익달성조수익의 산정공식에 대하여 설명하라.
10. 이익도표작성에 대하여 논하라.
11. 목표소득과 생산계획과의 관계를 약술하라.
12. 대차대조표의 뜻과 작성요령에 대하여 설명하라.
13. 토지계획지표와 관련 요인들에 대하여 설명하라.
14. 자본계획지표와 관련 요인들에 대하여 설명하라.
15. 노동력 계획지표와 관련 요인들에 대하여 설명하라.
16. 낙농경영계획의 주요지표를 상세하게 설명하라.
17. 육우경영계획의 주요지표를 상세하게 설명하라.
18. 양돈경영계획의 주요지표를 열거하고 상세하게 설명하라.
19. 양계경영계획의 주요지표를 간단하고 상세하게 설명하라.

〈참 고 문 헌〉

1. 김희집, 신경영분석, 박영사, 1982.
2. 류제창, 한국낙농경영의 손익분기분석에 관한 연구, 건국대학교대학원 박사학위논문, 1976.
3. 류제창, 낙농경영 설계에 관한 연구-한국축산경영학회지 3권 제1호, 1987.
4. 추헌, 최신경영조직론, 박영사, 1986.
5. 加藤功, 農業經營分析の基礎理論と實證的 研究, 山形大學紀要(農學) 第7卷 第1虎, 1974.
6. 桑原正信編著, 農業の經營分析, 富民協會, 1973.
7. 久保嘉治, 榮農計劃の經濟學, 明文書房, 1963.
8. 金澤夏樹, 酪農の經營計劃と土地利用, 養賢堂, 1978.
9. 今村幸生, 農業經營設計の理論と應用, 養賢堂, 1969.
10. 龜谷昊, 農業投資の經濟營理論, 農林統計協會, 1975.
11. 賴平編, 農業經營學講座 7. 農業經營計劃論, 地球社, 1982.
12. 上領英之, 利益計劃と豫算統制, 東洋經濟新報社, 1969.
13. 石井幹, 畜産の研究 第23券 第4虎, 1969.
14. 栗村哲象, 林業經營計算學, 養賢堂, 1970.
15. 伊達陽, 應用經營分析, 中央經濟史, 1968.
16. 中央畜産會, 草地型 酪農經營の計劃 · 計劃指標, 1978.
    中央畜産會, 耕地型 酪農經營の計劃 · 計劃指標, 1978.
    中央畜産會, 流通飼料依存型 酪農經營の計劃 · 計劃指標, 1978.
    中央畜産會, 乳用去勢牛哺育 · 育成經營の計劃 · 設計指標, 1978.
    中央畜産會, 乳用去勢牛肥育 · 育成經營の計劃 · 設計指標, 1978.
    中央畜産會, 肉專用牛肥育專門經營の計劃 · 設計指標, 1978.
    中央畜産會, 養豚肥育專門經營の計劃 · 設計指標, 1978.
    中央畜産會, 養豚一貫經營の計劃 · 設計指標, 1978.
    中央畜産會, 養鷄採卵專門經營の計劃 · 設計指標, 1978.
    中央畜産會, 養鷄採卵一貫, 育成專門經營の計劃 · 設計指標, 1978.
    中央畜産會, 養鷄ーブロイうー經營の計劃 · 設計指標, 1978.
17. 兒玉賀典編, 酪農經營管劃論, 地球社, 1979.
18. 澤村東平外 2名, 自立經營と經營設計, 明文書房, 1966.
19. 阿部廣雄, 畜産の研究 第32卷 第7號, 1969.
20. A. Gordon Ball, Earl O. Heady Size, Structure and Future of Farm, Iowa State university Press, 1971.
21. Charles T. Horngren Cost Accounting : A Managerial Emphasis prentice-Hall Inc. Englewood Cliffs, 1982.
22. Emery N. Castle, Manning H. Becker, Farm Business Management-the decision- making process, Macmillan Publishing Company, 1971.
23. Geoffrey Holmes. FCA, Accountancy, October, 1970.
24. Gerald R Crowningshield, Cost Accounting : Principles and Managerial Applications, Houghton Mifflin Co. Boston, 1962.
25. Hanno-Martin, Schonfeld, Kostenrechnung II, C.E Poeschel verlag stuttgart, 1972.

26. Homer A. Black, John, E. Champion, R. Gene Brown, Accounting in Business Decisions, Prentice-Hall International, Inc. London, 1967.
27. James H. Rossell, William W. Frasure, Managerial Accounting, Charles E. Merrill Books, Inc. Columbus, Ohio, 1964.
28. Joseph P. Ryan, Food Technology, vol. 24, 1970.
29. Morton Backer. Lylee Lacobson, Cost Accounting-A Managerial Approach, McGraw-Hill Book Co, 1964.
30. Ronald D. Kay, Farm Management-Planning, Control and Implementation, McGraw-Hill, 1981.
31. Spencer A. Tucker, The Break-Even System, Prentice-Hall Inc. Englewood Cliffs, N.J, 1963.
32. T.W. McRae, Analytical Management, Wiley-Interscience adivision of John Wiley & Son Ltd. London, 1970.
33. Willi Zastrau, Handbuch der kostenrechnung, Verlag Moderne Industrie, 1974.

제 4 장

축산경영조직

제1절 축산경영조직의 기본개념

1. 축산경영조직의 의의

축산경영규모가 소규모에서 대규모로 확대되고 이에 참여하는 인적자원이나 물적자원이 증가함에 따라 경영목표에 적합하도록 합리적이고 능률적으로 축산 경영체를 운영하기 위해서는 그 농장의 구성원 및 물적 자원을 유기적으로 결합시킬 필요가 있다. 이 결합을 일반적으로 축산경영조직이라고 한다.

경영조직의 정의에 대해서는 여러 학자의 견해가 있다. 셸든(Oliver Sheldon)은 "조직이란 각 개인 및 집단이 수행해야 할 임무와 실현에 필요한 여러 가지 능력(정신적, 물질적인 능력)을 적절하게 결합하여 그들이 수행하는 직무가 이용 가능한 노력을 능률적, 체계적, 적극적으로 활용하기 위한 최선의 길을 마련하는 과정"이라고 했다.

또한 홀므스(C.Ll Holmes)는 농장에서 사용되는 모든 생산요소, 즉 그 목장의 생산방향, 목장에서 택해지는 일반법칙 등에 따라 실행하는 경영과정"이라고 하였다.

전자의 정의는 인적인 조직에 중심을 둔 반면, 후자의 정의는 물적인 조직에 중점을 둔 정의라 할 수 있다. 결국 여러 가지의 축산경영 요소에 경영적인 요소를 결합하는 방법은 많이 있으며, 그 여러 가지 방법 중에서 경영여건에 가장 적합한 조직을 찾아 내어 생산요소를 결합하고 이를 합리적이고 과학적으로 인적, 물적자원을 조직하는 것을 의미한다.

이러한 축산경영 조직은 가축의 종류, 경영형태(부업, 전업 및 기업), 경영 규모의 대·소목장의 위치 등에 따라 다르게 마련이며, 또한 축산 경영자의 확고한 신념과 실천도 중요한 위치를 차지한다.

2. 경영조직의 목적

축산경영은 경영자의 목표인 적정소득이나 적정이윤의 획득을 위하여 주어진 경영여건하에서 합리적이고 과학적인 조직을 필요로 한다. 이를 위하여 모든 경영활동이 유기적인 관계, 즉 보완관계를 가지면서 효율적으로 결합 조직되어야 한다.

인적조직이 합리적이고 효율적인 작업이 되도록 조직되었을지라도 물적 조직이 인적조직에 합당하지 못한 경우나 이 반대인 경우에 경영성과는 기대하기 어려운 것이다. 다시 말해서 축사, 가축, 사료조달체계 등이 이상적으로 조직되었을지라도 이를 운영하는 인적조직이 비효율적으로 조직되었다면 경영의 성과는 좋지 못할 것이다.

그러므로 축산 경영자는 경영의 목표를 달성하기 위하여 조직력이 필요하며, 조직의 목표를 달성하기 위해서는 다음과 같은 점에 유의하여야 한다.

첫째로, 경영의 목표 및 각 부문별 계획을 능률적, 효율적으로 달성할 수 있도록 조직 상호간의 관계를 파악하여 조직하여야 한다.

둘째로, 인적조직에 있어서는 농장 관리인(농장장, 목부 등)의 창의력이 충분히 발휘될 수 있도록 조직하여야 한다.

셋째로, 각 부문의 담당자의 책임체계를 분명히 하여야 한다.

따라서 축산을 합리적으로 경영하기 위한 경영조직은 농장 관리인(목장의 구성원)들의 능력을 최대로 발휘시켜 축산경영의 목표를 원활히 달성할 수 있도록 권한과 책임 및 지위를 합리적으로 규정하고 동시에 물적인 조직을 적정화함으로써 구성원의 능력을 최대로 발휘할 수 있는 경영환경을 개선해주는데 그 목적이 있다.

3. 경영조직의 요소

경영조직의 본질은 경영목표를 달성하기 위하여 필요한 각 구성원의 직무를 정하고 일정한 권한과 책임을 각 구성원에게 배분함으로써 각 경영부문의 상호관계를 합리적으로 편성하는데 있다. 이러한 경영조직을 합리적이고, 능률적으로 수행하기 위해서는 다음과 같은 조직의 요소가 필요하다.

(1) 부 문 화

부문화란 경영의 목표달성에 필요한 업무 또는 작업을 구분하고 이를 각 부문에 할당하는 것, 즉 동일의 업무 또는 작업을 한 부문에 집중시켜서 부문편성을 하는 방법을 의미한다.

축산경영의 경우 경영관리, 사양관리, 판매 및 구매관리 등의 여러 분야별로 구분되며, 또한 사양관리부문에서도 사료급여, 착유, 위생관리 등 가축의 관리부문과 사료작물 재배관리하는 부문에서는 사료를 생산 공급하는 업무를 담당하는 부문 등으로 구분되는 것처럼 이들 관리도 세분하여 나눌 수 있다.

(2) 직 무

직무란 경영목적을 달성하기 위하여 권한과 책임이 부여된 각 직위를 수행할 일정한 업무의 종류와 범위를 의미한다.

경영자는 축산경영상 업무의 특성과 관리인의 능력 및 적성 등을 고려하여 적재적소에 업무를 할당하여 경영성과를 향상시켜야 한다. 다시 말해서 착유를 하지 못하는 목부에게 착유를 맡기거나, 목초나 사료작물의 재배기술이 없는 목부에게 목초관리를 맡기는 것은 적당치 못할 것이다.

(3) 권 한

권한이란 각 지위에 할당된 업무를 수행하거나 또는 타인에게 수행시키기 위하여 주어진 직권을 실행할 수 있는 범위를 말한다. 이러한 권한은 각 농장관리인 상호간에 협력적인 차원에서 적절하게 권한을 수행할 수 있도록 직위를 배분하여야 하며, 농장관리인이 명확한 책임을 질 수 있도록 체계를 세워야 한다.

(4) 책 임

경영조직의 목적은 각 구성원의 책임체계를 확립하는데 있다. 일정한 업무를 수행해야 할 의무와 주어진 업무를 수행하는 방법 및 결과에 대해서 책임을 지는 것을 의미한다.

예를 들면 우사 내에서 젖소를 관리하는 목부들은 사양관리업무에 대한 수행의 권한을 갖고 있는 동시에 일정한 시간 내에 사료급여와 착유 및 위생관리를 해야 할 책임과 의무가 있다. 만일 관리를 소홀하거나 방심하여 손실이 발생할 경우 도의적인 책임에서부터 경제적인 책임에 이르는 책임문제가 발생하는 것이다.

따라서 경영의 목표달성을 위하여 전 관리인이 최선을 다하는 경우와는 달리 조직체의 일원으로서 그 조직의 목표달성에는 관계없이 개인의 사사로운 이익에 자기의 능력을 소모함으로써 주어진 업무수행을 소홀히 할 경우에는 책임문제가 발생하는 것이므로 책임의 범위와 한계를 분명히 명시하여 목부의 태만을 방지하고 경영의 목표를 달성할 수 있도록 노력하여야 한다.

(5) 직 위

직위란 할당된 직무를 수행하는데 필요한 권한과 책임이 부여된 조직상의 지위를 의미한다. 직위는 직무의 특성(육체적인 노동과 정신적인 노동을 기준으로)에 따라 작업직위와 관리직위로 구분된다. 작업직위란 특정 성격을 띤 일을 주로 수행하는 직무로써 사양관리 목부 및 인부 등을 의미하며, 관리직위란 경영의 기능을 주로 수행하는 직무로서 목장장, 방역계장, 구입계장 등을 의미한다.

또한 직무에는 반드시 권한(authority), 책임(responsibility) 및 의무(duty)가 동시에 요구된다. 이를 삼면등가(三面等價)의 원칙이라 칭한다.

4. 경영조직 구성의 원칙

축산을 효율적으로 경영하기 위해서는 관리조직이 필요하다. 이러한 관리조직은 농장의 경영규모, 경영형태, 경영방침 등에 따라 다르기 때문에 관리조직 편성시 일정한 원칙에 의존함이 조직편성에 효과가 있다.

첫째로, 책임과 권한의 원칙

각 구성원의 업무분담에 있어서 그 상호관계를 명백히 하기 위한 가장 기본적인 원리이다. 조직운영에 있어서 주어진 업무의 수행을 위해서 필요한 권한이 부여되고 동시에 명확한 책임이 부과됨으로써 전체의 통일과 질서를 확보할 수 있는 것이다.

둘째로, 조정의 원칙

경영의 목표를 달성하기 위하여 각각 분화된 경영활동을 전체의 관점에서 최대의 효과를 발휘할 수 있도록 상호간 조정하고 종합하는 것을 의미한다.

셋째로, 위임의 원칙

경영의 규모가 확대됨에 따라 최고경영자가 경영활동의 전부를 담당하기가 어렵기 때문에 경영자(상위자)의 권한과 책임의 일부를 관리인(하위자)에게 위양하는 것을 위임의 원칙 또는 위양의 원칙이라 한다.

넷째로, 전문화의 원칙

조직의 업무를 가능한 한 각 구성원의 적성에 적합하도록 전문화시킴으로써 작업의 능률을 향상시켜 조직의 목표를 달성코자하는 것을 의미한다.

예를 들면, 사료급여와 착유를 담당하는 목부와 사료작물을 재배하는 목부로 구분하여 각각 업무별로 분류·수행하도록 하여 전문화시킴으로써 효율적으로 작업을 수행토록 할 수 있다.

다섯째로, 감독한계 적정화의 원칙

목장의 경영에 있어서 한 사람의 경영관리자(목장장, 과장 등)가 경영을 지휘, 감독할 수 있는 목부의 수에 일정한 한계를 두어야 한다는 원칙을 의미한다. 한 사람의 경영자에 관리인이 너무 과대하거나 과소하여 경영능률이 저하되지 않도록 적정한 고용인을 관리하여야 한다.

여섯째로, 명령일원화의 원칙

경영규모가 확대됨에 따라 인적조직에 있어서 책임소재가 명확해져야 한다. 부하의 통제를 용이하게 하고 상위자의 전체적인 조정이 가능하며, 하위자는 상위자와의 명령·보고 관계가 명백하므로 지위에 안정감을 누릴 수 있는 체계적인 조직체계가 필요하다. 따라서 명령일원화 원칙이란 경영의 조직과 질서체계 확립을 위하여 직속 부하직원에게 지시·명령하는 체계를 의미한다.

일곱째로, 계층단축화의 원칙

축산기업의 경영규모가 확대됨에 따라 고용원의 수가 많아지고 이에 따라 계장, 과장, 부장 등 상하의 계층이 복잡해지면 상하의 명령전달이 불편하고 지연된다. 따라서 이러한 폐단을 없애기 위하여 조직의 계층을 되도록 단축시켜야 한다. 이것을 계층 단축화라고 한다.

여덟째로, 기능화의 원칙

조직 구성원을 기능본위로 조직하여 각각의 직무에 따라 적절한 담당자로 하여금 경영조직의 합리화를 추구하는 것을 의미한다.

아홉째로, 모랄앙양의 원칙

경영성과의 고용원간의 협동의식, 조직의 공동목표를 위한 상호협력체계가 확립됨에 따라 영향을 받는다.

이러한 요인들은 인적인 조직상의 사기앙양을 의미하는 것으로써, 이는 구성원에 대한 금전적인 인센티브(incentive) 뿐만 아니라 비 금전적인 요인에 의해서도 이루어진다.

열번째로, 탄력성의 원칙

조직체는 경영의 환경, 즉 관습과 전통이 고정화됨에 따라 보수적인 경향에 의해서 조직의 내적 균형이 유지되더라도 외적인 변화에 적응, 유지되지 못하는 경향이 많다. 따라서 변화하는 경제사정에 따라 경영형태와 방법을 적절하게 적용할 수 있는 경영조직이 필요하다.

이상과 같은 경영조직의 원칙은 농장의 필요한 업무를 효율적으로 집행할 수 있는 최소한의 원칙으로 이를 개별적인 원칙이 아닌 상호 보완적인 원칙으로 삼아야 할 것이다.

5. 축산경영 조직의 선택

축산경영은 생산요소의 조직적인 생산활동이므로 경영의 목적을 달성하기 위하여 주어진 경영조건을 가장 합리적으로 구성하여야 한다. 이를 위하여 경영요소 상호간의 경합적인 관계를 배제하고 될 수 있는 대로 각 요소 및 부문간 보합적인 관계가 이루어져야 한다. 물론 이러한 보합적인 관계는 경영외적인 시장가격의 변동에 의해서 조직이 다르게 되므로 어디까지나 상대적인 규정이라 할 수 있다.

이러한 경영조직은 선택하는데 있어서 중요한 요인으로,

첫째, 축종간의 비교우위론에 근거한 조직이어야 한다. 생산요소를 가장 유효하게 이용하여 토지, 노동 및 자본생산성이 최대로 발휘되어 소득과 이윤을 극대화할 수 있는 경영을 비교유리성의 원칙 하에 선택하여야 한다.

각 가축간의 개별적인 유리성을 비교하여 유리한 축종을 선택하거나, 경종농업의 작물과 가축의 축종을 함께 경영할 경우 이러한 축종과 작물 선정은 생산의 안정적 지속성, 생산요소의 효율성 극대화 및 소득과 이윤의 최대화 조건하에서 이루어져야 한다.

둘째, 환경조직은 경영의 적합성에 의해서 판단하여야 한다. 적합성이란 자연적인 조건, 경제적인 조건 및 사회적인 조건 등의 판단을 기초로 하여 경영자에게 가장 유리한 축종과 경영조직 형태를 취해야 한다.

축종과 경영조직과의 적합성을 판단하는 요인으로 ① 입지조건의 적정여부, ② 가축두수의 적정여부, ③ 가축두수와 사료작물 및 목초재배의 적정여부, ④ 가축두수와 자원과의 조직의 적정여부 등을 고려하여야 한다.

제2절 축산경영 조직의 결정조건

축산경영은 거시적인 입장에서 보면 지역적인 조건에 의해서 가축의 종류 및 경영형태를 다르게 경영하는 지역성이 존재하는 한편, 미시적인 입장에서는 경제적인 조건에 의해서 경영조직을 변형함으로써 가장 유리한 경영을 취할 수 있다.

육우경영에 적합한 입지로 간주된 지역일지라도 번식돈 또는 비육돈을 전문으로 경영하는 지역이 형성되는 경우나 경영형태에 있어서 부업형태에 적합한 지역에서도 이를 변형한 계열화 경영형태(integration)로 발전하는 경우 등은 축산경영 조직이 경영형태에 많은 영향을 미치는 예다.

따라서 축산경영의 목표를 달성하기 위해서는 경영조직을 적정화시켜야 하며, 합리적인 경영조직을 세우기 위해서는 조직에 앞서 환경여건을 분석·검토하여야 한다.

축산경영 조직의 정도에 따라 경영형태를 취하는 원인을 분석하고, 축산경영 형태에 있어서 어떤 때에는 복합경영이 되기도 하고 어떤 때에는 단일경영이 되는 것은 어떤 요인에 의한 영향인지를 명확히 규명하여야 한다.

다시 말해서 축산경영 조직의 변화, 즉 분업화가 어떤 요인에 의해 발생하는가를 명확히 하여, 첫째 축산경영 측면에서 지역전체가 경영조직 성립에 미치는 요인, 둘째 개별경영 측면에서 경영조직을 결정하는 제요인, 셋째 단일경영과 복합경영의 성립조건 등에 관해서 살펴보기로 한다.

1. 축산경영단지 성립의 조건

(1) 자연적인 조건

지역적으로 축산경영 형태가 성립하는 것은 자연적인 조건이 서로 다르기 때문이다. 자연적인 조건에는 기상조건(온도, 습도, 강우량, 일조시간, 무상기간, 바람상태 등)과, 토지조건(토질, 물, 지형, 지세, 고도, 산도 등)이 있다.

축산물 생산은 자연의 이용에 있으며 또한 자연에 대한 적응에 있으므로 축산물의 생산은 자연적인 상태라고 할 수 있다.

1) 기상조건

기상의 조건은 온도, 습도, 강우량, 일조시간, 무상기간, 바람의 상태를 의미하는 바, 이러한 조건들과 가축의 생리적 조건 및 사료작물의 생리적 조건과의 관계가 상호 부합될 수 있어야 한다.

첫째, 기온의 경우 가축 및 사료작물에 많은 영향을 미친다.

기온에 가장 민감하게 반응을 일으키는 젖소의 경우 가장 적합한 온도는 12~20℃정도이며 25℃ 이상이 되면 유량이 감소되고, 산란계의 경우에는 온도가 높아질수록 산란율이 떨어진다. 기온은 지역적인 조건이 동일한 지역일지라도 해발고도에 따라 상당한 차이가 있다.

둘째, 축산경영에 있어서 기온에 못지 않게 중요한 것은 강우량이다.

젖소의 경우 20kg의 우유를 생산하기 위해서는 1일 1두당 음료수, 젖소세척 및 청소를 위하여 필요한 물의 양이 약 120ℓ가 소요되며, 또한 우사의 청소 및 사료작물 재배에 충분한 물이 필요한 것이다.그러나 우리나라의 경우 가뭄이 많고 연중 강우량이 균등하지 못하여 지하수개발 및 관개시설이 필요한 실정이다.

2) 토지조건

토지조건은 사육코자하는 축종 및 사료작물 재배와 밀접한 관계를 가지고 있다. 토지의 특성인 토질의 경우 큰돌과 자갈의 유무, 토양의 종류, 표토의 깊이 등 물리적인 성질과 유기질의 다·소, 산도 등의 화학적인 성질, 목초나 옥수수 등의 재배에 유용한 미생물의 종류와 다·소 등 생화학적 성질을 토질의 기본적인 조건으로 한다.

또한 지하수는 사용적합 유무가 중시되고 수리관계, 즉 수리의 지하수 고저, 건조다습의 관계 등은 토지이용에 빼놓을 수 없는 조건이며 표고의 높이, 경사도, 경사방향 및 토지의 기폭상태 등의 지형 및 지세는 축산경영에 중요한 자연조건이다.

이상의 자연조건 이외에 경영규모의 확대와 인력의 부족에 따른 축산경영의 기계화 추세에 토지조건이 과연 기계화의 가능성을 지니고 있는가를 분석하여야 한다. 각 지형에 적합한 작물의 생산 가능성과 경영자의 작물선택 가능성을 파악하고 폭의 확대와 안정적이고 계획적인 수확량, 동일한 생산량을 위한 생산비의 저렴화, 경영확대의 가능성과 집약적인 경영 등에 따라 "비교우위성의 법칙"에 의한 축종선택 및 경영조직이 필요하다.

예를 들면 A지역과 B지역에 있어서 A지역이 B지역에 비하여 사료작물 재배 또는 가축사양에 유리할 경우 A지역을 선택하는 것이 유리하게 된다.

(2) 시장과의 조건

축산경영 조직에 영향을 미치는 환경조건으로써 자연적 조건 이외에 경제적인 조건도 무시할 수 없다. 목장과 시장과의 절대적·경제적인 거리와의 관계, 시장의 크기(대상 소비자의 수, 소득수준, 대체재와 보완재의 유무), 가격조건(시장가격, 산지가격, 대체재 및 보완재의 가격) 등이 경영조직에 밀접한 관계를 지니고 있다.

1) 경제적인 거리

토지 이용형 축산경영은 대소비지로부터 비교적 원격지에 입지한다. 이는 양축가의 일물일가의 법칙에 의해서 운반비의 발생으로 축산물의 실질 수취가격이 낮아지고, 생산요소 구입에 있어서도 가격이 높게 된다. 소비 및 생산요소 시장과의 거리가 멀 경우 도시근교의 지역보다 생산물의 수취가격이 낮고 생산요소의 지불가격은 높기 때문에 경영상의 불리한 조건이 된다.

따라서 소비시장에 가까울수록 가격에 비해 부피가 크고 무거운 농산물이나 부패성이 강한 축산물의 생산은 토지를 집약적으로 사용하는 경영형태가 발달하게 되고, 소비시장에서 멀어질수록 단위가격당 운반비가 적은, 즉 가격에 비해 부피와 무게가 적은 동시에 운반하기 쉬운 축산물을 조방적으로 생산된다.

이처럼 목장과 농축산물 시장과의 거리에 따라 경영형태도 규제를 받게 된다. 이러한 이론으로서 독일의 농업경제학자 J. H. V. Thünen은 그의 명저 "Der Isolierte Staat(고립국)"에서 시장과 수송거리와의 관계로써 농업경영방식이 어떻게 변화하는가를 모델로서 발표하였다. 여기서 외계로부터 독립된 한 나라를 가정하여, 그 독립국의 중심에는 유일한 소비도시가 있다고 가정하고 그 도시에서만 사료의 제조판매 및 생산물 판매가 이루어지며, 생산자가 생산한 생산물은 생산자 자신의 소비량을 제외하고 모든 생산량을 도시시장에 판매하며 이는 도시시장의 수요량과 일치한다.

또한 고립국의 토양은 일정하고 비옥하고 기후조건에 있어서도 차이가 없고 지형은 모두 평탄하며 운송은 마차 이외에 다른 운송수단은 존재하지 않아 경영형태에 관계없이 합리적으로 경영한다고 가정하였다.

이상과 같은 전제 조건 하에서 생산자에게 최대의 토지수익 내지 지대를 가져오는 경영방식은 생산요소, 생산물의 가격 및 운송비 등에 의해서 결정된다. 이의 결과는 <그림 4-1>에서 보는 바와 같이 도시를 중심으로 환장분포의 경영방식을 나타낸다.

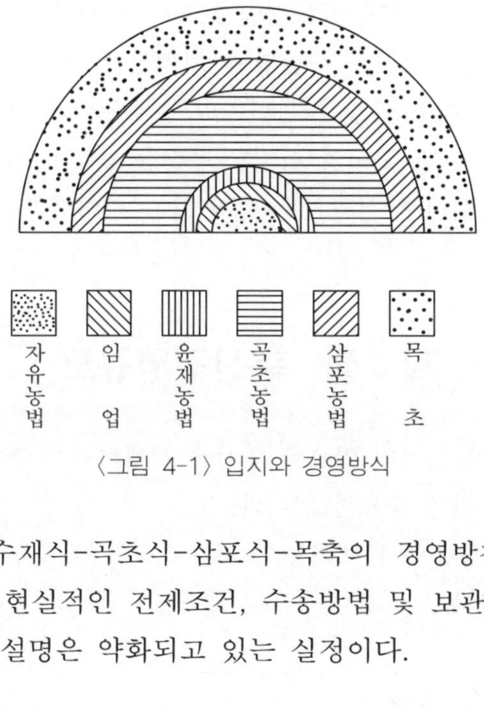

〈그림 4-1〉 입지와 경영방식

즉 자유식-임업식-수재식-곡초식-삼포식-목축의 경영방침을 형성한다. 그러나 Thünen의 고립국의 비현실적인 전제조건, 수송방법 및 보관비의 발생 등으로 말미암아 오늘날 입지론의 설명은 약화되고 있는 실정이다.

2) 축산물의 가격조건

축산경영에 있어서 경영성과에 직접적으로 가장 큰 영향을 미치는 것은 가격조건으로써 이 또한 경영조직 영향을 미친다. 수요와 공급의 조건에 의해서 또는 정부의 지도, 통제에 의해서 형성되는 가격이 상승할 경우와 가격이 하락할 경우에 축산경영에 미치는 영향에 의해서 최대의 이익확보 및 비용의 최소화를 위하여 경영방식을 합리적으로 조직화하여야 한다.

3) 축산물 시장의 대·소

축산물의 가격이 저렴하고 수요시장이 넓을 경우 생산위주의 경영운영을 하는 반면, 가격이 높고 수요시장이 협소할 경우 생산비 절감을 위한 경영형태 및 경영조직을 한다.

생산비 절감의 한 형태로써 경영입지의 변경, 축종의 전환 등 외형적인 변화와 함께 관리인의 작업개편 및 시설의 변경 등 내적인 변화를 하게 된다. 이처럼 경영조직의 시장 대·소에 대한 영향은 자유로운 경쟁 하에서 촉진되는 것으로 거시적인 입장에서는 축산업의 발달과정이다.

(3) 사회적인 조건

축산경영 조직에 있어서 자연적인 조건, 경제적인 조건뿐만 아니라 각종 주요 축산정책과 축산에 대한 사회적인 인식에 대해서도 고려해야 한다.

이러한 조건으로써 첫째로 법적, 제도적인 조건에 의해서 축산경영조직이 영향을 받는다. 축산진흥정책 실시의 유무, 즉 생산정책, 가격정책, 유통정책, 관세(수입) 정책, 축산금융정책과 효율적인 행정조직 및 축산단체의 존재유무와 활동에 영향을 받는다. 둘째로 사회적인 전통과 풍습 및 국민의 식생활 풍습을 들 수 있다. 예를 들면 인도와 같은 나라에서는 우유는 마시면서 쇠고기를 먹지 않는 사회적인 전통과 풍습이 축산조직을 변화하게 하는 예다.

제3절 축산경영규모

축산을 경영하고 있는 경영자나 앞으로 축산을 시작하려는 경영계획 수립자에게 있어서 경영규모를 결정하는 것은 중요한 것이다.

따라서 본장에서는 경영규모의 개념을 살펴보고, 적정규모를 파악하며, 각 경영형태에 대해서 살펴보고자 한다.

1. 축산경영규모의 개념

경영규모에 대한 개념은 경영자, 정책자, 연구자의 입장에 따라 다르다. 즉 정책주체의 입장에서 경영규모의 문제는 경제성장에 따른 농업인구의 감소와 축산물의 수요증감의 변화에 따른 생산구조의 변화를 감안한 규모이다. 경영자의 입장에서는 경영자가 소유하고 있는 토지, 자본재 및 노동력을 비롯한 경영자의 경영능력을 감안한 규모이고, 경영연구자의 입장에서는 모든 조건이 일정하다고 가정할 때 규모의 경제성을 분석한 의미이다.

이렇게 각 입장에서 본 경영규모에 대한 견해를 구체적으로 살펴보면, 大槻正男교수는 "경영규모라고 하는 것은 경영능력에 결합되어지는 토지(토지면적), 노동력(노동자수) 및 자본(자본재)의 크기를 합한 것이다"라고 정의하였다.

그 후 농업구조문제가 농업정책의 중심과제가 되어 자립경영농가의 육성, 경영규모의 확대가 대두되던 시기에 와서 "경영활동의 크기를 의미하는 경영규모는 기본적으로 농업자본의 크기로 표현되는 것이지 결코 농장의 면적이나 경영면적을 의미하는 것이 아니다. 그렇지만 가족경영의 경우는 자본의 크기 내지는 가족의 노동력수의 이중개념으로 이해하여야 된다"고 정의하였다.

한편 加用信文 교수는 "경영규모는 생산요소 중 고정적인 요소, 즉 노동과정에 노동수단과 결합하는 개념, 조업도개념은 유동적 요소, 즉 노동대상 및 노동력의 투입과 관련하는 것으로 대응한다"라고 피력하였다.

위의 내용을 종합해 볼 때 축산경영규모란 축산물을 생산하기 위해 필요한 생산요소의 크기라 할 수 있다.

2. 축산경영규모의 척도

경영규모를 나타내는 기준으로써 농장의 면적, 경지면적, 사료작물면적, 주요 작물면적, 주요 가축두수, 기계시설 및 노동수단의 수량, 환산 노동력, 총수익액(총생산액), 총가축단위, 생산가축단위, 생산자노동단위로 구분된다.

한편 이를 다시 각 주요 측정요소별로 구분하면, 첫째 토지를 규모척도로 삼는 경우에는 경지면적, 작부면적을, 둘째 노동을 규모척도로 삼는 경우에는 표준노동일수, 생산노동단위, 셋째 자본을 규모척도로 삼는 경우에는 사육두수, 고정자본투자액, 총경영자본액 등을 이용한다.

우리나라의 경우 토지이용형 경종산업에 있어서는 경지면적에 의해서, 축산경영에 있어서 대표적 기준은 해당 가축의 사육두수에 의해서 경영규모를 표시한다.

3. 경영규모의 경제성

경영규모가 확대됨에 따라 확대되기 전보다 비례적으로 소득이나 이윤 또는 생산량이 증가하는 경우도 있고, 상대적으로 감소하는 경우도 있다. 이러한 변화 중 생산규모가 확대됨에 따라 평균생산비는 감소하고 수익이 체증하는 현상을 규모의 경제성이라 하며, 이는 생산요소이용에 제한성이 없고 기술선택이 있어서도 자유롭게 할 수 있다는 조건화에서 이루어진 장기적인 개념이다.

규모의 경제성에 대한 개념을 <그림 4-2>에서 살펴보면 다음과 같다. 각 생산규모에 따라 대응하는 단기평균비용곡선을 SAC , 단기평균비용곡선을 포괄할 수 있는 장기평균비용곡선을 LAC라고 할 때 각 생산규모에 다른 한계비용(MC)과 축산물가격(P)이 일치하는 점 A가 최유리 조업도가 되며, 그 조업도에 대응하는 평균비용과 가격과의 차이가 단위생산당 이윤이 된다.

그러므로 점 A가 적정규모가 되는 점이며, A점 이전의 경제구간을 규모의 경제라 하고, A점 이후의 경제구간을 규모의 비경제라고 한다.

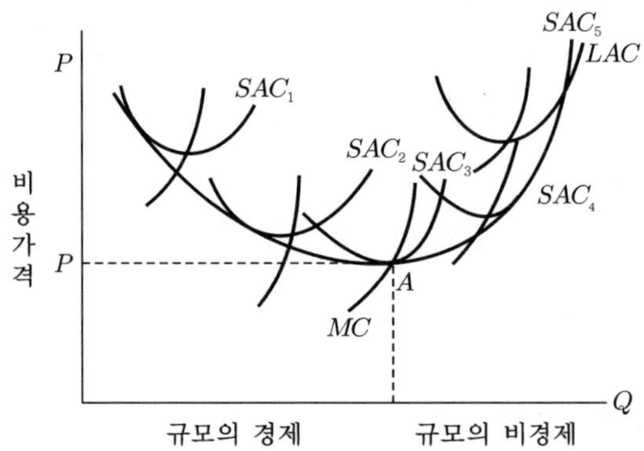

〈그림 4-2〉 비용곡선

한편 생산함수에 의한 계량적인 표현에 의하면 다음과 같다.

생산함수 $Y=F(x_1, x_2, x_3, \cdots\cdots x_n)$라 하고 x_1에서 x_n에 이르는 생산요소의 투입량을 각각 a배로 증가(또는 감소)한 경우 생산량이 Y'가 된다고 하자.

$$Y'=f(aX_1, aX_2, aX_3, \cdots\cdots aX_n)$$

이 결과의 Y'와 처음의 Y를 비교할 때 Y'와 Y의 관계는 다음과 같이 세 가지로 구분할 수 있다.

(1) $Y'<aY$

(2) $Y'=aY$

(3) $Y'>aY$

여기에서 (2)의 경우에는 투입량을 a배하면 생산량도 동일하게 a배가 되는 경우로써

경영규모의 확대에 대하여 비례적으로 수확이 증가하는 조건이고

(1)은 규모의 수확체감의 경우, 규모의 비경제성인 조건이며,

(3)은 규모에 관한 수확체증의 경우로써 대규모생산의 유리성(규모의 경제성)이 발생하는 조건이다.

이와 같이 규모의 경제성이 존재하는 A점이 소규모 경영에 대한 대규모 경영의 우위성을 나타내는 것이다.

이는 첫째로 분업 및 전업에 의해서, 즉 협업경영, 기계화 영농집단경영 및 대형기계의 공동이용경영 등에 의해서 투입물의 생산성 증가가 평균비용의 인하를 가져오며, 둘째로 생산요소의 불분해성과 시설비용의 불비례성에 의해서, 즉 생산요소 중 수량적으로 분할의 한계성이 있는 경영에 또는 일정량의 산출량의 증가에 대한 불비례적인 증가에 의한 평균비용의 저하에 있다. 셋째로 대규모의 구입 및 판매의 유리성에 의해서, 즉 생산요소를 대량으로 구입하여 가격의 인하와 생산물의 대량판매에 의해 단위당 높은 판매가격을 받는 대규모의 유리성에 의한다.

이러한 규모의 경제성은 소규모 경영에 비해 대규모 경영이 우선한다는 근거를 의미한다.

4. 대규모 경영성립

대규모 경영이 소규모 경영에 비해 유리성이 나타나는데, 이러한 대규모경영의 유리성은 미곡을 중심으로 하는 경종농업에서보다 가축의 생산물을 목적으로 하는 유축농업, 즉 축산경영에 있어서 더욱 뚜렷하다. 이렇듯 대규모 경영의 성립은 경영상의 유리성에 기인하는 것이며, 또한 대규모 경영성립을 위한 조건에 의해서 이루어진다.

(1) 대규모 경영의 유리성

이론적으로 대규모 경영이 소규모 경영에 비해 생산성과 수익성이 유리한 원인을 살펴보면 다음과 같다.

첫째, 생산상의 유리성에 있다. 즉 노동생산성과 자본생산성의 유리성에 있다.

구체적으로 말해서 능률적인 기계·시설의 효율적인 이용에 의해서 1인당 관리두수 및 관리면적이 증가됨으로써 노동비의 절감효과를 가져오고, 다수의 사육두수에 의해서 농기구 및 시설의 투자에 대한 두당 생산비가 상대적으로 절감되며, 기술상의 취득용이성에 의한 생산성의 증대를 가져오기 쉽다. 또한 분업, 협업 등에 의해서 노무조직이 책임분담제에 의해서 합리화가 되기 쉽고, 외부적인 변화(가격, 생산량 및 소비량 등)에 대한

적응도가 비탄력적이므로 안정적인 공급이 가능하다.

둘째 유통상의 유리성에 있다. 생산자재(사료, 약품 등)의 대량구입에 의해서 저렴한 가격으로 구매가 가능하고, 생산한 축산물의 표준화 실시로 인하여 대량 소비처와 대량 공급연결이 가능함으로써 안정적인 경영이 유지되며, 소비시장의 현황에 대한 정보의 혜택을 받기 쉽다.

셋째, 신용상의 유리성에 있다. 경영자의 대외신용력이 높기 때문에 신용취급상 자금 조달이 쉽고, 대규모 기업에 의한 실습생과 견습생의 유치에 의해 선전효과도 가능하다.

(2) 대규모경영의 성립조건

축산경영에 있어서의 토지의 이탈화, 기술의 상대적인 중요성과 생산확대를 위한 차입금에 의한 사육두수확대, 기계·설비의 도입 등 무계획적인 규모의 확대는 경영을 도산시킬 수 있다.

이러한 대규모경영의 문제는 투자의 문제뿐만 아니라 경영자의 여건 하에 철저한 투자분석과 어울러 다음과 같은 기본적인 조건이 선행되어야 한다.

1) 경영자본의 조건

대규모 경영은 소규모 경영에 비하여 많은 자본을 필요로 한다. 자본은 현실적으로 유리성과 지속성이 존재하여야 한다. 또한 대농기구의 구입, 건물(우사 등) 신축 및 증축 등과 같이 고정자본의 투자에 대해서는 투자의 순서를 작성하여 사육두수 및 생산량에 대한 고정자본의 부담이 과다할 경우 감가상각비가 증대하고, 감가상각비는 고정비에 영향을 주어 결국 생산성과 수익성에 많은 영향을 미치게 된다. 따라서 고정자본의 과다한 투자, 특히 차입자본에 의한 투자에 대해서는 철저한 투자분석이 요구된다.

첫째, 투자는 수익성과 직접적으로 관련이 있는 고정자산부문 예를 들면, 유우나 육우 비육·번식경영에 있어서 토지를 많이 보유해야 할 경우에는 가축과 토지부문에 산란계 경영, 육계경영 및 번식돈 경영 등과 같이 토지 면적을 크게 필요로 하지 않는 경우에는 우량한 가축부문에 투자함이 좋다.

둘째, 성력화가 필요한 부문 예를 들면, 축산경영에 있어서 규모의 확대에 따른 기계 및 시설에 효율화가 존재하는 경우 이를 구입함으로써 노동생산성의 증대 및 생산비의 절약을 가져오는 등 직접적으로 경영성과를 향상시킬 수 있는 부문에 투자해야 한다.

셋째, 고정적인 경영부문보다 유동적인 경영부문 예를 들면, 비육우, 산란계 경영 및 육계 경영 등 생산주체인 가축이 구입된 경우 생산을 위해 필수적인 시설이 구비된 후에는 생산요소인 사료구입 부문에 투자해야 한다.

이러한 투자자본이 차입자본인 경우에는 차입금의 이자율과 투자자본의 이익률과의 관계, 즉 자본이익이 차입금의 이자율을 상회하여야 하며, 차입금과 상환의 계획, 즉 차입금의 한도액(=연간 원금상환액 ×차입금의 상환기간)에 의해 연간 원금상환금액이 양축농가의 잉여금보다 적게 계획을 세워야 한다. 고정자본 중 차입금이 차지하는 비율관계, 즉 고정적으로 투자한 차입금이 차입금 이자와 감가상각액(원금상환액)을 합한 금액을 회수할 수 있는 범위 내에서 투자가 가능하다.

따라서 목장경영에 있어서 자본투자의 조건은 차입자본과 자기자본의 비율, 고정자본과 유동자본의 비율, 자본회전율 등이 안전하고 투자효율이 양호할 경우에 대규모 경영이 가능하나, 투자계획이 무계획적이고 사양관리의 비효율화에 의해서 양호하지 못할 경우 농장은 도산하게 된다.

2) 기술적인 조건

기술적인 조건의 지표가 되는 요인이란 노동 생산성이 높은 조건, 다시 말해서 노동절약형 기술향상을 의미하는 것이다. 이 노동절약형 기술향상은 기계 및 시설의 도입에 의한 작업의 분업화, 작업의 단순화, 작업의 표준화 등에 의해서 생산단위당 수익이 증대함을 의미한다.

또한 생산단위당 수익의 증대는 산유능력의 향상(낙농경영), 산란능력의 향상(산란계경영), 비육능력의 향상(비육우, 비육돈경영), 사료효율의 향상, 분만간격의 단축, 산자수의 증대 등과 관련된 기술적·인적 생산체계의 확립에 의해 대규모 생산의 유리성이 존재할 경우를 의미한다. 즉 연결되지 않을 경우 기술도입은 경영의 악화를 야기한다.

따라서 대규모 경영에 있어서 기술적인 조건은 대규모 경영에서 발생하는 기술적인 접근 용이성과 기술도입이 비가시적인 관리인의 능력이나 기계의 구입에서 오는 경영성과와 투자로 인하여 발생하는 모든 비용, 즉 자본이자와 제반 경비를 비교할 때, 또한 생산비와 수익성을 비교할 때 기술도입에 의한 생산성과 수익성이 증대하는 한도에서 대규모 경영의 기술적인 의의가 존재하는 것이다.

3) 경영능력

대규모 경영이 주어진 경영조건하에서 생산량을 최대화하고, 가격변동하에서 축산물을 높은 가격에 판매하며, 생산에 필요한 생산요소를 가장 저렴하게 구입함으로써 최대의 수익 및 이윤을 지속적으로 유지할 수 있는 경영자의 능력은 대규모 경영을 위한 필수적인 것이다.

따라서 경영자는 경영능력, 즉 기술적인 측면과 경영적인 측면이 경영규모의 제약적인 요인으로 작용하므로 경영자는 대규모 경영하에서 이를 운영할 수 있는 능력을 발전시켜야 한다.

5. 경영규모의 확대

수익이 증대될 경우에 경영규모를 확대하고자 할 때 소규모에 대한 대규모 경영의 우위론에 바탕을 두고 있으며, 그 방향은 적정규모론에 두고 있다.

경영규모의 확대를 위해서는 먼저 기술적인 측면과 총투자 자본측면에 입각하여 경영규모확대와 조업도의 개념에 대해서 살펴보고자 한다.

(1) 축산경영규모 확대의 개념

축산경영상 경영규모 확대란 생산요소의 투입량을 증대함으로써 산출량의 증대를 꾀하는 것이다. 생산요소를 증가 투입함으로써 산출량, 이윤 또는 소득의 증대를 가져오는 과정을 의미하며, 이러한 경영규모의 확대를 지역별, 경영형태별 등에 의해서 그 방법이 다르다. 예를 들어 지가가 생산비에 높게 차지하지 않는 초지형 낙농경영형태의 경우 토지구입에 의한 외형적인 경영규모의 확대가 가능하다. 그러나 제한된 면적하에 농후사료 중심의 근교낙농경영의 경우에는 지가의 상승에 의해서 경영규모의 외형적인 확대가 어려우므로 일정한 면적에 생산요소의 집약화를 토한 내형적인 경영규모의 확대를 이루어야 한다.

경영규모의 확대의 원칙은 투입 생산요소간의 경제적인 결합원리에 따른 생산량의 확대, 즉 경영규모의 확대가 이루어져야 한다. <그림 4-3>에와 같이 생산요소의 결합에 의한 비용과 수입의 차가 최대가 되는 점 A가 되는 경영규모, 즉 적정규모 하에서 경제적 이익이 존재하는 경영규모의 확대가 이루어져야 한다.

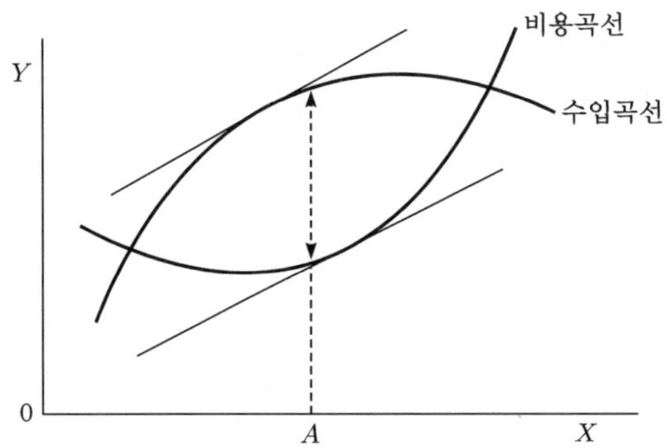

〈그림 4-3〉 경영규모의 확대

경영규모의 확대는 기술적인 측면과 자본적인 측면에서 파악해야 한다. 개별경영이 경영확대를 하기 위하여 신기계 및 시설을 구비하여 생산단위당 생산비를 평균 개별농가의 생산비보다 절감함으로써 잉여가치(=이윤)를 발생시키고자 하는 경영자의 목적이 새로운 기술, 새로운 자본에 의한 경영의 확대를 가능하게 한다. 또한 물적 규모의 확대를 위한 자본규모의 확대는 자기자본에 의한 추가자본인 경우에 안정성이 있으나 다액의 자본을 차입에 의존할 경우 경영규모의 확대는 부채의 확대가 된다.

한편 경영규모의 확대가 생산비용의 절감과 유통상·신용상의 잇점을 갖는 반면 일시적인 규모확대에 따른 일시적인 비용상승, 규모확대에 수반되지 못한 기술상의 부조화, 즉 규모의 비경제성이 존재할 수 있다. 관리 고용의 생산제요소 및 생산물에 대한 부주의로 손실이 증가되고, 분뇨처리 등 규모확대에 따른 시설부과 등에 의해서, 확대를 위한 토지의 지가상승 등에 의하여 규모의 확대가 제한되고 있다.

따라서 규모확대에 의한 수익증대는 기술적인 측면의 생산효율화 향상, 경영적인 측면의 경영체계의 합리화 및 효율화에 의해서 달성될 수 있다.

(2) 경영의 집약화

생산성을 높이기 위한 경영방법 중의 하나로써 집약적인 경영활동이 필요하다. 경영의 집약도는 일정한 경영 단위면적에 투하되는 노동력과 자본재의 양을 의미한다. 또한 경영의 집약화는 일정한 면적에 투하되는 노동력과 자본재가 비교적 조방적인 경영과 이와 반대로 노동력과 자본재의 투하량이 비교적 많은 집약적인 경영으로 구분할 수 있다. 즉 노동집약형과 자본집약형으로 구분할 수 있다.

그러나 집약도는 1차산업에서 수확체감의 법칙이 작용하기 때문에 적정한 수준결정이 중요하며, 이에 따라 개념파악에 있어서도 많은 견해가 있다.

독일의 Brinkmann 교수는 경영집약도를 파악함에 있어서 경영에 투하된 노동력과 자본재의 양을 경제적인 통일적 가치로 파악하고자 하였다.

$$\text{즉, } I = \frac{A + K + Z}{F}$$

여기에서 : I(Intensität) : 경영집약도
A(Arbeit) : 노동비
K(Kapital) : 경영자본
Z(Zins) : 경영자본이자
F(Fläche) : 경영면적

위의 식은 "단위경영면적에 투하된 노동비용과 자본비용의 크기"를 집약도로 본 것으로서 화폐액을 표시한 것이다.

그러므로 위의 식은 동일한 지역과 동일한 시간에 경영집약도를 통일적으로 표현할 경우에 상호비교가 용이한 장점이 있는 반면에 다른 지역과 다른 시간일 경우 화폐가치의 변화에 의해 상호비교가 곤란한 단점이 있다.

독일의 Aereboe 교수는 경영집약도를 경제적 가치가 아니라 어디까지나 물적, 기술적인 의미로 해석하여 노동력과 자본재의 양을 파악하고자 하였다. 집약도를 결정하는 요소는 토지에 투하된 자연적, 물적 투하량이며 화폐가치로 본 경비가 아니라고 하는 것이다. 그러나 상호 이질적인 노동일수와 비료, 축력 등의 수치를 통일시킬 수 없는 것이 문제다.

독일의 Von der Goltz는 집약도를 농업자본 중에서 토지자본에 대한 타자본의 투하비율로써 파악하려 하였다. 이 방법에 의하면 집약도를 통일적으로 표시할 수 있고, 또 비교할 수 있는 장점이 있으나 노동비용이 고려되지 않았다는 점과 토지자본평가의 기초가 되는 시장에서 판매되는 일반 상품과 같이 거의 동일된 가격이 아니고 도시근교, 인구밀도 기타 지역적인 특성에 따라 가격이 형성됨으로 인하여 심한 가격차를 나타내는 문제점이 있다.

이상의 세 가지 견해 중 가장 일반적으로 널리 활용되고 있는 것은 Brinkmann 교수의 견해라 할 수 있다.

한편 축산경영 내의 집약화 방법 중 일정 작목에 있어서 변동비의 증가를 야기하는 부문에 집약화를 실시하고, 경영부문 상호간의 집약도 및 이에 수반되는 경제성을 평가하여 가장 효율적인 방법을 실시하며, 토지가 일정한 경우 토지의 시간적, 공간적인 이용을 증대하고 여휴상태를 방지하는 집약화를 실시하는 것이 바람직하다.

<그림 4-4>에서와 같이 한계 수익곡선과 한계 비용곡선이 만나는 B점이 최대이익을 얻을 수 있으므로 D점까지 집약화해야 한다.

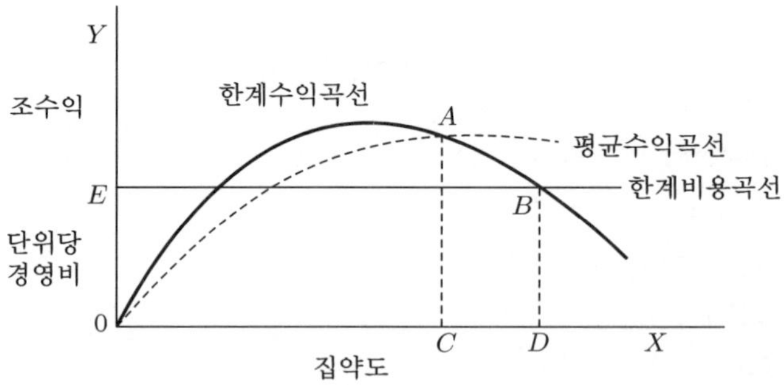

〈그림 4-4〉 집약도의 한계

또한 집약적 경영에 의해서 구분할 수 있는 노동집약적 경영과 자본집약적 경영은 지역적인 환경에 따라 경영방법이 상이하다. 대체로 선진국이 아닌 국가는 노동력이 충분하고 자본력이 약한 경영구조 하에서는 노동집약적·자본조방적인 경영형태를 취한 반면, 미국과 같이 자본이 많고 노동력이 부족한 나라의 경우에는 자본집약적·노동조방적인 경영을 하게 된다.

한편 축산경영에 있어서 자가노동력이 풍부하고 자본력이 약한 경영여건에서는 노동집약적·자본조방적 경영조직을 취하는 것이 유리하고, 노동력이 부족하고 자본의 여우가 있을 경우에는 자본집약적, 노동조방적인 경영조직이 유리하다.

6. 적정규모

(1) 적정규모의 개념

경영의 목표를 달성하기 위하여서는 경영요소의 합리적인 조직이 요구되며, 경영방식의 선택, 노동력 구성과 노동생산성 향상을 위한 축산자본의 집약도가 높아질수록 수익과 비용의 차액이 감소하는 등 수익체감의 법칙이 작용하므로 적정규모의 선택이 필요하다.

이러한 경영규모의 적정화에 대한 몇 가지 개념을 살펴보면,

첫째, 로빈슨(E.A.G. Robinson)은 기업규모의 가장 효율적인 단위인 적정규모기업이란 현재의 경영능력, 기술조건하에서 단위당 평균생산비, 즉 장기에 걸쳐 지불되는 모든 비용을 포함한 평균비용이 최저가 되는 기업의 규모라고 규정하였다.

둘째, 마샬(A. Marshall)은 처음에 소규모로 출발하여 점차적으로 기업규모의 거대화를 실현해 간다는 기업의 상향가동을 전제로 하면서 삼림 속의 묘목이 대목으로 성장하는 것과 같다는 이른 바 삼림비유설을 전개했다. 즉 많은 신규의 기업군이 부단히 교체되는 가운데 어떤 특정한 크기를 가진 정상적인 대표적 기업의 규모는 존속·발전한다는 것이다. 여기서 마샬이 의미하는 대표적 기업의 규모가 바로 적정규모를 의미한다.

한편 비용의 최소화를 이루기 위한 적정규모의 문제를 단기평균비용곡선과 장기평균비용곡선을 통하여 살펴보면 다음과 같다.

1) 단기비율곡선과 적정규모

단기비용곡선에 의한 적정규모를 판정하기 위하여 다음과 같이 가정하자. 즉 첫 번째 농가는 트랙터 1대, 두 번째 농가는 2대, 세 번째 농가는 3대를 각각 소유하며, 토지면적은 트랙터 대수에 의해서 결정된다고 가정한다.

이러한 가정 하에서 <그림 4-5>에서와 같이 각 농가의 단기평균비용곡선은 $SATC_1$,

$SATC_2$, $SATC_3$로 나타낼 수 있다. 그런데 두 번째 농가가 비용의 최소화에 있으므로 유리한 입장에 있다고 할 수 있다. 왜냐하면 첫 번째 농가는 경영규모가 너무 적으므로 고정비의 단위당 분산을 충분히 할 수 없고, 세 번째 농가는 반대로 경영규모가 너무 커서 평균비용이 $SATC_2$ 보다 높아졌다.

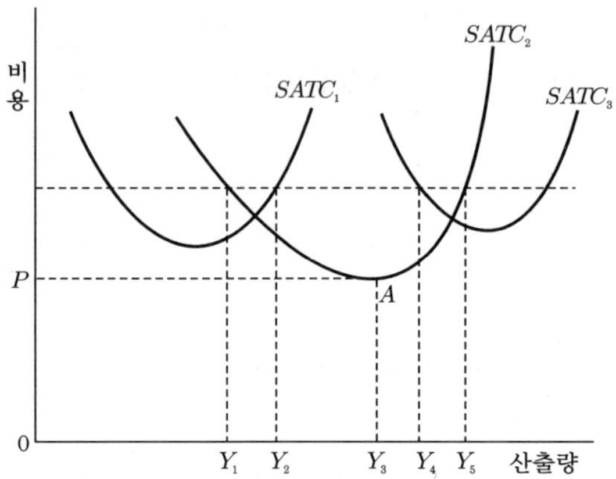

〈그림 4-5〉 단기비용과 적정규모

그러나 $SATC_2$ 가 항상 최소비용으로써 유리하다고 할 수는 없다. 다시 말해서 생산량에 따라서 경영규모의 적정규모는 다르기 마련이다. 예를 들면 OY_1까지 생산할 경우 $SATC_1$이 유리하고, OY_3까지 생산할 경우엔 $SATC_2$가 유리하다. 따라서 평균비용이 최저로 될 수 있는 경영규모는 A점에서 적정규모가 된다.

2) 장기평균비용곡선과 적정규모

장기비용곡선은 양축가가 경영규모를 다르게 하였을 경우 평균비용곡선이 어떻게 달라지는가를 나타낸다(그림 4-6).

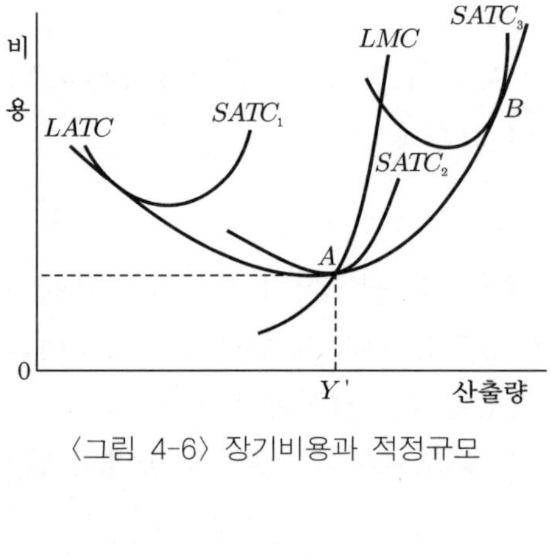

〈그림 4-6〉 장기비용과 적정규모

만약에 축산물의 평균비용을 장기간에 걸쳐 $LATC$ 선상의 A점에서 생산할 경우 단기적인 경영규모는 $SATC_2$인 경우가 가장 적합한 적정규모가 되며, 만일 B점일 경우에는 $SATC_3$의 비용곡선에 해당하는 경영규모가 적정규모이다. 따라서 장기적인 적정규모는 $MC = MR = ATC$ 이다.

(2) 경영규모의 적정계측법

1) G.J. 스티그라에 의한 적자생존법

적자생존법이란 어느 산업을 구성하고 있는 모든 기업을 규모별로 분류하고 각각의 규모가 그 산업에서 차지하는 구성비율을 장기에 걸쳐서 계획한다.

만약에 어느 규모계층이 차지하는 구성비율이 저하하면 그 규모는 상대적으로 비효율적이며, 더욱이 급속히 저하하는 경우에는 일반적으로 보다 비효율적이라고 하여 적정규모 계층의 존재를 확인하는 수법이다.

2) 실제비용의 차이분석법

일정한 두수이상 사양규모가 확대할 경우 생산비가 증가하고 이윤이 감소되는 경향을 볼 수 있다. 적정규모는 단기적으로는 조업도의 변화에 의하여 수확체감, 체증법칙이 작용함으로써 발생하며, 장기적인 경우에 있어서도 이 법칙은 작용하므로 적정규모의 존재를 확인할 수 있다.

경영관리상 적정규모의 존재를 명확히 함과 동시에 더욱 확대하기 위하여 필요한 방책을 검토하는 것이 보다 중요하다.

이 방법에서는 생산물 단위당 이윤함수(단위당 한계이윤, 한계비용, 평균비용)을 통하여 적정규모를 판정한다.

규모의 경제성을 통계적으로 논증하기 위하여 위와 같이 서로 다른 규모간의 단위 생산비를 직접 비교하는 방법이 널리 이용되고 있으며, 생산함수의 규모경영성 계수추정치, 규모별 양축농가의 생산비 구성비율 등의 장기적인 변화를 분석방법으로 활용하고 있다.

여기서 실제비용의 차입분석법에 의해서 적정규모를 산출한 결과가 <표 4-1>에 나타나 있다.

즉 사육두수를 40두 미만, 40~59두, 60~79두, 80두 이상으로 분류한 자료에 의해서 생산비, 두당이윤, 경영자본이윤율을 산출한 결과를 보면 적정규모란 단위당 평균 생산비의 최저 단위당 평균이윤의 최대, 경영자본이윤율의 최고이어야 하므로 80두 이상의 규모가 적정규모 계층으로 볼 수 있다.

〈표 4-1〉 젖소 두당 경영성과

(단위 : 천원, %)

구 분 \ 사육규모	40두 미만	40~59두	60~79두	80두 이상	평 균
조 수 입	6,428	7,100	7,394	7,684	7,398
경 영 비	4,423	4,517	4,792	4,641	4,626
생 산 비	5,677	5,524	5,723	5,531	5,583
소 득	2,004	2,583	2,643	3,043	2,772
수 수 익	750	1,576	1,672	2,153	1,810
경영자본	8,712	7,518	8,529	9,372	8,768
소 득 률	31.1	36.4	35.7	39.6	37.5
이 윤 률	11.7	22.2	22.6	28.0	24.5
경영자본회전율	73.8	94.4	86.8	82.0	84.4
경영자본이윤율	8.6	20.9	19.6	22.9	20.6
kg당 생산비(원)	761	667	652	609	641

자료 : 통계청, "축산물 생산비" 2011년.

제4절 축산의 경영형태

1. 축산경영형태의 개념

상품생산 단계의 축산경영은 "경영"과 "기업"의 이중성으로 이해하여야 한다. "경영"은 물적인 생산력에 대응하는 측면인데 비해, "기업"은 이윤추구를 목적으로 하는 가격측면으로 "경영"과 "기업"은 상호대응관계이다.

이러한 축산경영의 형태분류는 공통된 기준에 의해서, 또한 종합적이고 총체적인 기준에 의해서 이루어져야 한다.

이와 같은 기준에 의해서 다음과 같이 축산경영형태를 다음과 같이 분류할 수 있다.

첫째, 축종에 따라 낙농경영, 육용우경영, 양돈경영, 양계경영으로 분류하는 방법

둘째, 경영입지에 따른 도시근교형 축산경영, 원교형 축산경영으로 분류하는 방법

셋째, 생산 단위에 따라 가족경영, 공동경영으로 분류하는 방법

넷째, 생산조직에 따라 복합경영, 단일경영으로 분류하는 방법

다섯째, 경영목적의 주체성에 따라 부업경영, 전업경영으로 구분하는 방법

한편 경영체는 위의 기준에 따라서 하나의 경영형태만을 취하는 것이 아니라 분류방법에 따라서 여러 가지의 경영형태를 취할 수 있다. 가령 낙농을 경영할 경우에 경영입

지에 따라 도시근교형과 원교형으로 구분할 수 있고, 생산단위에 따라 기업경영, 가족경영, 공동경영으로 구분할 수 있으며, 생산조직에 따라 단일경영 및 복합경영으로 구분할 수 있다. 또한 도시근교형, 기업경영, 단일경영 및 전업경영형태의 낙농경영이라는 여러 가지 경영형태를 취할 수 있다.

2. 축종에 의한 분류

축종에 의한 분류에는 낙농경영(dairy farming), 육용우 경영(beef cattle farming), 양돈경영(swine farming), 양계경영(poultry farming)으로 분류된다.

(1) 낙농경영형태

낙농경영을 위하여 선정한 적지적축에 생산요소를 결합하여 우유 및 기타 부산물을 생산하는 낙농경영은 지역적인 조건 및 개인적인 사정에 의해서 가장 적합한 경영형태를 가지게 된다.

낙농경영형태는 분류기준에 따라 여러 가지 경영형태로 구분된다. 한편 동일한 낙농경영체일지라도 분류기준에 따라 여러 가지 경영형태로 칭할 수 있다.

낙농경영형태를 구분하는 기준과 경영형태는 다음과 같다.

첫째, 경영입지조건에 의한 낙농경영형태로써 도시근교형 낙농과 원교형 낙농(평탄지 순농촌형 낙농, 산촌형 낙농)이 있으며,

둘째, 사료생산기반에 의한 낙농형태로써 초지형 낙농, 답지형 낙농이 있고,

셋째, 유우의 사양목적에 의한 낙농형태로써 종축형 낙농(breeder형 낙농), 착유형 낙농, 육성우 사육낙농형태가 있다.

넷째, 경영집약도에 의한 낙농형태로써 부업적 낙농, 복합적 낙농, 전업적 낙농 및 기업적 낙농형태가 있다. 이는 낙농의 발전단계에 의한 형태구분도 될 수 있다.

다섯째, 사료조달방법에 의한 낙농형태로써 구입사료의존형 낙농 및 자급사료의존형 낙농 등이 있다.

1) 경영입지조건에 의한 분류

경영입지에 의한 분류란 일반적으로 지형적인 위치 등에 의해서 구분이 가능하나 시장 및 도시와 농장간의 거리에 따라서 도시근교형과 원교형으로 구분이 가능하다.

① 도시근교형 낙농경영 : 도시근교형 낙농이란 도시근교에 입지하여 시유용 원유를 생산공급하는데 유리한 경영형태다. 토지의 면적이 적고 구입사료에 의존하므로 사료의 자급률이 매우 낮으며, 경영의 집약도가 다른 경영형태에 비해 높고, 대부분 착유전업형

낙농형태를 띠고 있다.

한편 단점으로써는 자급사료표 및 초지개발에 제한이 있어 사료자급률이 낮고, 부근의 주택 및 농장에 공해문제를 야기시킬 수 있으며, 소규모의 목장경영이 대부분인 관계로 기계화가 용이하지 않는다.

이상의 이유로 인하여 도시근교형 낙농경영 형태 하에서는 생산비가 일반적으로 높아지고 또한 이와 더불어 소량생산에 의해서 가격에 대한 반응이 민감하게 작용한다. 이러한 도시근교형 낙농은 필요한 경우에 규모를 확장하는데 제한적인 요인이 많고, 시설에 의한 환경오염발생이 쉬우므로 이에 대한 낙농시설의 개선이 요구된다.

그러므로 도시근교형 낙농은 사료조건이 나쁘고 자급률이 낮기 때문에 다수확 사료작물의 2~3작 생산을 계획하거나 또는 임차지에 의해서 사료작물을 확대하여야 하고 부근의 채소 등 각종 부산물을 합리적으로 이용한다. 또 사료작물 및 초지의 작물 생산계획이 과학적으로 수립되어 최대의 생산량이 이루어져야 하며, 공해문제에 대해서는 우사를 청결히 하고 소독을 철저히 하여야 한다. 이 밖에 고능력우를 확보하고 계통적으로 유지하는 등 합리적인 경영관리가 이루어져야 한다.

② 원교형 낙농경영 : 원교형 낙농경영이란 도시근교형 낙농경영과는 반대로 도시 및 시장과 농장간의 거리가 원거리에 입지하여 비교적 지가가 저렴하기 때문에 채초 및 목초지에서 조사료생산이 용이한 낙농경영형태이다.

지형적인 위치에 따라 평탄지 순농촌형과 산촌형 낙농으로 구분되며, 또한 저렴한 지가에 의해서 원유생산비를 절감할 수 있는 요인이 많은 반면, 소규모의 영세농가에서 생산되는 소량의 원유와 구입농후사료의 운송에 어려움이 많은 단점도 있다.

이처럼 원교형 낙농경영은 초지개량과 사료작물재배에 의한 사료자급률을 높이며, 방목에 의해서 생산비를 절감하는 경영형태이므로 다량의 두수를 사육가능하고 또한 도시근교형 낙농경영형태보다는 조방적인 경우가 많다.

2) 사료생산기반에 의한 분류

① 초지형 낙농경영 : 초지형 낙농이란 광대한 초지를 이용하여 낙농을 경영하는 형태다. 이 경영형태는 광대한 초지 및 방목지를 이용하기 때문에 조사료의 자급률이 높고, 조방적인 경영형태를 띤다.

초지형 낙농경영은 방목·재초지를 이용하기 때문에 생산비가 낮아지며, 충분한 목초를 급여하고 방목에 의해서 운동이 가능하기 때문에 젖소의 내용년수가 연장되는 장점이 있다.

그러나 겨울철 및 장마철 등의 채초가 어려운 시기에 대비하여 건초 및 사일리지를 충분히 준비하여야 하며, 또한 일반적으로 소비 시장과 원거리에 위치하기 때문에 생산한 원유 및 수입 농후사료 등의 생산물 운송에 어려움이 있고, 또한 목초재배시 경사도 및 위치로 인하여 문제점이 있다. 일반적으로 초지형 낙농경영은 다른 경영형태보다는 이상적인 낙농형으로 인식되고 있다.

② 답지형 낙농경영 : 답지형 낙농경영은 답지역에 입지하여 토지와 결합성이 꽤 강한 형태를 나타내며 또한 수도작(벼)과 밀접한 관련이 있어 벼의 부산물을 자급사료원으로 이용하거나 또는 사료작물 및 야초 등에 의해서 낙농이 이루어지는 경영형태이다.

답지형 낙농경영은 수도작 농사를 겸하는 복합경영형태를 띠고, 수도작 농사의 부산물인 쌀겨 볏짚 등의 이용으로 인하여 조사료의 자급률이 높다.

일반적으로 수지형 낙농경영지대에서는 쌀을 중심으로 하는 경향이 많기 때문에 낙농업은 부업적인 성격을 띠게 되고, 그로 인하여 낙농경영은 농번기 또는 일손이 부족할 때에 젖소에 대한 작업이 소홀하여 생산성 향상에 지장을 받게 된다. 그러므로 수도작 중심 농가에서는 낙농경영을 복합하는 경우는 흔하지 않은 실정이다.

③ 전지형 낙농경영 : 전지형 낙농경영은 전작지대에 입지하여 토지와의 결합도가 높아 사료의 자급도가 높은 경영형태를 띠고 있다. 이러한 전작낙농은 대부분 전작물과의 복합경영형태를 나타내며, 또한 전작물의 부산물을 조사료로 이용가능하기 때문에 사료의 자급률이 높다.

기존의 경종작물을 사료작물로 변경하기 용이하며, 경종작물과 낙농업과의 수익성을 판단하여 경제성이 있는 산업으로 변경하기 쉬운 장점이 있다. 또한 다른 낙농경영에 비하여 사료작물을 재배하는데 필요한 기계화가 쉬우며, 전지를 이용한 사료작물 생산량을 증대시키기 위하여 윤작체계 및 시비 등의 집약적인 경영체계를 확립하고 동시에 노동수단을 가능한한 고도화하기에 다른 경영형태보다 유리하다.

3) 젖소의 사육목적에 의한 분류

① 종축형 낙농경영 : 종축형 낙농경영이란 우수한 체형, 혈통 등 자질을 지닌 기초우를 육성하여 우량계통을 조성하고, 이들 독우, 육성우, 미경산우를 판매하기 위한 낙농경영형태이다.

우량계통을 유지하고 개량하기 위하여 비육, 번식, 발육, 사료급여 등을 기록하여 이를 기초로 평가분석함으로써 산유량이 많고 내용년수가 긴 경제적인 젖소를 계통번식할 수 있어야 한다.

② 착유형 낙농경영 : 착유형 낙농경영이란 원유를 생산하기 위한 경영형태로써 일반적인 낙농경영형태이다. 그러므로 도시근교에서는 바로 착유형 낙농경영형태를 취하고

있지만 실제로는 일관경영 형태이다. 육성우 및 종축형 낙농경영형태까지 포함되어 송아지의 분만부터 원유생산에 이르기까지 포괄적인 경영을 의미한다.

③ 육성우 낙농경영 : 육성우 낙농경영이란 송아지를 분만하여 착유하기전까지 육성하거나 또는 수소뿐만 아니라 착유우일지라도 유대가 생산비도다 낮아 수익성이 없거나 육우가격이 유대보다 상대적으로 높은 경우 원유를 생산하기 보다는 비육에 의한 출하를 목적으로 육성하는 낙농경영형태를 의미한다. 따라서 육성우 낙농경영이 후자의 경우에는 비육우 경영형태와 동일한 의미가 되는 것이다.

4) 경영집약도에 의한 구분

경영집약도에 의한 구분은 앞장에서 살펴본 바와 같이 부업적 낙농, 복합적 낙농, 전업적 낙농 및 기업적 낙농으로 구분된다.

이러한 경영집약도에 의한 구분이 수량적으로 구분하기에는 기준설정이 불명확하기 때문에 어려움이 없지 않으나, 우리나라의 농림부에 의한 기준에 의하면 부업낙농의 경우 10두미만, 전업낙농의 경우 10~49두, 기업낙농의 경우 50두 이상으로 구분하는 경우도 있다.

(2) 육용우경영형태

1) 비육우경영

비육우 경영이란 젖소 및 한우 등의 밑소를 구입하여 육용으로 비육하여 판매할 목적으로 사육하는 경영형태를 의미한다. 비육우의 성별, 월령, 품종 등에 따라 비육기간 및 사양관리 등이 다르나 경영은 일반적으로 생체중 450~500kg 정도 비육하여 판매한다.

비육우경영의 특징은 낙농에 비하여 고도화된 사양기술을 필요로 하지 않으며, 낙농은 우유와 고기를 생산하나 비육우 경영은 고기만을 생산한다.

2) 번식우경영

번식우경영이란 육용우를 비육 생산하기 위하여 필요한 독우를 생산하여 이를 이유시킨 후 판매할 목적으로 경영하는 형태를 의미한다. 번식에 따른 사양기술 및 정액의 수정 등과 같은 기술이 다른 축종에 비하여 필요하며, 번식우 경영뿐만 아니라 비육우경영을 동시에 경영하는 복합경영형태를 띠는 것이 일반적이다.

(3) 양돈경영형태

양돈경영은 두 가지 유형으로 구분할 수 있다. 즉 사육하고 있는 돼지의 이용 용도에 따른 사육목적에 의한 구분과 사육규모에 의한 구분으로 대별된다.

1) 사육목적에 의한 분류

사육하고 있는 돼지의 이용용도에 의한 구분은 종돈생산을 목적으로 양돈경영하는 종돈 생산경영형태, 비육용 자돈을 생산하기 위한 번식돈 경영형태, 자돈구입에 의해 비육돈을 생산목적으로 하는 비육돈 경영형태 및 종돈을 육성하여 자돈을 생산하고 자돈을 비육하여 생산·판매하는 일관경영형태로 대별된다.

① 종돈생산 경영 : 종돈생산 경영이란 우수한 혈통과 능력을 지닌 종돈을 생산하기 위한 경영형태를 의미한다. 종돈생산 경영에 있어서 우수한 종돈을 생산한다는 것은 수익과 밀접한 관계를 이루고 있으며, 또한 종돈의 보유숫자는 농장의 경영능력을 판단하는 지표가 된다. 다시 말해서 우수한 종돈은 많은 산자수, 높은 생존율 및 낮은 사료요구율 등에 의해서 낮은 생산비와 높은 판매가격을 가져온다.

그러나 일반 농장의 경우 우수한 종돈을 보유하려하나 일정한 시간경과와 더불어 종돈의 능력이 감소하고 적은 종돈수에 의해서 자가교배가 발생하는 등 부작용이 발생할 우려가 내재되어 있다.

그러므로 전문적으로 종돈을 생산보급하는 경영형태가 존재하기 시작하였다. 우리나라의 경우 양돈협회의 검정사업소에서 검정받아 능력이 인정된 종돈이 각 개별농장에 거래되고 종돈의 생산농가에서는 S.P.F. 돈 등의 기술개발에 의해서 우수한 종돈을 생산하고 있다.

② 번식돈 경영 : 번식돈 경영이란 자돈을 생산·판매하기 위하여 모돈을 육성·번식하는 경영형태를 의미한다.

번식돈과 종돈의 경영은 자돈을 생산한다는데 유사성이 있으나, 자돈의 사육목적에 따라 구분된다. 종돈 경영형태가 번식용 자돈 및 모돈을 생산하는데 비해 번식돈 경영형태는 비육자돈을 생산하기 위한 경영형태를 의미한다. 이러한 비육용 자돈을 생산하기 위한 번식돈 경영은 비육을 목적으로 한 품종개량이 이루어지도록 노력하고 있으며, 또한 우수한 모돈의 혈통을 중시하고 있다.

③ 비육돈 경영 : 비육돈 경영이란 육돈생산을 목적으로 비육과정에 전념하는 경영, 자돈(생후 40~80일령, 체중 10~20kg)을 구입하여 4~8개월간 육성·비육한 후 체중이 110~120kg이 되었을 때 판매하는 경영으로써 번식과정을 갖지 않는 경영형태를 의미한다. 자돈생산을 일체하지 않고 자돈을 구입하여 육돈을 비육한 후 판매하는 경영형태를 의미한다. 비육돈 경영은 종돈경영 및 번식돈 경영에 비해 다두 및 조방적인 사육이 일반적으로 행해지고 있다.

한편 양돈경영형태의 발전추세를 살펴볼 때 양돈의 사육두수의 확대뿐만 아니라 그

집약도에 있어서도 기술집약적·노동절약형 경영형태로 변천하고 있다. 양돈경영형태의 발달이 일관경영-비육돈경영-종돈경영형태로 이루어지고 있다.

④ 일관경영 : 일관경영은 모돈을 사육하여 자돈을 생산하고, 생산된 자돈을 비육하여 비육돈을 생산판매하므로 번식, 비육을 일관적으로 경영하는 형태로써, 우리나라의 일부 종돈장을 제외한 대부분의 양돈장이 하고 있는 경영형태이다.

일관경영은 종돈을 구입하여 자돈을 생산하기 때문에 출하된 비육돈의 생산비를 절감할 수 있으며, 우수한 종돈생산이 가능하나 반면에 종돈의 무계획적인 종부 등에 의해써 불량한 자돈이 생산될 가능성도 있다.

2) 경영규모에 의한 분류

경영규모에 의한 분류는 양돈의 사육두수에 의해서 구분하는 방법을 의미하는 것으로써 크게는 기업적 양돈경영, 전업적 양돈경영, 부업적 양돈경영으로 대별할 수 있다.

이러한 양돈경영형태는 노동에 의한 경영형태(전업적, 부업적 양돈경영)와 자본에 의한 경영형태(기업적 양돈경영)으로 구분된다.

① 기업적 경영 : 기업양돈이란 경영순수익을 최대화하기 위하여 생산요소를 구입하여, 이를 효율적으로 이용함으로써 목표한 자돈, 비육돈 등을 생산하여 시판하는 경영형태를 의미한다. 고용노동력에 의존하여 자돈 및 비육돈을 생산 또는 비육하여 이윤추구를 목적으로 경영활동을 하는 경영체를 의미한다.

기업양돈경영은 대부분 일관경영형태로써 우리나라에서는 사육규모가 단기에 현저하게 큰 기업양돈경영은 돈육 수요증가, 사육기술, 전염병 예방, 노동절약형의 사육방식도입 및 급여사료의 조달 등이 구비될 때 비로소 성립될 수 있다. 기업양돈경영은 다른 경영형태에 비하여 경영능력 및 기술수준을 향상시킬 수 있고, 유통비용을 절감시킬 수 있으며, 대량구입 및 대량판매에 의한 규모의 유리성을 가져온다. 또한 새로운 기술의 도입이 비교적 용이하다.

한편 기업양돈은 분뇨처리의 확대에 의해서 규모확대가 저해될 수 있다. 또한 기업적 양돈경영형태는 단일양돈과 통합양돈으로 구분할 수 있다. 전자의 경우 양돈만을 기업적으로 경영하는 형태이며, 후자는 수직통합적인 다각경영형태, 즉 인테그레이션 경영형태를 의미한다.

② 전업적 경영 : 전업양돈경영이란 가족적인 경영형태로써 경영주의 노동보수를 최대화하기 위하여 생산요소를 구입하며 자가노동과 일부 고용노동에 의해서 경영하는 가족적인 경영형태를 의미한다.

전업양돈경영은 일반적으로 도시근교에 입지하여 농후사료 및 잔반을 이용하는 형태를 띠고 있으며, 다른 산업과의 결합 유무에 따라 이를 두 가지로 구분할 수 있다. 단일양돈은 양돈만을 경영하는 형태를 의미하며, 혼합양돈은 양돈과 다른 축종(낙농, 양계)을 혼합경영하는 형태를 의미하고, 복합양돈은 양돈과 경종농업이 유기적으로 순환 또는 복합적으로 이루어지는 형태를 의미한다.

경영의 전문화에 의해서 기술향상이 용이하지 않다면 사료비의 증가 및 노임에 증대에 의해서 사육두수를 확대하는데 제약을 받는다.

③ 부업경영 : 영세한 부업양돈경영이란 가족노동보수(소득)의 최대화를 위하여 경종농업을 위주로한 반면 양돈경영은 부차적으로 자급사료(부산물)을 이용하여 자가노동에 의해서 소득증대를 목적으로 경영하는 가족적인 경영형태를 의미한다.

부업양돈경영은 유휴노동력을 이용할 수 있고 부산물 및 잔반을 이용할 수 있으며, 또한 구비를 경종농업에 이용할 수 있는 유리성이 있는 반면, 자돈확보상의 어려움, 사료생산 및 조달의 한계성, 위생비의 증가, 가격폭락시의 손해 등으로 인하여 규모확대가 저해될 수 있다. 그러나 현금수입을 증대시키는 요인이므로 복합농업의 경우 중요한 축종이 되고 있다.

이상의 사육규모별 양돈경영형태 분류는 개념상의 구분은 가능하나 현실적인 적용에는 어려움이 없지 않다. 왜냐하면 각 농장이 서로 다른 여건을 고려하여 경영형태를 규정하는 기준을 설정하기란 모호하기 때문이다.

그러나 우리나라는 일반적으로 부업의 경우 500두 미만, 전업의 경우 1,000~2,000두, 기업의 경우 5,000두 이상으로 규정하고 있다. 한편 사육기술의 발달 등에 의해서 다두사육에 의한 경영형태도 경영규모의 변화가 있기 마련이다. 현재의 기업적인 경영형태를 가진 경영규모도 사육기술과 자본의 확대 등에 의해서 사육두수가 점차 늘어 기업적인 경영형태를 가질 수 있게 되는 것을 의미한다.

(4) 양계경영형태

양계경영은 육계경영·산란계경영 및 종계경영형태로 세분할 수 있다.

1) 육계경영

육계경영이란 닭고기를 생산하기 위하여 육용병아리를 구입하여 육성한 후 판매를 목적으로 하는 경영형태다. 다른 육류에 비해 저렴한 가격으로 고단백질 식품을 생산 판매하며, 또한 사료효율이 가장 높고 단기간에 생산규모의 확대 및 축소가 용이하여 우리나라에서 가장 쉽게 전업적인 산업으로 발전한 축산업이다.

2) 산란계경영

산란계경영이란 계란생산을 목적으로 우수한 병아리를 구입하여 산란계로 육성하여 경영하는 경영형태로써 육계경영에 비해 사육기간이 더 소요되며 계란생산에 많은 기술이 요구되지만 비교적 안정적이다.

3) 종계경영

육계 및 산란계경영이 발달함에 따라 병아리의 수요가 증가되어 종란생산을 위한 종계경영이 발달하게 되었다.

종계경영이란 종란을 생산할 수 있는 종계를 육성하여 종란을 생산하는 경영형태를 말한다.

3. 축산경영방식별 종류 구분

(1) 낙농경영

1) 농업경영지대에 의한 구분

① 근교 낙농경영 – 원유
② 평지농촌 낙농경영 – 원유
③ 산지 낙농경영 – 원유

2) 작목용도에 의한 구분

① 시유원료 낙농경영 – 원유
② 유제품원료 낙농경영 – 원유
③ 종우 낙농경영 – 종우

3) 이용지목에 의한 구분

① 답작 낙농경영 – 원유
② 전작 낙농경영 – 원유
③ 초지 낙농경영 – 원유
④ 하천부지 낙농경영 – 원유
⑤ 산지 낙농경영 – 원유

4) 자연입지에 의한 구분

① 고냉지 낙농경영 – 원유
② 적설 한냉지 낙농경영 – 원유
③ 난지 낙농경영 – 원유

5) 급여사료에 의한 구분

① 농후사료 위주 낙농경영 – 원유

② 조사료 위주 낙농경영 – 원유

(2) 비육우경영(작목용도에 의한 구분)

1) 육용우 번식경영 – 송아지

2) 육용우 비육경영 – 육유

3) 육용우 일관경영 – 육우, 비육우

(3) 양돈경영

1) 작목용도에 의한 구분

① 번식돈경영 – 자돈

② 비육돈경영 – 비육돈

③ 일관경영 – 자돈, 비육돈

④ 종돈경영 – 종돈

2) 급여사료에 의한 구분

① 잔반 위주 양돈경영 – 종돈, 비육돈

② 농후사료 위주 양돈경영 – 종돈, 비육돈

(4) 양계경영(작목용도에 의한 구분)

1) 산란계경영 – 계란

2) 육계경영 – 브로일러

3) 종계경영 – 종란

4. 경영입지에 의한 구분

경영입지에 의한 구분이란 축산물의 생산자와 소비자와의 거리에 따라 구분하는 방법으로써 도시근교 축산경영 형태와 도시원교 축산경영 형태로 구분된다.

(1) 도시근교 축산경영

도시근교 축산경영은 소비도시에 인접한 경영형태로써 중량이 많이 나가고 용적이 커서 수송비가 많이 소요되는 생산물을 생산하거나 또는 부패성이 강한 축산물을 생산하는 경영으로 많은 자본을 투입하여 다량의 생산물을 생산하는 집약적인 생산방법을 채택하는 경영형태이다. 일반적으로 산란계경영, 육계경영 및 농후사료 의존형 낙농경영을 들 수 있다.

(2) 도시원교 축산경영

도시원교 축산경영은 소비자와 원거리에 입지한 경영으로써 축산물의 보존이 용이하고 수송비가 저렴한 부문의 축종을 조직적으로 경영하는 형태이다. 비육우경영, 초지형 낙농경영 등을 들 수 있다.

5. 생산경제단위에 의한 분류

축산경영의 형태는 경영자의 환경적, 경제적인 여건 등에 의하여 분류된다. 축산경영 형태 중 생산자의 구성요인에 의하여 구분되는 가족경영, 공동경영에 대해서 살펴보기로 한다.

(1) 가족경영

가족경영이란 노동력을 고용하지 않고 가족노동에 의해서 전반적인 축산경영을 하는 경영형태로써 다음과 같은 특징을 가지고 있다.

첫째, 경영과 가계가 미분리된 상태의 경영형태이다. 가족이 노동자인 동시에 또한 축산물의 생산목적이 주로 소득증대에 있다.

둘째, 경영노동력이 가족에 의해서 이루어진 경영형태이다. 가족경영은 조직력이 쉬우며 가족노동력에 대한 노임이 보장되는한 생산은 지속적으로 영위될 수 있다.

셋째, 가족노동력에 의한 경영이 영위되는 소규모의 경영형태이다. 가족경영의 경영활동이 가족의 생계유지 수단에 의해서, 가족수의 제한성 때문에 규모의 영세성을 면하기 어렵다.

이상의 가족경영은 규모가 영세한 반면 경영성격상 자급적인 가족경영, 전업적인 가족경영, 겸업적인 가족경영 등으로 구분된다.

(2) 공동경영

공동경영이란 두 가구이상의 양축가가 유리성의 원칙, 공평의 원칙, 민주화의 원칙, 조정의 원칙 등의 공동경영 원칙 하에서 축산물의 생산·판매를 공동으로 투자, 관리하는 등 모든 경영활동을 공동으로 경영하는 형태를 의미한다.

공동경영은 개별 양축가가 경영규모의 확대에 따른 가족경영의 한계를 극복하고 개별 양축가의 이익을 더욱 추구하기 위하여, 즉 대규모의 유리성을 추구하기 위하여 고안해 낸 경영형태로써 우리나라 강원도 일부 부락단위 한우 방목장, 양계(돈)단지 등에서 볼 수 있다.

그러나 공동경영은 사육농가의 이해 갈등과 공동노동 의욕저하 등의 요인에 의하여 생산성 저하가 야기되는 단점이 있다. 따라서 참여정도에 따라 전면공동경영형태가 아닌 부문공동경영형태를 선택하는 경우도 많다.

6. 생산조직에 의한 분류

경영조직 선택원칙하에서 경영자는 한 종류의 생산부문만으로 구성되고 그 생산물이 유일한 수입원이 되는 경영형태인 단일경영, 우유를 주생산 부문으로 하고 사료작물을 자가 생산하는 것과 같이 현금수입원이 되는 생산부문과 생산물을 보조하기 위한 부차적인 생산부문으로 이루어진 준단일경영, 2종류 이상의 생산부문이 현금수입원이 되는 복합경영 및 한 개의 주요 수입원과 약간의 수입이 되는 부분적인 생산부문이 결합된 준복합 경영을 선택한다.

경영을 선택함에 있어서 한 종류의 가축 또는 작물만을 선택하는 단일 경우의 경우도 있겠으나 현실적인 경영측면에서 보면, 대개의 경우 2종류 이상의 축종의 결합, 가축과 작물간의 결합 등 복합경영이 많다. 이러한 복합경영과 단일경영에 관해서 살펴보면 다음과 같다.

(1) 복합경영

복합경영이란 경영자가 여러 종류의 축종을 사육하거나 또는 축종과 경종을 공동으로 경영함으로써 경영수익을 증대하려는 경영활동이다. 예를 들어 양돈경영과 비육우 경영, 양계경영과 과수원경영을 결합함으로써 경영체 상호 보완적인 관계를 유지한다. 전자의 경우 가격파동에서 오는 경영 외적인 영향을 감소시킬 수 있으며 후자의 경우 부산물을 효율적으로 처리할 수 있는 잇점이 존재함으로써 경영의 안정화와 수익성을 증대한다.

이와 같은 복합경영은 다른 생산부문과의 결합에 의해서 전체 수입의 증가가 발생하며, 경영자는 다른 생산부문에 대해서도 기술이 풍부하여야 복합경영이 가능하다. 그런데 복합경영은 축종의 전문화 정도 등 경영환경에 따라 실시시기를 결정하여야 하나 이 복합경영도 장·단점은 다음과 같다.

1) 장 점

첫째, 토지이용의 효율화를 가져온다. 축종과 경종농업을 결합하는 복합경영인 경우 가축의 분뇨인 구비를 이용함으로써 지력을 유지 증진한다. 또한 경종농업에 사용된 생산성이 낮은 토지를 비옥화시킴으로써 토지의 생산성 증진을 가져온다.

둘째, 노동력을 효율적으로 이용할 수 있다. 경종농업의 경우 노동수요의 계절적인 변화가 심한 반면, 축산의 경우 연중무휴의 노동을 필요로 한다. 따라서 복합경영의 경우 노동을 경영부문간에 효율적으로 배분함으로써 노동의 효율화를 이룬다.

셋째, 기계 및 시설을 효율적으로 이용할 수 있다.

즉 여러 가지 경영부문에 기계를 효율적으로 배분함으로써 기계의 효율화를 증진할 수 있다.

넷째, 위험을 분산시킬 수 있다. 단일경영인 경우 가축의 질병, 가격의 파동 등 축산경영의 외부적인 요인에 의해서 경영에 위험부담을 가져올 수 있으나 복합경영은 이를 완화시킬 수 있다.

다섯째, 수입원이 다양하고 평준화됨으로써 자금회전이 원활하다. 2종 이상의 경영에 의해서 계절적으로 또는 월별로 편중되는 현상이 지양되고, 또한 경영전체로써의 자금회전을 원활히 하여 자금문제를 절감시킬 수 있다.

2) 단 점

첫째, 한 분야에 대한 전문적인 기술향상을 기대하기 곤란하다. 복합경영은 결합부문이 많아지고 생산이 다양화 될 때 전문적인 기술향상이 저해되어 단위당 생산성이 떨어진다.

둘째, 복합적인 노동에 의하여 노동생산성 향상을 기대하기 곤란하다. 예를 들어 복합경영에 의해 체계적인 관리가 소홀하게 됨에 따라 수태율, 수정률 등의 생산성이 저하된다. 또한 낙농의 경우 소량의 원유 납유 또는 기계 및 시설의 미비로 인하여 생산성이 저하된다.

셋째, 여러 종류의 축산물을 판매함으로 인하여 소량판매의 불리한 점이 있다.

넷째, 생산요소를 경합적으로 결합할 경우 경영체의 부실성이 존재할 수 있다.

이상의 복합경영의 장·단점을 고려하여 합리적인 복합경영을 이루기 위해서는 환경조건을 고려하여 생산요소간의 합리적인 상호관계를 잘 조정함과 더불어 복합경영의 장점과 단일경영의 장점을 경영전체 면에서 고려하여야 한다.

(2) 단일경영

경제발전과 더불어 수요량의 증가는 생산부문에 있어서도 단일경영체 하에서 전문적으로 단일상품을 생산하려는 경영형태가 발달하게 된다.

단일축산경영은 낙농경영, 양돈경영, 양계경영, 비육우경영 및 번식우 경영 등과 같이 단일경영체로서 축산경영의 전문화가 이루어지는데 다음과 같은 조건 하에서 가능하다.

어떤 특정한 축산물의 생산판매가 유리하고 소량의 생산량에 의해서 독점이 가능하고, 경영규모를 확대함과 더불어 단일경영에 의해서 생산요소의 이용률을 최대화할 수 있으며, 단일축산물을 생산함으로 인하여 단일 축산물은 판매상 이익이 발생하는 경우가 있다.

이처럼 단일경영은 특정의 입지조건하에 있는 특정의 축산물을 생산하여 생산요소를 가장 효율적으로 이용할 경우에 유리성이 존재한다. 단일경영은 생산요소, 자연적인 환경조건 등 여러 가지 조건을 고려할 때 복합경영이 가지고 있는 잇점을 모두 소유하는 데는 제한성이 있다.

그러므로 단일경영의 장·단점을 충분히 인식하고 이를 선택·결정하는 것이 바람직함으로 이에 대하여 살펴보기로 하자.

1) 장　점

첫째, 작업의 단일화로 인하여 기계 이용이 쉽다.

둘째, 작업의 단일화로 인하여 노동의 숙련도를 향상시키고 분업화의 이익을 가져온다.

셋째, 단일경영에 의하여 생산비의 저하가 가능하여 시장경쟁력이 증대된다.

넷째, 생산물의 동일성에 의하여 시장정보의 유리성이 있다.

다섯째, 단일생산물을 대량으로 판매함으로써 판매상 유리점이 있다.

여섯째, 단일생산물의 규모를 적정화함으로써 규모의 경제성을 가져와 생산성을 증대할 수 있다.

2) 단　점

첫째, 가축질병, 가격파동 등의 경영외적인 요인에 대한 영향이 단일축산물에 집중적으로 작용할 수 있기 때문에 경영내적인 불안정성이 존재한다.

둘째, 수입이 일정시기에 집중된다.

셋째, 자본의 회전이 원만하지 못한다.

넷째, 노동이용이 집중되고 연간 평준화, 분산화가 되지 못한다.

경영목적의 주체성에 의해서 부업경영, 전업경영, 기업경영으로 세분할 수 있다.

7. 경영목적에 의한 분류

(1) 부업경영

부업경영이란 가계유지를 목적으로 소득 또는 전체 농가소득을 보충하는 경영이라는 의미이며, 유휴노동력 및 농산물 부산물의 활용이 부차적으로 사용된다. 그러므로 부업경영은 기술수준이나 생활력이 낮은 수준이며 정체적인 경우가 일반적이다.

1) 장 점

첫째, 지력의 증진 및 경지의 집약적인 이용이 가능하며,
둘째, 노동력 및 시설의 효율적인 이용이 가능하고,
셋째, 농산물 중의 부산물과 생산물의 자급활용이 가능하다.

2) 단 점

첫째, 사양기술 및 생산력의 저하로 발전성이 없는 정체적인 경영이며,
둘째, 생산량이 적기 때문에 시장경쟁력이 약하고,
셋째, 방역 및 가축개량의 곤란한 점이 많다.

(2) 전업경영

전업경영이란 적정소득증대가 경영의 목적이며 대부분 노동의 주체가 가족노동이나 고용노동력에 의해서 이루어진다. 축산업만을 전문적으로 경영하는 것으로 규모상 부업경영과 기업경영의 중간규모이다. 이 전업경영은 기술수준 향상과 규모의 경제성이 가능하므로 많은 자본을 필요로 한다.

(3) 기업경영

기업경영형태란 이윤의 추구를 목적으로 특정한 축산물에 많은 자본을 투자하여 적정 이윤을 목적으로 경영하는 형태를 의미한다. 이러한 기업경영은 필요한 노동력을 고용하고, 비용과 수익에 대한 조건에 의해서 경영계획을 실시한다는 성격을 띠고 있다.

1) 장 점

첫째, 축산물수요증가에 효율적 대응이 가능하며,
둘째, 능률적인 기계 및 시설의 도입으로 생산성 증대가 가능하고,
셋째, 단위당 비용의 절감으로 시장경쟁력이 제고된다.

넷째, 새로운 기술의 도입 및 개발로 생산력의 증대가 가능하고,
다섯째, 대량거래 및 신용거래가 가능하다.

2) 단　점
첫째, 기계시설, 초지개발 등의 자본수요가 증대되고,
둘째, 사료원료의 해외의존도가 상승하며,
셋째, 공해문제가 발생하기 쉽다.

◈ 연 습 문 제 ◈

1. 축산경영조직의 의의를 약술하라.
2. 경영조직의 5대 요소에 대하여 간단하게 설명하라.
3. 축산경영단지 성립의 3대 조건을 설명하라.
4. 낙농경영조직의 제조건을 들고 간단히 설명하라.
5. 축산경영규모의 개념에 대하여 설명하라.
6. 대규모경영의 유리성을 약술하라.
7. 경영규모의 광대방안에 대하여 논하라.
8. 적정규모의 개념에 대하여 논하라.
9. 축산경영형태 중 축종에 의한 분류에 대하여 논하라.
10. 축산경영방식에 대하여 설명하라.
11. 경영입지에 의한 분류에 대하여 설명하라.
12. 생산경제 단위에 대한 분류에 대하여 설명하라.
13. 생산조직에 의한 분류에 대하여 설명하라.
14. 경영목적에 의한 분류에 대하여 설명하라.
15. 부업경영, 전업경영, 기업경영의 규모를 설명하라.
16. 집적도에 대하여 설명하라.
17. 한계수익과 한계비용에 대하여 설명하라.
18. 규모의 경제성에 대하여 설명하라.

〈참 고 문 헌〉

1. 구재서 외 3명, 신고농업경영학, 선진문화사, 1983.
2. 김규환 외 6명, 농업경영학요론, 선진문화사, 1984.
3. 농업계전문대학 교재편찬위원회, 농업경영학, 학문사, 1982.

4. 심영근, 농업경영학개론, 선진문화사, 1978.
5. 정수영, 신경영조직론, 박영사, 1976.
6. 菊地泰次編, 農業經營學講座 4-農業經營の規模 · 集約度論, 地球社, 1979.
7. 工藤元, 農業經營の線型計劃, 明文書房, 1970.
8. 西垣一郎編, 農業經營と規模擴大, 明文書房, 1970.
9. 島津正 外 3名 編, 畜産經營學, 文永堂, 1984.
10. 桃野作次郎編, 農業經營學講座 3-農業經營要素論 · 組織論, 地球社, 1979.
11. 吉田寬一編, 農業經營學講座 2-農業の企業形態, 地球社, 1979.

제 5 장

축산경영관리

제1절 경영관리의 개념과 과제

1. 경영관리의 개념

경영관리는 농장의 목표를 효율적으로 달성할 수 있도록 경영주가 경영체계를 조직하여 운영을 계획하고 지휘, 통제하는 과정이다.

경영관리는 농장의 제 기능 중에서도 경영자가 그 조직체의 전반적인 목표와 경영침을 결정하고 이들에 의거하여 계획된 제반 활동을 지휘, 통제하는 작용이라고 할 수 있다. 기업의 제기능은 일반적으로 인사, 재무, 생산, 구매, 회계의 다섯 가지를 말하며, 경영관리는 그 조직을 움직이는 사람, 즉 최고 경영자(top management), 중간 관리자(middle management), 현장 관리자(lower management)에 이르는 경영 관리자의 활동을 의미한다.

경영활동은 기능적인 면에서 인사, 재무, 생산, 배급, 회계의 5가지로 분류되고 이들 경영활동의 모든 영역을 계획, 조직, 지휘, 통제하는 관리직능이 수행되고 있다. 각각의 기능활동과 관리직능이 개별적으로 결부되면 여기에 인사관리, 생산관리, 배급관리, 재무관리 등의 특수관리가 성립된다.

〈표 5-1〉 경영자의 관리활동

관리의 과정 / 관리의 대상	판 매	구 매	생 산	재 무	인 사
계 획					
조 직					
제자원의 조달					
지 휘					
통 제					

자료 : H. William Newman : Administrative Action(2 nd ed).

뉴맨(H. William Newman)은 경영관리의 기본과정(basic process of administration)을 다음과 같이 설명하고 있다.

(1) 계 획(Planning)

계획이란 무엇을 할 것인가를 결정하는 일이다. 여기서 말하는 계획에는 목표의 명시, 방침의 설정, 계획과 그 실천방법의 방안, 특정한 처리절차의 결정, 일정의 편성 등 경영 전반에 걸친 넓은 범위의 결정사항이 내포된다.

(2) 조 직(Organizing)

조직은 계획을 실시하는데 필요한 각종의 업무를 관리하는 단위인 경영자와 관리인간의 상호관계를 명확히 규정하는 것을 말한다. 또한 가축, 토지, 자본재 등의 물적조직이 관리에 편리하도록 알맞게 결합된 것을 말한다.

(3) 제자원의 조달(Assembling resources)

제자원의 계획을 수행하는데 필요한 토지, 노동력, 자본재 등 경영요소를 조달하는 일이다.

(4) 지 휘(Directing)

지휘는 계획의 실시를 지시하는 일이다. 계획을 실시할 책임이 있는 자에게 지시하고 각 부분의 관리자 및 종업원에게 합리적인 경영활동을 시달하는 일이다.

(5) 통 제(Controlling)

통제는 경영목표로 계획된 모든 일이 순조롭게 진행되고 있는지 감독하는 기능이다. 이상의 5가지 중 4가지 요소는 다음과 같은 관리과정(management cycle)을 구성한다.

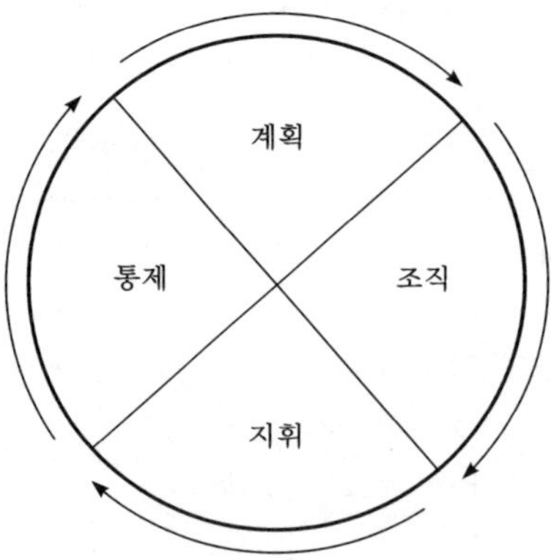

〈그림 5-1〉 관리과정

2. 축산경영관리의 과제

축산의 경영관리 문제는 대체로 다음과 같이 지적할 수 있다.

첫째, 축산경영의 목표를 비롯한 계획성이 결여되어 있다. 경영관리는 경영목표를 달성하기 위해 경영활동을 합리적으로 질서있게 조직화해서 행하는 것인데 목표가 명확히 설정되지 않았을 때에는 이상적인 경영활동을 기대하기 어렵다.

둘째, 자기자본이 충실하지 못한 채 규모를 확대하는 경향이 있다. 특히 사료생산기반인 토지면적과 가축 생산기반인 두수규모가 비례하지 않고, 두수만 확대된다면 위험부담이 많으며, 일반적으로 차입금비율이 높고 자금조달에 어려움을 겪는 경우가 많다. 이 때문에 자본계획, 자금관리와 함께 경영의 유동성에 관한 분석, 자기자본의 건실성을 기하기 위하여 재무관리의 중요성이 증대되고 있다.

셋째, 시설형 축산의 특징으로써 노동절약적 시설과 기계를 도입하는 등 과잉투자의 경향이 많다. 이 때문에 감가상각비 부담이 커지고 노동절약적 효과를 상회하는 비용이 늘어나는 경우가 있다. 따라서 기계화의 경제성, 투자한계를 검토해서 적정한 투자계획을 세우는 등 투자에 관한 경영관리의 중요성이 증대하고 있다.

넷째, 둘째, 셋째의 경우와 관련해서 사육규모는 확대되나 오히려 비용이 상승하는 경우가 많다. 일반적으로 규모확대에 의한 노동생산성 향상, 즉 노동비의 절감효과는 현저하나 반면에 구입사료비, 지불이자, 감가상각비, 유지관리비의 부담이 증가해서 비용면에서 규모의 유리성이 반드시 나타나지 않는 경우가 있다. 이러한 의미에서 볼 때 생산비를 분석, 통제해 나가는 경영관리가 중요하다.

다섯째, 규모확대에 의해 생산물 단위당 소득 및 소득률이 오히려 낮아지는 경향이 있다. 무리한 규모확대는 오히려 비용을 증대시키고, 그 결과 소득률이 떨어져서 다시 규모확대를 가져오는 악순환이 되풀이 될 우려가 있다. 그런 의미에서 규모와 관련해서 수익성과 그 요인에 관해서 분석·검토할 필요가 있다.

여섯째, 가공형 축산에서는 중요한 원재료인 사료비의 비중이 높고 축산물과 사료의 투입산출비율을 중심으로 하는 생산과정에서의 생산성이 생산비를 크게 좌우한다. 또 가축을 생산수단으로 하는 착유, 채란 등에서는 가축 두(수)당 산출량의 다·소와 생산비와의 관련이 높다. 따라서 일상적인 사육관리 중 성과와 원인의 관련을 부단히 파악할 수 있도록 생산관리의 체제를 갖추어 나가는 것이 관리상 큰 과제다.

일곱째, 축산물 가격의 변동이 극심해서 시장정보에 관심을 갖고 시장에 대응해야 한다. 이것은 시장대응(판매관리, 구매관리)의 중요성을 시사하며 동시에 보다 유리하게 시장에 대응하기 위해서는 상품가치를 높이기 위한 생산관리, 품질관리가 요구된다.

여덟째, 경영계획, 통제, 평가에 있어서는 정확한 기록자료가 요구된다. 우리나라의 축산경영의 실태를 보면 대부분의 양축가는 모든 경영활동의 내용에 대한 정확한 기록정리가 불충분하여 목표에 대한 성과의 평가분석이 불가능한 경우가 많다. 그러므로 목표대로 경영활동이 진행되고 있는지를 통제하고 앞으로의 새로운 경영개선을 위한 기초자료로써 경영분석을 하기 위해서는 모든 경영내용이 빠짐없이 기록 정리되어지는 기록관리에 더욱 관심과 주의를 기울여야 된다.

아홉째, 경영규모의 확대에 따른 관리인의 증원으로 바람직한 인사관리가 요구되고 있다. 부업적 경영이나 가족적 경영일 경우에는 가축의 관리에만 노력해 왔지만 경영규모가 점차 커짐에 따라 가축의 관리 이전에 사람의 관리가 중요한 과제로 대두되고 있다. 사실 가축을 관리하는 목부가 가축의 생산성을 높일 수 있는 기술, 지식, 관심을 가질 수 있도록 하기 위해서는 관리인의 효율적인 관리가 요망되고 있다. 현장 책임자와 중간관리자가 있는 대규모 축산경영체에 있어서는 무엇보다 중요한 과제가 합리적인 인사관리이므로 이에 대한 관심이 날로 고조되고 있다.

열번째, 축산경영자의 자기관리는 가장 중요하면서도 소홀히 하기 쉽다. 사실 경영성과를 좌우하는 것은 경영자 자신의 능력이다. 경영자는 경영의 목표를 세우고 관리 분석하는 책임자이다. 경영의 목표가 달성되느냐 실패하느냐는 경영자 자신의 책임이다. 자기의 정신적 자세, 육체적 건강, 이론적 지식, 경영적 감각 등 경영자의 구비조건을 항상 진단·분석하는 자기 관리 또한 중요한 과제이다.

제2절 인사관리

생산성을 높이자면 인사관리를 잘해서 관리인의 능력을 향상시키는 일이 무엇보다도 중요하다. 왜냐하면 축산경영의 규모가 전업화, 기업화됨에 따라 관리인 수가 늘어남에 따라 인사관리의 중요성이 크기 때문이다.

1. 인사관리의 개념

경영활동에는 자금(money), 물자(material), 인력((manpower)의 3요소, 즉 3M이 조화를 이루어야 경영목표를 달성할 수 있다.

Lawrence A. Appley는 "경영이란 사람의 육성인 것이지 물질의 관리가 아니다. 경영이란 바로 인사관리를 뜻하는 것이다"라고 하여 경영내에서 인사관리가 차지하는 비중이 무엇보다 크다고 암시하였다.

또한 Thomas G. Spates는 "인사관리란 종업원의 잠재능력을 최대한으로 발휘시키고, 스스로 최대한의 성과를 확보하게끔 그들을 처우하고 조직하는 방법에 관한 규범체계이다"라고 했고, Paul Pigors Charles A. Myers도 "인사관리는 종업원이 그의 노동으로부터 최대의 만족감을 얻음과 동시에 기업에 대해서 최대의 공헌을 하게끔 그의 잠재적 능력을 육성·전수시키는 방법이다"라고 정의하였다.

Dale Yoder는 "인사관리는 남녀종업원들로 하여금 그들의 직장에 대하여 최대의 공헌을 하게끔 하고 동시에 최대의 만족을 할 수 있게끔 도와주고 지도하는 기능 내지 활동이다"라고 정의했다.

2. 인사관리의 주요내용

인사관리의 주요내용에는 고용, 인사배치, 종업원 훈련, 보수관리, 작업조건, 승진 및 전직, 인사고과, 건강과 안전, 복지 및 서비스, 노사관계, 인간관계 조사연구 등이 있다.

첫째로, 고용(employment)
둘째로, 인사배치(placement)
셋째로, 종업원훈련(employee training)
넷째로, 보수관리(wage and salary administration)
다섯째, 작업조건(working condition)
여섯째, 승진 및 전직(promotion and transfer)
일곱째, 인사고과(personal rating)
여덟째, 건강과 안전(health and safety)
아홉째, 복지관리(employee benefits)
열번째, 노사관계(union management relations)

(1) 모집관리

모집이란 그 조직이 꼭 필요로 하는 유능한 인재를 외부로부터 구하는 과정으로 인사관리의 첫단계이다. 그러므로 합리적인 모집활동은 직무명세서를 기초로 하여 어떤 인재를 채용할 것인가에 대한 모집 방침이 결정되어야 한다. 그래서 그 모집의 방법도 다양하다.

첫째, 광고에 의한 결정
둘째, 교육기관의 추천에 의한 모집
셋째, 현 관리인의 추천에 의한 모집

넷째, 직업소개소에 의한 모집
다섯째, 연고자 모집

(2) 선발관리

모집은 선발대상을 모으는 과정이며, 선발은 유능한 인재를 선택하는 과정이기 때문에 응모자 중에서 지식, 기술, 적성, 성격 등을 충분히 고려해서 선발해야 된다.

그런데 일반적으로 선발절차는 원서접수 → 서류심사 → 구두시험 또는 면접 → 신체검사 → 신원조사 및 경력조사 → 적성검사 → 채용의 결정 → 인사배치의 순이다.

(3) 임금관리

임금은 관리인의 노동용역에 대한 노동보수로써 항상 적정한 보수가 지급되어야 잠재능력이 발휘된다.

1) 임금결정의 과정

임금결정은 임금기준 및 임금체계와 관련된 임금원칙과 관련해서 이루어져야 한다. 임금수준과 체계의 결정은 축종, 경영규모, 지역적 조건, 직무의 난이도에 따라 다르다. 그러나 임금원칙을 고려한 합리적인 임금체계 및 형태에 따른 임금결정이 이루어져야 한다.

일반적으로 임금지급을 위한 관리규칙은 직무분석, 직무기술지의 작성, 직무평가, 다른 농장의 임금조사, 최저임금법, 노조와의 단체교섭결과를 반영시켜서 적절한 임금단위를 확립하는 것이 바람직하다. 이러한 기본적 체계에 따라 임금관리를 위한 규칙을 제정하고, 마지막 단계로써 각 관리인의 업적평가를 하여 임금을 지급하게 되는 것이다.

2) 임금결정의 요인

임금수준의 결정에 영향을 주는 요인은 여러 가지가 있다. 목장의 지불능력, 생계비수준, 사회적 균형의 세 가지로 요약하여 체계화시킬 수 있다.

첫째, 목장이 지급할 수 있는 최대한의 임금수준은 농장의 지불능력 범위이내이어야 하고 둘째, 물가변동을 감안한 생활비의 최저액을 임금의 최저기준으로 하여 평균가족수의 생계비가 보장되는 수준이어야 하며,

셋째, 국내 노동력의 수요·공급관계에 따른 동일 업종인 여러 목장의 임금수준과 노조, 정부관여 등에서 형성되는 사회 일반의 균형적 임금수준이 고려되어야 한다.

3) 임금체계

임금은 어떠한 체계에 의하여 구성되며, 어떠한 형태로 지급되고 있는가 하는 것이 임금체계관리상 중요한 과제로 등장된다.

항상 농장과 관리인과는 공존공영의 관계에 있으며, 목장이 생산성을 향상시키고 경영의 안정을 찾으려면 적정인건비를 지급하는 임금수준에서 임금관리가 될 수 있도록 해야 하며, 필요생계비가 보장되는 임금체계를 확립해야 된다. 임금체계가 직무중심형이냐 사람중심형이냐에 따라서 직무급, 연봉급, 직승급 등으로 구분된다.

임금형태가 성장지향적이냐, 안정지향적이냐에 따라서 성과급(능률급) 및 고정급(정액급)으로 구분된다. 관리인의 잠재능력을 발휘시킬 수 있는 임금체계가 경영합리화에 도움이 될 수 있다.

(4) 복지후생관리

복지후생이란 목장의 경영자가 관리인과 그의 가족의 생활수준을 증진시키기 위하여 마련한 간접보수로써 모든 급여를 총칭한다. 정규적인 임금 이외에 인간적이고 편리한 문화혜택을 받을 수 있도록 하기 위하여 경영자는 종업원과 그의 가족의 복지후생 증진에 힘써야 한다.

(5) 신분관리

관리인에게 가장 중요한 관심은 월급, 연봉, 승진 또는 조직 내의 지위에 관한 것이다. 신분관리에는 승진, 전직, 휴직, 징계, 해고 등의 인사이동이 있다. 관리인에게 신분상의 과제는 승진·교육훈련이고, 보수상의 과제는 임금과 복지후생 문제이다.

관리인들은 항상 신분에 있어서나 보수에 있어서 희망을 갖도록 해야 한다. 왜냐하면 희망이 있는 곳에 목표가 있고 목표가 있는 곳에 동기유발, 사기앙양이 있기 때문에 잠재능력 개발이 가능하다.

1) 승진관리

어느 목장에 근무하는 관리인이라도 승진에 가장 관심이 많다. 그것은 우리 인간이 발전하기를 원하기 때문에 조직 내의 위치가 보다 나은 직위로 오르기를 원하고 있는 속성을 갖고 있다. 명령을 받기보다는 명령을 하는 쪽으로 자기 위치를 확보하고자 한다. 승진은 일정한 기간 직무의 성과가 양호하고 더 높은 직무를 수행할 능력과 경험이 있어야 한다.

2) 교육훈련관리

신분관리에서 승진관리 다음으로 중요한 것이 교육훈련이다. 아무리 교육기관에서 받은 실력이 우수하다 해도 농장에 적합한 높은 기술과 지식을 갖추기란 어려운 것이다. 그러므로 모든 기업이 경쟁에 이기려면 최고의 기술, 지식, 능력(잠재능력)을 구비토록

부단한 교육훈련이 요구된다.

축산계통의 대학을 졸업한 관리인이라 해도 주어진 직무를 충실히 수행하기 위해서는 고도의 이론과 기술을 터득하고 업계에 대한 많은 경험을 쌓아야 한다.

제3절 생산함수의 기초이론

1. 생산함수

생산함수란 투입과 산출간의 상관관계를 의미한다. 다시 말해서 생산물을 생산하기 위하여 사용되는 여러 가지 생산요소의 종류 및 수량과 산출된 생산물간의 함수관계를 의미한다.

만약, 단 한가지 생산요소로써 어떤 축산물을 생산한다고 가정하고 생산량을 Y, 투입량을 X라고 할 때 생산량과 투입량의 관계를 나타내는 생산함수(production function)는 $Y=f(X)$로 나타난다. 그러나 실제로 축산물을 생산하기 위해서는 수많은 생산요소를 사용하지 않으면 안된다. 예를 들면 우유의 생산에는 토지, 노동력, 가축 등 여러 가지 생산요소가 사용되는 것이다.

따라서 두 가지 이상의 생산요소를 이용하여 생산물을 생산할 경우 생산물 Y는 생산요소 X_1, X_2, X_3, ……X_n의 결합하여 이루어지기 때문에 생산함수 $Y=f(X_1, X_2, X_3, \cdots\cdots X_n)$의 형식으로써 표시할 수 있다.

또한 생산함수는 모든 생산요소가 변량이나 X_2, ……X_n의 생산요소는 양적으로 고정된다고 가정하고, X_1만을 변량으로 나타내는 경우 $Y=f(X_1|X_2, \cdots\cdots X_n)$으로 표시되며, 생산함수 $Y=f(X_1|X_2, \cdots\cdots X_n)$는 단기적 생산함수(short-run production function)를 나타내고, 모든 생산요소가 다 변량으로 나타내는 $Y=f(X_1, X_2, \cdots\cdots X_n)$는 장기적 생산함수(long-run production function)라고 부른다.

장기생산함수에 있어서는 모든 생산요소가 가변요소인데 비하여, 단기생산함수의 생산요소는 다음과 같은 세 가지의 제약을 받게 된다.

첫째, 고정재 투입수준을 변화시킬 수 없을 정도로 단기적이고,

둘째, 기술변화로 인해 생산함수의 형태변화가 발생할 수 있는 시간적인 여유가 없을 만큼의 단기이며,

셋째, 특정 축산물의 생산에서 전기술 과정을 마칠 정도의 기간 내에서 한 가지 생산요소만 가변적이고, 그 밖의 생산요소는 고정되어야 한다.

위의 생산함수는 <표 5-2>와 <그림 5-2>에서 보는 바와 같이 생산요소 투입량이 증

가함에 따라 총생산곡선은 체증현상과 체감현상을 나타낸 뒤 최고치에 도달한 후 감소하는 형태를 나타낸다.

〈표 5-2〉 총생산물, 평균생산물 및 한계생산물

투 입 량	총생산물(*TPP*)	평균생산물(*APP*)	한계생산물(*MPP*)
0	0	–	–
1	10	10	–
2	24	12	14
3	39	13	15
4	52	13	13
5	61	12.2	9
6	66	11	5
7	66	9.4	0
8	64	8	-2
9	58	6.4	-6
10	48	4.8	-10

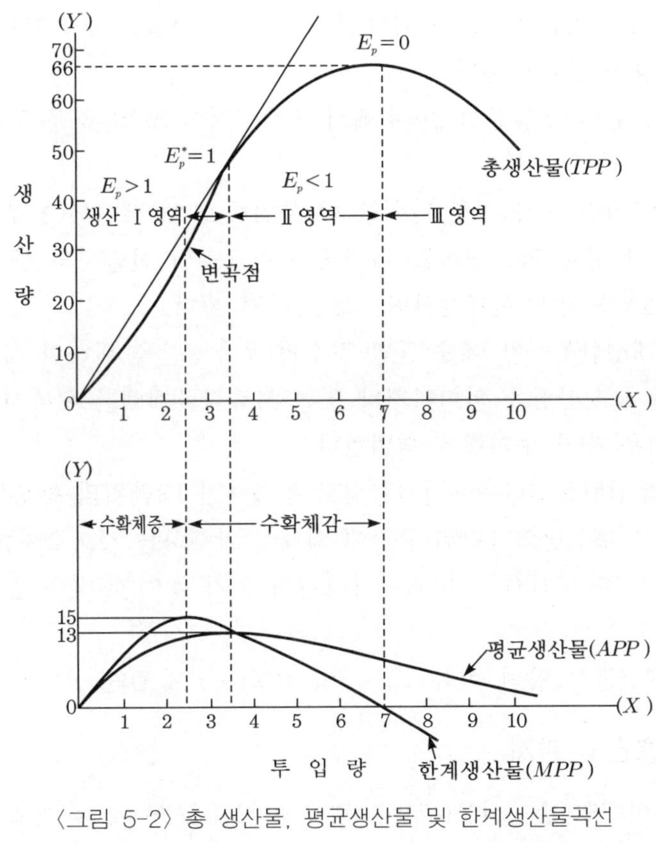

〈그림 5-2〉 총 생산물, 평균생산물 및 한계생산물곡선

2. 생산함수의 제형태

생산함수는 투입 생산요소와 생산량과의 관계를 의미하는 것으로써, 총생산물(total physical product : *TPP*), 평균생산물(average physical product : *APP*), 한계생산물(marginal physical product : *MPP*)이 있다.

(1) 총생산물, 평균생산물, 한계생산물

총생산물(*TPP*)은 투입한 생산요소의 총량에 대응하는 생산물의 총량을 나타낸다. 총생산물은 투입하는 생산요소에 대해서 생산물이 비례하여 생산되는 경우, 생산물이 체감하는 경우, 생산물이 체증하는 경우로 구분할 수 있으나 이 중의 하나 또는 2개 이상이 결합되는 형태가 일반적으로 나타난다.

총생산물곡선은 <그림 5-2>에서와 같이 투입량이 증가함에 따라 계속 증가하나, 고정투입량에 비해서 가변투입량이 증가할수록 총생산물의 증가율은 감소하게 되어 한계생산물이 0인 점부터 체감하기 시작하는 형태를 띠고 있다.

평균생산물(*APP*)이란 총생산량을 투입한 생산요소의 총량으로 나눈 것으로써, 각 생산요소 투입량에 대한 평균생산물을 나타낸다. 즉 총생산물을 Y, 생산요소의 총량을 X라 하면 평균생산량은 Y/X가 된다.

<표 5-2>에서와 같이 투입량이 3단위에서 총생산량이 39일 경우 평균생산량은 39/3 = 13단위가 된다.

한계생산물(*MPP*)이란 추가된 한 단위를 더 투입했을 때 생산되는 추가생산량을 의미한다. 이는 투입량과 산출량의 변화를 나타내는 것으로써 산출량의 증가량을 ΔY, 생산요소의 증가량을 ΔX라 하면 한계생산력은 $\Delta Y/\Delta X$가 된다.

다시 말해서 한계생산물이란 예를 들면 젖소의 우유생산을 위하여 사료 한 단위를 추가 급여할 경우 추가 생산량을 의미하거나 또는 사료작물재배를 위해서 한 단위의 비료를 추가 투하할 경우 추가 수확량을 의미한다.

<표 5-2>에서 투입량을 3단위에서 4단위로 추가하면 13단위의 총생산량이 추가로 증가된다. 이 증가량은 투입량의 1단위 증가에 의해서 발생하는 것으로써 한계생산물은 13을 1로 나눈 13이 된다. 그러나 7단위에서 1단위 증가 투입할 경우 총생산량의 변화는 −2가 된다.

그러므로 한계생산물은 양의 변화(+), 부의 변화(−) 및 0의 상태가 될 수 있다.

(2) 생산물 상호간의 관계

생산함수의 제 형태인 총생산물(*TPP*), 평균생산물(*APP*) 및 한계생산물(*MPP*)의 상

호관계를 살펴보면,

1) 총생산물(*TPP*)과 한계생산물(*MPP*)과의 관계

총생산물이 일정한 증가율에 의해서 체증할 경우 한계생산물은 증가하고 총생산물이 체감하면 한계생산물은 감소된다. 총생산물이 최대인 점에서 한계생산물은 0이 된다.

2) 총생산물(*TPP*)과 평균생산물(*APP*)과의 관계

총생산물이 체증적으로 증가하는 경우, 즉 변곡점까지 평균생산물은 증가되나, 총생산물이 체감적으로 증가하는 경우, 즉 변곡점 이후에는 평균생산물은 감소를 나타낸다. 그러나 평균생산물은 총생산물이 0이 되지 않는 한 평균생산물도 0이 되지 않는다.

3) 평균생산력(*APP*)과 한계생산력(*MPP*)과의 관계

평균생산물과 한계생산물의 관계는 평균생산물이 증가하는 한 한계생산물은 증가하며 이때 한계생산은 평균생산물보다 더 크다. 또한 한계생산물은 평균생산물이 최대가 될 경우에는 동일하다.

이를 한계생산물과 평균생산물과의 상호관계를 요약하면

첫째, 한계생산물이 평균생산물보다 클 경우 평균생산물은 증가하고,

둘째, 한계생산물이 평균생산물보다 작을 경우 평균생산물은 감소하며,

셋째, 한계생산물이 평균생산물과 동일할 경우 평균생산물은 최대가 된다.

3. 생산함수의 3영역

총생산물, 평균생산물, 한계생산물을 표시하는 상호 투입산출관계에서 가장 유리한 생산단계를 살펴보기 위하여 생산함수를 3영역으로 구분하였다.

각 영역별로 구체적으로 총생산물, 평균생산물 및 한계생산물의 상호관계와 생산관계에 대해서 <그림 5-2>를 통해서 살펴보면 다음과 같다.

(1) 제1영역

제1영역은 투입량이 0인 점부터 평균생산물이 최대점에 도달하고, 동시에 평균생산물과 한계생산물이 일치하는 점까지로써 최대의 평균생산물을 산출할 수 있는 수확체증의 영역으로 평균생산물이 증대하기 때문에 생산요소의 추가투입이 생산자에게 유리하므로 제1영역 하에서는 생산활동을 지속하는 것이 유리하다.

(2) 제2영역

제2영역은 총생산물은 계속 증가되나, 한계생산물과 평균생산물은 계속 감소되는 범위, 즉 평균생산물이 최대인 점부터 한계생산물이 0이 되는 점까지로써 수확체감현상이 나타난다. 그러므로 제2영역은 합리적인 생산영역으로써, 합리적인 생산요소의 사용량을 결정하여야 하는 영역이 된다. 그러나 이 영역내의 어느 점에서 생산하는 것이 가장 합리적인 경영이 되는가하는 문제는 생산요소의 가격분석 등 경제적인 분석에 의해서 가능하다.

(3) 제3영역

제3영역은 총생산물이 감소하는 단계로써 평균생산물은 계속 감소하고, 한계생산물은 부(-)의 증가를 나타내는 영역이다. 그러므로 이 영역은 생산요소의 투입량이 많아질수록 생산물은 오히려 감소하는 경제성이 없는 영역이므로 투입량을 제2영역까지 감소시키는 것이 유리하다.

제 4 절　비용함수의 기초이론

1. 비용함수

축산물을 생산하기 위해서 투입되는 생산요소는 수량과 단가에 의해서 가격으로 산출되고 이들 생산요소의 가격을 합계한 것이 생산비가 된다.

이와 같이 생산활동에 소요되는 금액으로써 비용은 생산함수의 성질, 시장가격 등에 의해서 결정됨으로 비용은 특정의 시간적인 요소, 투입되는 생산요소와 생산물에 관계가 된다.

비용의 개념으로써 중요한 기회비용은 투입물에 대해서 설정하는 가격은 투입물을 다른 대체재로 사용할 경우 받을 수 있는 보수로써 투입 생산요소의 구입 및 사용량을 결정하는 기준이 된다.

비용은 그 성질에 따라 고정비용(불변비용, fixed cost)과 유동비용(가변비용, variable cost)으로 구분되며, 기간에 따라 단기비용(short-run costs)과 장기비용(long-run costs)으로 구분된다.

첫째, 고정비용이란 불변비용이라고도 하며 생산량의 증감에 관계없이 생산물을 생산하는데 일정하게 소요되는 비용으로써 예를 들면 기계, 건물 및 가축에 대한 감가상각비, 이자, 고정적인 급료 등을 의미하며, 유동비용이란 가변비용이라고도 하며 생산량의 증감에 따라 소요비용이 증감하는 성질의 비용으로써 예를 들면 사료비, 방역치료비 등을 의미한다.

둘째, 단기비용이란 축산물을 생산하기 위하여 소요되는 비용 중 가축, 건물 및 시설 등에 소요되는 고정요소비용을 제외한 사료, 치료비 등의 유동비용을 의미하며, 장기비용이란 축산물을 생산하기 위하여 소요되는 경영자의 능력을 제외한 모든 생산요소의 비용을 의미한다.

2. 비용함수의 제형태

(1) 총 비 용(Total cost : *TC*)

총비용은 <그림 5-3>에서와 같이 총고정비용(*TFC*)과 총유동비용(*TVC*)을 합한 비용을 의미한다. 총고정비용은 생산량과 관계없이 일정하므로 수평선으로 나타나며, 가변비용곡선의 기울기는 총생산물곡선의 기울기와 반대의 형태를 나타냈다.

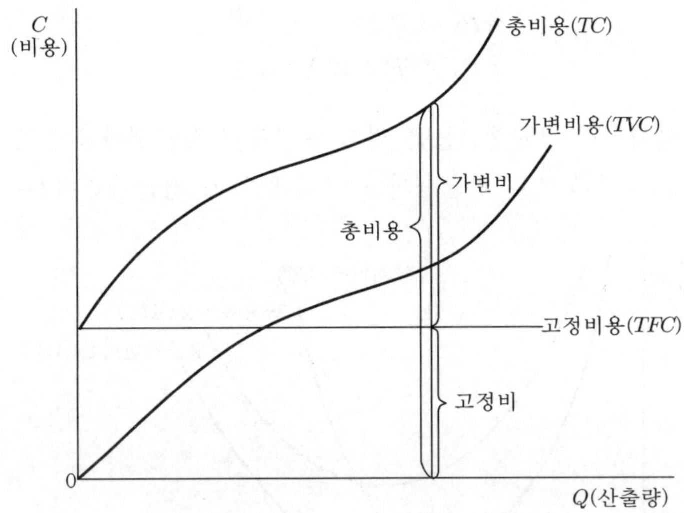

〈그림 5-3〉 가변비용과 불변비용과의 관계

(2) 평균비용(Average cost : *AC*)

평균비용은 생산물 단위당 비용으로써 총비용을 *TC*, 총생산량을 *Y*라고 하면 평균비용(*AC*)= *TC*/*Y*로 나타난다.

한편 평균비용은 평균총비용(average total cost : *ATC*= *AFC*+ *AVC*)을 의미하는 것으로써 평균총비용은 평균고정비용(average fixed cost : *AFC*)과 평균가변비용(average variable cost : *AVC*)으로 구분할 수 있다.

첫째, 평균고정비용이란 전체 고정비용을 산출량으로 나눈 것으로 산출량의 증가에 따라서 계속 감소한다. 즉 평균고정비용(AFC)=총고정비용(TFC)/산출량(Y)

그러므로 평균고정비용곡선은 생산량이 증가할수록 단위당 고정비용이 체감하는 형태를 띠게 된다.

둘째, 평균가변비용이란 총가변비용을 산출량으로 나눈 것으로 <그림 5-4>에서 보는 바와 같이 산출량이 증가함에 따라서 처음에는 감소하나 최저치를 나타낸 후 상승하는 U자형의 곡선을 나타낸다.

즉 평균가변비용(AVC)=총가변비용(TVC)/산출량(Y)

한편 평균가변비용(AVC)과 평균생산물(APP)과의 관계를 대수적으로 표시하면 다음과 같다.

$$AVC = TVC/Y$$
$$= \frac{Px}{Y/X} \ (\because TVC = Px \cdot X)$$
$$= Px = (X/Y)$$
$$= Px/APP (\because Y/X = APP)$$

따라서 평균가변비용과 평균생산물은 역의 관계로써 평균생산물이 증가(감소)하면 평균가변비용은 감소(증가)하므로 평균생산물이 최대일 때 평균가변비용은 최저가 된다.

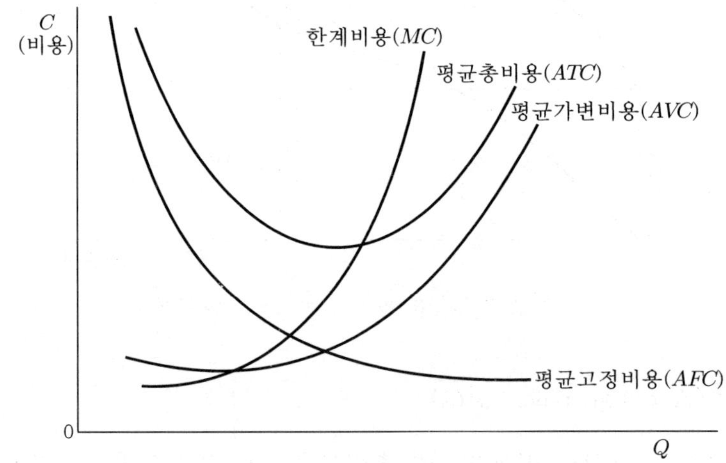

〈그림 5-4〉 각 비용곡선의 상호관계

(3) 한계비용(Marginal cost : MC)

생산비용은 생산물 1단위를 증가시킬 경우 투입되는 총비용의 변화분, 즉 생산물 1단위를 추가할 경우 추가되는 비용을 의미한다.

총비용의 증가분을 ΔTC, 산출량의 증가분을 ΔY라고 하면 한계비용

$$MC = \Delta TC / \Delta Y$$

로 나타난다.

한편 한계비용(MC)과 한계생산물(MPP)과의 관계를 대수적으로 표시하면 다음과 같다.

$$\begin{aligned} MC &= \Delta \text{cost} / \Delta Y_1 \\ &= Px \cdot (\Delta X_1 / \Delta Y_1) \ (\because \Delta \text{cost} = Px_{1\Delta} X_1) \\ &= \frac{Px_1}{\Delta Y_1 / \Delta X_1} \\ &= Px_1 / MPP (\because \Delta Y_1 / \Delta X_1 = MPP) \end{aligned}$$

따라서 한계비용과 한계생산물과의 관계는 역의 관계로써 한계생산물이 최대점일 때 한계비용은 최저점이 된다. 그 뿐만 아니라 MC곡선은 AVC와 ATC의 두 곡선의 최소점에서 각각 교차된다.

한편 축산물의 생산과 비용의 상호관계하에서의 조업도에 대해서 살펴보면 <그림 5-5>에서와 같이 만일 축산물가격이 P_1일 경우 고정비용은 회수할 수 있으나, 유동비용

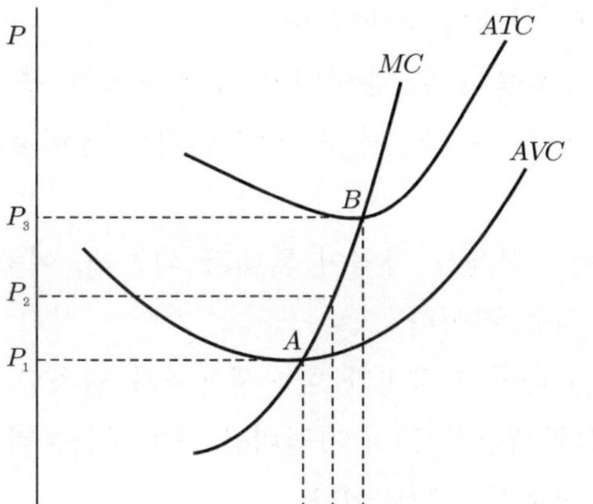

〈그림 5-5〉 총평균비용, 평균가변비용 및 한계비용과의 관계

은 회수할 수 없으며, 축산물가격이 P_2일 경우 고정비용의 일부를 회수할 수 없기 때문에 손실이 발생하나 고정자본에 대한 고정비용은 생산을 중지할지라도 지불하여야 하기 때문에 P_2의 가격 하에 Q_2을 생산할 경우 손실의 극소화를 가져올 수 있다.

한편 축산물가격이 P_3 이상일 경우 Q_3에서의 생산일 때에는 항상 이윤이 발생하게 된다. 그러므로 공급함수는 평균가변비용곡선의 최저점과 한계비용 곡선이 일치하는 점 A 이상이 된다.

제5절 최적 생산수준의 선택

축산경영에 있어서 순이익의 최대화는 생산요소를 투입하여 최대생산량과 최대이윤을 산출하는 것이다. 이를 달성하기 위해서는 생산요소투입의 합리화, 집약화를 통하여 단위투입요소당 생산량을 늘리거나 또는 단위 생산량당 생산비를 절감하여야 한다. 주어진 생산요소를 가장 합리적으로 결합하여 최적수준을 가져오는 것을 의미한다.

예를 들면 우유를 생산하기 위하여 가축, 토지, 시설 등의 고정자본재와 사료 등의 가변요소를 얼마만큼 투입하는 것이 이윤을 최대화하고 손실을 최소화할 수 있을 것인가 하는 것은 축산경영상 중요한 문제이다.

이러한 이윤의 최대화, 또는 손실을 최소화하는 산출수준을 결정하는데 접근하는 방법으로써 총수익과 총비용을 비교하여 산출량 수준을 결정하는 방법, 생산요소와 생산물과의 가격비와 한계비용을 비교하여 산출량을 결정하는 방법, 한계비용과 한계수익을 비교하여 산출량을 결정하는 방법이 있다.

첫째, 총수익과 총비용의 차액이 최대일 때

총수익이란 생산량에 가격을 곱한 총액이며, 총비용이란 투입된 생산요소의 수량과 가격을 곱한 총액으로써 이들 총액의 차, 즉 총수익과의 총비용의 차액이 최대일 때 최대수익이 된다.

<그림 5-6>에서와 같이 A점에서 차액이 최대가 되는데, 이 점에서 생산요소의 투입수준이 가장 적정수준이 되는 것이다.

둘째, 생산요소와 생산물과의 가격비가 한계생산물과 일치할 때

이 방법은 생산요소(X)와 생산물(Y)의 가격비를 한계생산물과 비교함으로써 순수익이 최대가 되는 산출수준을 결정하는 방법이다.

이를 대수적으로 살펴보면 다음과 같다.

$$\begin{aligned}
\text{순수익(Profit)} &= \text{총생산액}(TVP) \\
&= \text{총생산액}(TVP) - [\text{총유동비} + \text{총고정비}] \\
&= Py{\cdot}f(x) - [Px{\cdot}X + TFC] \\
&= Py{\cdot}f(x) - Px{\cdot}X - TFC - \text{총비용}(TC)
\end{aligned}$$

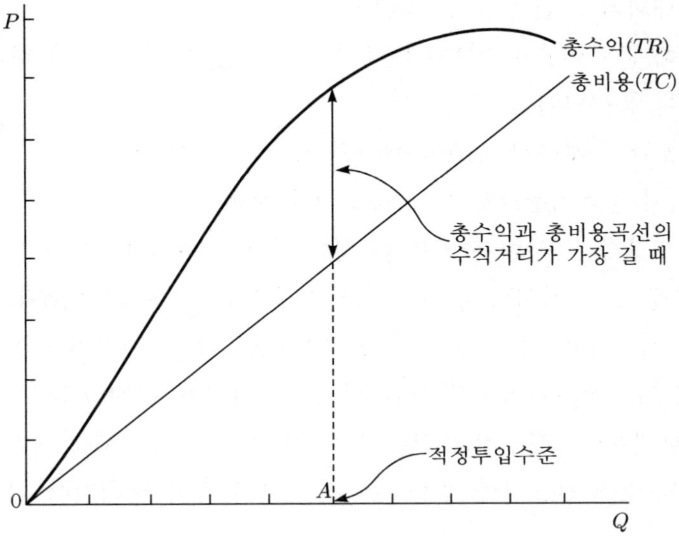

〈그림 5-6〉 총수익과 총비용의 차액이 최대

이윤최대화 조건은

$$d\ \text{profit}/dX = Py \cdot dY - Px = 0$$
$$= Py \cdot MPP - Px = 0$$
$$Py \cdot MPP = Px$$
$$\therefore \frac{Px}{Py} = MPP$$

셋째, 한계수익과 한계비용이 일치할 때

이 방법은 추가산출량의 한계수익과 한계비용을 비교함으로써 이윤이 최대화하는 산출수준을 결정하는 방법이다. 이를 대수적으로 살펴보면 다음과 같다.

이윤이 최대화될 때의 평균비용곡선과 평균수익곡선과의 관계는 다음과 같다.

$$\text{이윤(profit)} = TR - TC$$

이윤최대화 조건은

$$\frac{d\ \text{profit}}{dY} = \frac{TR}{dY} - \frac{TC}{dY} = 0$$
$$\frac{TR}{dY} - \frac{TC}{dY} = 0$$
$$\frac{TR}{dY} = \frac{TC}{dY} \qquad \therefore\ MR = MC$$

따라서 이윤최대화의 조건은 $MR=MC$이다.

완전경쟁시장 하에서 이윤최대화에 대해서 살펴보면, 먼저 이윤의 최대화조건은 다음의 세 가지 조건이 충족되어야 한다.

즉 한계비용(MC)=한계수익(MR)이어야 하고,

균형점(Q_0)에서의 한계비용(MC)은 상승하여야 하며,

균형점에서의 시장가격(P_0)이 평균비용(AC)보다 높아야 한다.

예를 들면 <그림 5-7>에서와 같이 시장가격(P_0)이 한계수익(MR)과 평균수익(AR)이 동일한 완전경쟁 시장 하에서 만일 시장가격이 P_0인 경우, 시장가격과 교차하는 점 A, E중 균형점 E에서는 한계수익=한계비용일 뿐만 아니라 한계비용곡선이 상승하는 반면, A점에서는 한계수익=평균비용이나 한계비용(MC)이 하강하기 때문에 시장가격이 P_0인 경우에는 생산물을 $0Q_0$만큼 생산하는 점 E가 이윤의 극대점이 된다.

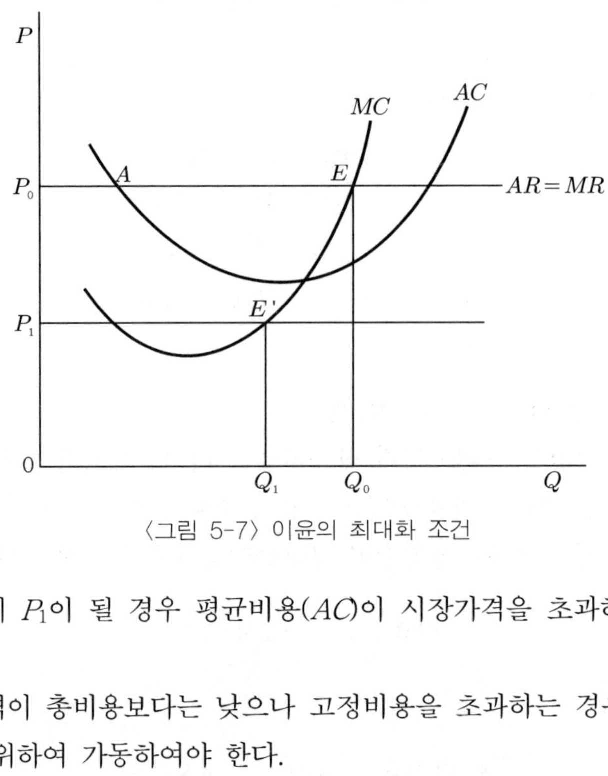

〈그림 5-7〉 이윤의 최대화 조건

한편 시장가격이 P_1이 될 경우 평균비용(AC)이 시장가격을 초과하므로 손실이 발생한다.

그러나 시장가격이 총비용보다는 낮으나 고정비용을 초과하는 경우 단기적으로는 손실을 최소화하기 위하여 가동하여야 한다.

즉 생산물의 판매가격 또는 한계수익이 평균비용을 회수하지 못할 경우, 예를 들면 일시적인 불황기의 가격 하락 시에는 축산물의 시장가격이 감가상각비, 고정급료 등의 고정비용을 회수할 수 있는 수준이라면 축산경영을 계속함으로써 평균비용을 최소화시킬 수 있다.

제 6 절 가축관리

1. 가축관리의 개념

축산경영에 있어서 가장 중요한 활동은 축산물의 생산활동이다. 그런데 가축들이 활동을 가장 활발히 그리고 효율적으로 할 수 있도록 도와주는 활동이 바로 가축의 관리다. 가축의 관리를 구미에서는 care and management라고 부르고, 우리나라에서는 "가축의 몸과 마음을 편하게 하고 충분히 영양을 공급해 주는 것이다" 라고 말하고 있다.

가축관리의 중요성은 가축이 축산물 생산의 직접 생산수단이기 때문에 재론의 여지가 없다. 그런데 가축의 생산활동은 환경과 상호 관련되고 있으며, 특히 관리자의 관리능력에 크게 지배되고 있어 최근에는 가축관리학(science of animal management)에 대한 관심이 높아지고 있다.

일반적으로 "가축관리학은 가축의 생산성 향상을 도모하기 위하여 가축 및 그 생활조건들을 합리적으로 관리하는 기술의 기초가 되는 학문이다" 라고 일컬어지고 있다.

가축의 관리대상은 먼저 가축의 구매관리, 생산관리, 환경관리, 행동관리, 판매관리, 도태관리로 요약된다.

2. 가축의 구매와 도태관리

(1) 가축의 구매관리

축산경영에 있어서 기본적으로 가축의 능력이 우수한 것을 구입하지 않으면 아무리 인사관리와 생산관리를 잘해도 생산성향상에는 한계가 있다. 자기 축산경영 내에서 모든 여건이 허락한다면 수용할 수 있는 범위 내에서는 능력이 상위권에 있는 가축을 구입해야 한다.

경매시장에서 우수한 젖소, 우수한 종돈을 구입하거나, 믿을 만한 신용을 기초로 최상의 능력을 보유한 가축을 구입하는 지혜가 경영성과에 직접영향을 줄 뿐만 아니라 축산경영체의 장래를 보장해 주기 때문이다.

(2) 가축의 도태관리

젖소, 돼지, 닭 등을 언제 어떻게 도태하는 것이 경영상 유리한가를 판단하는 것이 중요하다. 젖소의 사육목적은 원유의 생산에 의한 소득증진에 있다. 이를 위하여 경영자는 소득증대를 위한 방법으로써 젖소의 관리방법을 여러 가지 측면에서 고려할 수 있으나, 젖소의 도태 및 갱신을 판정하는 것이 중요하다. 다시 말해서 원유의 과잉상태, 원유가격의 하락 등 좋지 못한 경영여건 하에서도 되도록 경영수지를 개선하고, 낙농산업의 안정에 기여하는 방안으로써 능력이 낮은 젖소는 도태하고 우량 젖소를 선택 사양하는 것이 바람직하다.

젖소의 도태를 어느 방법 및 기준에 의해서 결정할 것인가에 대한 문제는 그리 쉽지 않다. 그러나 젖소의 도태요인으로는 환경적인 요인, 질병 및 번식의 요인, 정책적인 요인, 경제적인 요인이 있다.

1) 환경적인 요인

환경적인 요인이란 내부사정(가족사정)과 외부사정(다른 축종 및 다른 산업의 수익성의 증가, 도시팽창에 의해서 발생되는 공해발생과 지가상승, 도로의 신설과 확대) 등에 의하여 도태하는 경우를 의미한다.

환경적인 요인이란 비자발적인 요인, 즉 도시팽창에서 발생되는 분뇨의 공해발생 및 도로신설에 의한 요인과 지가상승 등의 자발적인 요인에 의해서 기존의 낙농업을 이전 및 전업할 경우 사육하는 젖소를 도태하는 경우다. 이러한 경우는 엄격한 의미에서 경제적인 도태기준 설정과 관련이 없고 전업과 이전을 위한 측면에서 고려하여야 할 것이다.

2) 질병 및 번식의 요인

질병 및 번식의 요인이란 3회 이상 수정시켜도 수태가 되지 않는 젖소, 유방염이 자주 발생되어 치료가 잘 되지 않는 젖소, 걸음걸이가 불안하거나 사지가 약한 젖소, 부제병 또는 기타 질병에 의하여 장기간 치료가 되지 않는 젖소, 식욕이 저하되어 체중이 떨어지고 쇠약한 젖소, 소화기 질병에 자주 걸리는 젖소, 반복성질환이나 고질병으로 판단된 젖소, 번식장애 등에 의해 분만간격이 긴 젖소, 분만전후의 기립 불능 등 허약한 체질을 지닌 젖소, 기타 질병이 잦은 젖소나 또는 노령인 젖소 등으로 경제성이 없는 경우를 의미한다.

이러한 젖소의 질병과 번식에 의한 허약한 개체들은 낙농가에게 정신적인 압박감과 동시에 경제적인 손실을 가져오기 마련이므로 도태하는 것이 바람직하다.

도태의 유무는 경제성에 의해서 판단하여야 하며, 경제성에 의한 판단이란 질병의 상태에 소요되는 치료비용과 치료로 인하여 손해가 발생되는 기회비용을 합한 금액이 치료후에 가져올 수익에 비하여 높은가 또는 낮은가를 판단한다.

한편 젖소의 정상적인 임신간격은 착유기간 및 생리공태 60일을 합한 12개월인데, 이를 기준으로하여 분만지연이 발생하는 경우 경제적인 손실이 발생하게 된다. 그러므로 되도록 분만간격을 좁혀야 한다.

3) 정책적인 요인

정책적인 요인이란 가격정책(유가정책), 수출・입 정책(유제품 수출입정책, 육류 수출입정책), 생산정책 등에 의하여 도태하는 경우를 의미한다.

농가수취가격인 유대, 유제품의 수출·입 등 우유생산에 미치는 요인에 의하여 유대가 상승하고 유제품이 수출되는 등의 긍정적인 경우 젖소의 사육규모는 증가하나, 반대로 유대가 하락하고 유제품이 수입되는 등 부정적인 경우 젖소의 사육 규모는 감소하고 심지어 생산비가 상승되어 경쟁력이 약한 영세규모의 양축가는 전업 또는 이전을 하지 않을 수가 없게 된다.

4) 경제적인 요인

경제적인 요인이란 생산비(사료비 등) 및 수익성(유대, 송아지가격, 도태우 가격) 등에 의한 경제성을 고려하여 도태하는 경우를 의미한다. 각 개체별 사양관리에 소요 또는 발생되는 생산비 및 수익성을 판단하여 손익분기점 이하의 우유량을 생산하는 저능력우를 도태하는 경우를 의미한다.

이상과 같이 젖소의 도태는 대략 4가지 측면에서 결정할 수 있으나 (1), (2)의 경우가 가시적인 판단에 의한 방법이라면, (3), (4)의 경우는 비가시적인 판단방법이다. 또한 (1), (2), (3)의 경우는 목장의 전체적인 측면으로 (4)의 경우는 개별 젖소의 능력을 평가하는 측면으로 볼 수 있다. 그러나 위의 4가지 방법은 모든 경제성에 의한 판단으로써 (4)에 의한 방법에 중점을 두고 서술된다.

이러한 젖소의 경제성에 의한 판단방법으로는 다음과 같은 두 가지 측면을 고려하여야 한다.

우유의 생산비 중 약 45~50%를 차지하는 사료비용으로부터 급여사료와 비유량과의 관계를 통하여 개별 젖소의 경제능력을 간접적으로 평가하는 상대능력평가와 우유의 생산비를 고려하여 경제능력을 평가하는 경제능력 검정에 의한 방법이다. 전자의 경우 유우의 비유량과 급여사료와의 관계로써 사료요구율, 사료효율, 유우의 품종에 의해서 판단하는 방법을 의미하며, 후자의 경우 수익(유대, 송아지가격 및 도태될 소의 판매가격)과 생산비(경영비)에 의한 평가방법을 의미한다.

이상의 두 가지 측면을 고려할 때 가장 합리적인 도태기준은 젖소의 경제능력에 의한 방법으로써 젖소의 경제능력은 젖소사양에 있어 수익을 지배하는 요소와 젖소사양에 소요되는 지출을 좌우하는 요인과의 상호관계로부터 규정되어야 한다.

수익을 지배하는 요소로써 무엇보다도 중요한 것은 말할 것도 없이 유우의 필수능력이므로, 번식우 경영형태의 젖소사양을 목적으로 하는 경영을 제외하고 일반 낙농경영에 있어서 소요되는 수익의 대부분이 유대수입이기 때문에 비유능력의 크기와 이에 소요되는 생산비는 도태기준설정에 중요한 요인이 된다. 이 두 요인에 영향을 미치는 각 요인들에 대해서 살펴보고, 도태기준을 설정하여야 한다.

한편 젖소의 산유량에 미치는 요인은 <그림 5-8>에서와 같이 산차, 체중, 분만간격, 착유기간, 착유회수, 분만시간에 의해서 영향을 받는다.

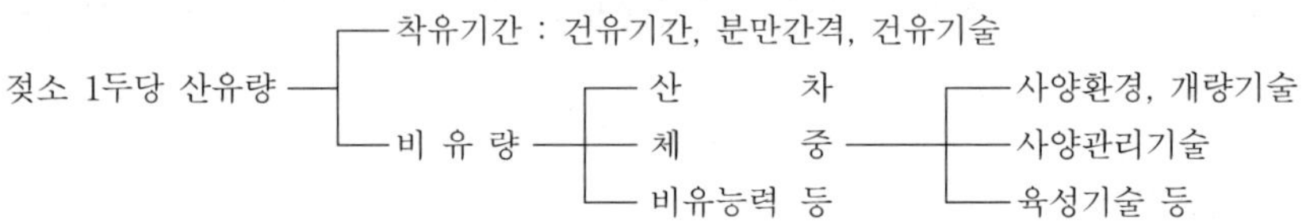

〈그림 5-8〉 젖소의 1두당 산유량

예를 들어 비유량과 젖소의 성장과의 관계에 있어서 젖소는 66개월령(5.5세)까지 성장하고 78개월령(6.5세)부터 노화되기 시작한다. 유우의 초산월령은 평균적으로 26개월부터이기 때문에 초산시의 비유량은 적고 산차를 거듭할수록 증가하며, 분만간격이 13~14개월째 순조로운 분만을 했을 때 3산부터 4산차까지 최고유량이 되고, 그 후의 산차부터는 비유량이 감소한다. 비유능력이란 이처럼 초산시의 비유량이 생산비를 능가하므로 사고가 없는 젖소는 13세이상이 될 때까지 사양하는 것이 좋다.

제 7 절 사료의 관리

1. 농후사료의 구입관리

축산물의 생산비 중에서 차지하는 사료비의 비중은 전체 생산비의 절반 이상을 차지하는 실정이므로 사료의 관리는 축산경영상 중요한 경영활동이 되고 있다.

구입사료를 양축가가 구입하여 가축에 급여하는 과정은 ① 사료공장에 출하·운송되어, ② 목장의 저장고에 저장된 뒤, ③ 운반수단을 통하여 축사의 급여기에 담겨지고, ④ 이를 가축이 섭취 소화하는 한편, 소화되지 않은 양은 배설된다.

이 과정에서 ①~③까지를 목장에서 구입한 사료가 가축의 입까지 들어가기 전까지의 인위적인 관리라고 한다면 ④의 과정은 가축의 체내에서 발생되는 것으로 인위적인 관리에 어려운 점이 있다.

이와 같이 사료를 구입하여 소비하는 과정에서 사료를 효율적으로 관리하고 적당한 급여를 위하여 각 과정에 따른 사료손실의 원인을 살펴보면,

① 과정에서는 목장의 입장에서는 구입사료량의 정확성 유무

② 과정에서는 장기간 사료보관으로 인한 사료효율의 감소로 말미암아 손실되는 경우, 쥐에 의해서 손실되는 경우

③ 과정에서는 관리자의 부주의한 급여시 분뇨에 오염되어 손실되는 경우

④ 과정에서는 과다한 사료급여로 인하여 손실되는 경우 등을 들 수 있다.

그러므로 각 과정마다 사료를 관리하는 방법은 다음과 같다.

① 과정에서는 구입량과 품질을 정확히 확인하여야 한다. 사료를 구입할 시에 구입량을 정확히 확인하여야 할 뿐만 아니라 사료품질을 가시적인 방법(냄새가 고소하고 향긋하다, 사료포대가 깨끗하다, 이물질이 없고 고르다, 습기가 없다, 제조일이 오래 지나지 않았다) 등에 의해서 살펴보고 만일 의심의 여지가 많은 경우 공인실험실에 검사 의뢰하는 것이 중요하다.

② 과정에서는 저장시 이상이 없도록 철저한 사료의 보관 및 관리를 한다. 사료는 특히 하절기의 고온·다습에 의해서 품질이 변질될 수 있으므로 보관관리가 중요하다. 즉 상대습도의 증가에 의해서 사료가 변질될 수 있다. 사료에 수분이 증가함에 따라 곰팡이뿐만 아니라 각종 미생물 오염이 발생하기 쉬우므로 사료는 비가 새지 않고 통풍이 잘 되는 곳에 보관하여야 하며 사료의 구입과 보관량은 장기간이 되지 않도록 주의하여야 한다.

③ 과정에서는 운반작업 및 급여기에 담을 때 조심하여야 한다.

④ 과정에서는 각 축종의 일령 및 체중 등에 따라 각 단계에 적합하도록 농후사료를 급여하여야 한다.

(1) 비육우 사료소요량

축산경영에서 가축 다음으로 중요한 것이 사료이다. 철저한 사료관리를 위해서는 필요한 사료량을 계산하고 이 소요량을 결정내지는 규제하고 있는 요인을 검토하여 보는 것이 무엇보다 중요하다.

비육우 1두당 사료요구량(a)＝비육우 1두당 사료섭취량·(1＋사료소모율)
비육우 1두당 사료소요량＝(a)·연간비육 회전율이 된다.

여기에 비육우 1두당 농후사료 섭취량은 1일 1두당 증체량, 1일 1두당 양분요구량 농후사료 양분함량, 농후사료 급여방식, 비육개시시 일령, 비육종료의 일령, 비육개시시 체

중, 비육종료시 체중, 비육일수 등 주요 원인에 의해서 규제를 받고, 농후사료의 손모율은 개체차이, 급여설비, 사료의 취급방법, 사료의 저장·보관방법에 따라 규제를 받는다. 한편 연간 비육회전율은 비육개시시 체중, 1일당 증체량, 비육종료시의 체중의 요인에 의해 규제를 받게 된다.

(2) 양돈 사료소요량

비육돈 상시 1두당 연간사료 소요량은 비육돈 1두당 사료소요량, 비육회전율, 사료손모율에 의해 결정되며, 비육돈 1두당 사료 소요량은 1일당 증체량, 사료의 양분 함량, 사양방식, 음수량, 운동량, 환경, 온·습도, 산육능력, 건강도, 비육개시시 체중 또는 일령, 비육종료시 체중 또는 일령, 비육회전율, 비육일수와 돈방사용 휴지일수의 요인 등에 의해 규제를 받는다.

(3) 양계 사료소요량

육성계 1수당 사료소비량은 육추용 사료소비량과 대추용 사료소비량에 의해 결정되며, 이들 소비량은 사료의 영양소 함유율, 사료급여방식, 병아리의 성능(건강성, 사료이용성), 육추·육추사의 구조, 육추·육성방식, 관리방식, 질병발생, 육성률 등의 주요 요인에 의해 규제를 받는다.

산란계 1수당 연간 사료소비량은 주로 연간 평균산란율, 연간 평균난중량, 사료요구율 등에 의해 결정되며, 이들은 또한 사료의 영양함유율, 닭의 능력(산란성, 강건성), 계사구조 관리방식, 관리환경, 성계 갱신월령, 도태, 닭의 체중, 질병의 발생 등 주요 원인의 규제를 받게 된다.

2. 사료작물의 생산관리

(1) 사료작물의 선택기준

적합한 사료란 축종에 따라 증체 및 축산물 생산에 필요한 영양분이 충분히 포함되며, 섭취시 생리적인 이상이 없어야 함으로 사료의 선택은 중요하다.

사료작물을 어떤 종류로 얼마나 재배할 것인가? 하는 사료작물의 선택은 여러 가지 요인에 의해서 결정되나 자연적인 요인(기후, 토양 등), 경제적인 요인(사료작물의 생산비, 생산요소의 가격 등) 및 경영자의 개인적인 사정 등으로 크게 나눌 수 있다.

이러한 사료작물의 선택에 미치는 요인으로써는 다음과 같다.

첫째, 사료작물의 선택시의 가격이 아닌 장래의 예측가격, 다시 말해서 사료작물을 재배하는데 투입되는 생산비와 배합사료 가격과의 비교에 따라 사료작물의 재배면적에 영향을 미친다.

둘째, 사료작물의 예상 생산비와 생산물의 예상판매가격(예상수익), 다시 말해서 사료작물의 생산량 비용뿐만 아니라 생산물의 판매가격을 비교하여 사료작물의 재배에 의해서 얻어지는 수익이 재배하지 않을 경우보다 더 많을 경우 사료재배면적은 확대된다.

셋째, 사육하는 축종(특히 젖소의 경우)이 다른 축종의 수익보다 더 많을 경우, 다시 말해서 사료작물의 재배목적은 낙농 및 육우 등의 축종에 국한된다. 그런데 만일 낙농의 유대는 고정된 반면 돼지가격 등의 타 축종의 가격이 하락할 경우 낙농확대에 영향을 미치고, 이는 사료작물재배 면적의 확대를 가져온다.

사료작물의 합리적인 선택은 기업경영인 경우 이윤 확대에 기여하고 있으며, 가족경영인 경우 소득증대에 큰 도움을 주게 된다.

한편 각종 사료작물 중 적합한 사료작물의 선택은 사료작물 상호간의 비교 유리성에 기준한다. 경영자는 사료작물 생산단위당 생산비 비교, 가족경영인 경우 1인당 가족노동의 크기 비교, 기업경영인 경우 투하자본의 수익성 비교 등 경영 내의 사료작물간의 비교 유리성, 지역간의 유리성과 다른 경영체간의 유리성 등 경영외적인 비교유리성에 의해서 판단 기준을 설정하여야 한다.

사료작물을 선택함에 있어서 먼저 사료작물 생산량과 관련된 자연적인 여건으로써 기후, 토양, 강우량 등을 들 수 있으며, 자연환경 중 사료작물 재배시 토질의 범위를 먼저 검토하고 각 사료작목별 파종시기, 파종량, 수확시기, 수확량 등을 알고서 결정해야 한다.

(2) 작부체계의 작성

사료작물을 생산하기 위한 계획으로 작부체계를 작성해야 한다. 이 작부체계를 작성할 때는 다음과 같은 점에 유의하여야 한다. 연중 휴한 토지가 발생하지 않도록 사료작물을 선택하며, 생산된 사료작물은 연중 월별 동일한 생산량을 수확할 수 있도록 토지의 분할 및 사료작물을 선택하여야 하고, 일정한 면적에서 최대의 수확량이 되도록 작부체계를 작성하여야 한다.

작부체계방법은 여러 가지 요인에 의해서 다를 수 있으나, <그림 5-9>에서와 같이 경기, 충남·북, 전라북부지역을 포함하는 중부지방의 경우 풋베기 옥수수, 풋베기 호밀, 풋베기 수수, 무우 등 5가지 사료작물을 이용한 4가지 작부체계를 나타내며, 중부지방에 비해 연평균 기온이 높고 겨울이 짧은 남부지방은 풋베기 옥수수, 풋베기 호밀, 풋베기 수수, 풋베기 귀리, 수단그라스, 이탈리안그라스 및 유채 등의 7가지 사료작물을 이용한 4가지 작부체계를 나타내고 있다.

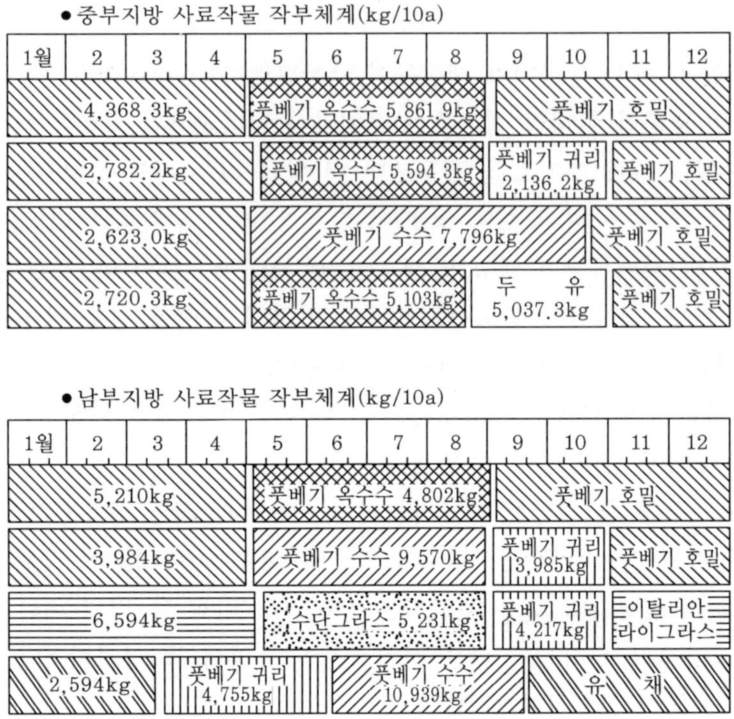

〈그림 5-9〉 사료작물 작부체계(예)

한편 사료작물체계에 나타난 사료작물의 복합화는 위에서 살펴본 바와 같이 여러 사료작물 중 비교우위성이 있는 몇 개의 사료작물을 결합하여 경영상의 유리성을 가져오게 하는 경영방법으로써 복합화가 유리하게 작용하는 경우를 열거하면 다음과 같다.

첫째, 토지의 이용을 효율화할 수 있다. 한정된 경영면적의 이용률을 높임과 동시에 사료작물에 의해서 지력의 증진효과도 가져온다.

둘째, 위험을 분산화함으로써 손실을 최소화할 수 있다. 가격변동이 심한 축산물 및 농산물의 경우 가격변동에 의해서 또는 기후변동에 의해서 발생될 수 있는 경영상의 위험을 분산함으로써 위험을 최소화하며 또한 경영상의 영향을 최소화한다.

셋째, 생산물 이용을 통하여 상호보완역할을 가능하게 한다. 사료작물을 축산경영에 유효하게 이용함과 동시에 가축에서 생산되는 분뇨 등을 사료작물에 공급하는 상호보완관계 뿐만 아니라 사료작물 상호간에도 영양분을 상호보완하는 역할을 가능하게 한다.

넷째, 사료작물공급을 원활하게 한다. 즉 각 사료작물보다 생산될 수 있는 계절성이 존재하기 때문에 한 종류의 사료작물에 의해서는 생산공급이 지속되지 않은 경우가 발생될 수 있다. 그러므로 복합적인 사료작물재배에 의해서 사료공급이 지속될 수 있다.

(3) 초지조성관리

초지의 종류에는 집약적으로 재배하는 집약초지, 자생하는 산야초를 완전히 제거하지 않고 간단한 파종상을 만들어 산야초를 그대로 이용하는 간이초지, 야초를 부분적으로 우량목초로 대체하여 개량화하여 개발한 야초개량초지가 있다.

초지의 조성방법에는 경운기의 이용유무에 따라 경운초지법과 불경운초지법으로 대별할 수 있다.

경운초지법이란 평지에서 조성하여 채초중심으로 이용할 경우에 많이 적용하는 조성법으로써 경사도가 15도 이하이며 토심도 깊고, 장애물도 적어 조성 및 사후관리에 기계이용이 가능한 곳에서 일반적으로 적당한 조성법이다. 조성은 식생처리 → 장애물 없애기 → 파종준비 → 비료 및 씨뿌리기 순서로 조성된다.

한편 불경운초지법이란 경사진 산지에 방목중심으로 이용할 경우에 많이 적용하는 조성법으로써 경사도 심하고 장애물이 많아 기계화가 곤란한 곳에서 이용되는 적당한 조성법이다. 조성은 잡관목제거 → 석회뿌리기 → 비료뿌리기 → 씨뿌리기 → 지표긁어주기 → 초지관리 순으로 이루어진다.

이러한 경운법과 불경운법의 선택은 지형에 따라 결정할 수 있으나, 경제적인 측면에서 파악하여야 한다. 그러므로 각 조성방법에 의해서 초지조성에 소요되는 생산비를 살펴보면 <표 5-3>에서와 같이 ha당 초지조성비는 경운법의 경우 1,134,860원, 불경운법의 경우 897,302원으로써 경운법의 비용이 더 소요되는 것으로 나타나고 있다.

〈표 5-3〉 단위 면적당 초지조성비(ha당)

(단위 : 원)

구 분	경운법	불경운법	평 균	비 율
식생처리	210,523	244,816	227,669	20.1%
장애물 제거	290,696	80,045	185,371	16.8
경운 및 정지	266,037	112,511	189,371	17.1
시비 및 파종	338,206	306,337	322,272	29.0
목책 및 시설	57,644	183,684	120,674	10.9
용배수 시설	21,669	9,595	15,631	1.5
기타 비용	51,044	48,683	49,864	4.6
합 계(A)	1,235,839	985,671	1,110,755	100.0
부산물 수입(B)	100,979	88,369	94,674	–
차인조성비(A-B)	1,134,860 (1,055,527)	897,302 (704,023)	1,016,081 (879,776)	

자료 : 축협중앙회 조사부.

각 비목 중 가장 많이 차지하는 비목은 시비 및 파종으로써 전체의 29.0%를 차지하고 있다.

그러므로 경운법과 불경운법에 의해서 경작한 초지에 있어서 중요한 것은 초지 및 목초의 생리 및 생태를 그에 적합하도록 관리하고 이용하는 것이다. 즉 목초의 예취적기, 목초의 예취간격 및 회수, 목초의 예취높이 등의 관리는 생산성에 직접적인 영향을 미치기 때문에 초지의 활력과 재생산력을 잃지 않도록 많은 주의를 기울여야 한다.

(4) 젖소의 방목관리

유우 및 육우 등에 있어서 방목은 가축에게 운동량을 제공할 뿐만 아니라 사료를 절약하는 등 많은 측면에서 필요하다.

이러한 방목계획은 합리적이고 과학적으로 수립되어야 함으로 방목에 대한 방목일수, 방목두수 및 방목에 필요한 초지면적을 산출하는 방법에 대해서 살펴보기로 한다.

1) 방목일수를 산출하는 방법

$$\text{방목일수} = \frac{\text{단위면적당 생초 생산량} \times \text{채식률} \times \text{초지면적}}{\text{1일 1두 채식량} \times \text{방목두수}}$$

예를 들면 단위면적당 수확량이 400kg/a인 화이트클로버를 10 a 초지면적에 재배하여 채식률이 80%이고, 1일 채식량이 32kg인 젖소를 10두 방목할 경우 가능한 방목일수를 산출하는 방법은

$$\text{방목일수} = \frac{400 \times 0.8 \times 10}{32 \times 10} = 10$$

따라서 위의 조건 하에서의 방목일수는 10일이 된다.

2) 방목두수를 산출하는 방법

$$\text{방목두수} = \frac{\text{단위면적당 생초 생산량} \times \text{채식률} \times \text{초지면적}}{\text{1일 1두 채식량} \times \text{방목두수}}$$

예를 들면 단위면적당 수확량이 400kg/a인 화이트클로버를 10 a 초지면적에 재배하여 채식률이 80%이고 1일 채식량이 32kg인 젖소를 10일간 방목하려고 할 경우 방목가능두수를 산출하는 방법은

$$\text{방목두수} = \frac{400 \times 0.8 \times 10}{32 \times 10} = 10$$

따라서 위의 조건 하에서의 방목두수는 10두가 된다.

3) 두당 방목초지면적을 산출하는 방법

$$\text{두당 초지면적} = \frac{\text{1일 1두 채식량} \times \text{방목일수}}{\text{단위면적당 생초 생산량} \times \text{채식률}}$$

$$\text{총 초지면적} = \text{두당 초지면적} \times \text{사육두수}$$

예를 들면 단위면적당 수확량이 400kg/a인 화이트클로버를 재배하여 채식률이 80%이고 1일 채식량이 32kg인 젖소를 10두 방목하려고 할 경우 1두당 초지면적을 산출하는 방법은

$$\text{두당 초지면적} = \frac{32 \times 10}{400 \times 0.8} = 1\text{a}$$

$$\text{총 초지면적} = 1\text{a} \cdot 10\text{두} = 10\text{a}$$

따라서 위의 조건 하에서 두당 초지면적은 1a, 총 초지면적은 10a가 된다.

제 8 절 농기계의 관리

매년 사용되어야 하고, 경영규모가 증가됨에 따라 중요시되는 농기계 및 기술은 첫째 노동력을 감소시키는 효과, 즉 어렵고 고달픈 작업을 감소시키거나 제거하여 경제적인 가치를 증대시키며, 둘째 효율적인 경작법에 의한 산출량을 증대시키고, 셋째 노동대체에 의한 비용감소와 더불어 경영수익증대를 가져오는 효과를 발생시켜야 한다.

이러한 효율적인 경영상의 기계 및 기술의 선택은 경영상 중요한 것으로써 선택의 기준은 경제성과 기술상호간의 관련성을 고려한 선택이어야 한다. 다시 말해서 기술이란 이론적인 기술과 실천적인 기술로써 상호간의 연결된 기술체계가 중요한 것이다. 이론적인 기술과 실천적인 기술상호간이 서로 분리된 경우 실제경영에 이용되지 못하고 심지어 저해하는 경우가 발생할 수 있기 때문이다.

그러므로 낙농경영에서 뿐만 아니라 다른 분야에 있어서도 기술적인 선택은 이론적인 기술과 실천적인 기술이 존재하는 바탕 하에서 경제성이 존재하여 기술선택에 의한 생산비가 최소화되는 기술선택이 바람직하다.

낙농경영에 있어서 사용하는 농기계 및 장비는 용도에 따라 조사료 생산용 농기계, 착유 및 우유처리용 제반 기계, 분뇨처리용 농기계 등의 여러 분야로 구분될 수 있으며, 각 분야별로 일관성이 있는 경우와 일관성이 없는 작업이 있으나 일반적으로 여러 가지 작업을 연결하여 사용할 수 있는 농기계의 선택이 바람직하고 여러 가지 작업을 가축관

리용 및 초지관리용으로 대별하여 살펴보면 다음과 같다.

1. 가축관리용 농기계관리

가축관리용 농기계기구는 가축을 사육하고 우유를 생산하는데 수용되는 농기계 및 기구로써 그 종류에는 다음과 같은 종류가 있다.

첫째, 가축관리 기계기구에는 일륜차, 전기목책기, 보정틀, 워터컵 등이 있으며,

둘째, 농후사료 급여기계기구에는 자석제어식 급여장치(magnet-activated feeders), 전달량기억작동식 급여장치(transponder-activated feeders), 전자제어식 출·입통제장치(electronic doors), 컴퓨터제어식 급여장치(computer controlled feeders)가 있다.

자석제어식 급여기란 고능력우의 목에 자석을 부착하여 젖소가 사료통 앞에 서면 금속판이 사료통 전면에 부착되어 농후사료가 계속적으로 자동 공급되는 급여기로써 농후사료의 조절기능이 없는 단점을 가지고 있는 장치를 의미한다.

전달량기억작동식 급여장치란 젖소의 개체별 산유량에 따라 전장 암호를 부여하고 급여기에 장치된 고리형 안테나 쪽으로 젖소가 목을 넣으면 고주파 전력이 방사되어 개체별로 필요한 급여량을 한꺼번에 배당된 사료를 다 먹거나 또는 여러번에 걸쳐서 나누어 먹을 수 있도록 된 장치를 의미하며, 컴퓨터제어식 급여장치란 컴퓨터의 개체별 농후사료 총급여량을 계산하여 젖소가 사료조에 가면 서서히 사료가 급여되도록 된 장치를 의미한다.

셋째, 우유처리 기계기구에는 착유기, 바께쓰형 착유기, 파이프라인 착유기, 우유통, 벌크쿨러(냉각기+냉각조), 직냉식 냉각기 등이 있으며, 넷째 배설물 처리기구에는 Chain conveyor, Barn cleaner, 트랙터에 부착하는 Blade, Front-end loader, Sgueezer, Scraper, Delta scraper 등이 있다.

이러한 가축관리용 농기구의 구입 및 설치에 영향을 미치는 요인은 사육두수, 우유생산량 및 분뇨처리량 등에 의한다.

2. 초지관리용 농기계관리

사료의 자급도를 향상시키기 위하여 경작하는 초지 및 사료작물을 효율적으로 관리하기 위해서 사용되는 초지관리용 농기계는 그 작업범위가 방대하고 그 종류도 다양하여 개간으로부터 경운, 쇄토, 정지, 파종, 진압, 시비, 수확, 운반, 분뇨살포기 등 여러 가지 작업기가 있다.

첫째, 장애물 제거용 작업기에는 레이크도우저(rake dozer)와 불도우저(bulldozer)가

있다. 레이크도우저는 벌채 후 나무그루터기 등을 찍어내는 작업을 하며, 불도우저는 초지조성 대상지의 기복을 메우는 작업을 한다.

둘째, 경운작업기로는 보텀플라우(bottom plow일명 보드플라우)와 디스크플라우(disk plow)가 있다.

보텀플라우는 쟁기로 땅을 엎으면서 잡초 및 석회 등을 섞고 묻는 작업을 하며, 디스크플라우는 보텀의 쟁기 대신 오목한 원판을 회전시키면서 토양을 절단, 파쇄, 반전하는 작업을 한다.

셋째, 쇄토 및 경지용 작업기로는 디스크해로우(disk harrow)와 투우스해로우(tooth harrow)가 있다.

디스크해로우는 트랙터로 끌면 5~8개의 원판이 회전하면서 흙덩이를 부수고 줄기와 뿌리를 절단하며, 투우스해로우는 원판 대신 25~30개의 굵은 못모양의 쇠꼬창이가 달려 있다.

넷째, 시비 작업기에는 퇴구비살포기(manure spreader), 화학살포기(lime sower), 비료살포기(fertilizer) 및 액비살포기(urine distributor)가 있다.

다섯째, 조파기에는 그래스랜드드릴(grassland drill)과 그레인드릴(grain drill)이 있다. 그래스랜드드릴은 목초조파기로써 약 15cm간격으로 여러줄로 되어 있다.

여섯째, 복토 및 진압용 작업기에는 나뭇가지 해로우(bush harrow)와 컬티패커(culti-packer)가 있다. 나뭇가지 해로우는 삼각형 또는 장방형의 나무틀을 축력이나 트랙터로 끌러주며, 컬터패커도 트랙터로 끌러가면서 복토 및 진압작용을 한다.

일곱째, 건초조제형 기계에는 모어(mower), 헤이콘디셔너(hay conditioner), 헤이테더(hay tedder), 헤이레이크(hay rake), 헤이베라(hay baler, hay press) 등이 있다.

모어는 목초와 청예작물을 베는 기계이며, 헤이콘디셔너는 목초를 건조하기 위하여 모어로 예취한 목초를 집어 올리어 2개의 축사이를 통과시키면서 압쇄하는 기계이고, 테더는 건조중인 목초를 자주 뒤집어 균일하게 빨리 건조시키는데 사용되는 건초반전기이다. 또한 헤이레이크는 건조 중인 목초를 긁어모으거나 운반전에 풀을 모으는 건초집초기이며, 헤이베라는 건초를 압축하여 묶는 건초압축·곤포기를 말한다.

여덟째, 사일리지 조제용 작업기에는 사료절단기와 포리지하베스터가 있다. 사료절단기는 수확한 사료작물을 사일로 가까이 운반하여 사일리지를 만들기 위하여 절단하는데 사용되는 기계이며, 포리지하베스터는 청예작물을 베어 바로 가축에 급여하거나 사일리지를 만들기 위하여 예취, 절단을 동시에 하는 작업기이다.

한편 이상의 여러 가지 농기계를 이용하여 목초를 예취하여 사일리지로 제조하기 까지의 과정에 이에 이용되는 각 농기구에 대해서 살펴보기로 한다.

압쇄(헤이콘디쇼크) 압축곤포(헤이베라)
↓ ↓
목초 → 예취 → 번전·건조 → 건초 → 적재 → 운반 → 수납
(모어) (헤이테더) (헤이레이크)(로우더) (와곤) (로우더)
접속열 → 압축·곤포 → 절단·적재 → 운반 → 사일
(사이드레이크) (헤이프레스) (포리지하베스터)(트레일러)(브로어)

이러한 초지관리용 농기계의 구입 및 설치에 영향을 미치는 요인으로써는 사료 생산기반, 사료급여방법, 사료작물 및 목초의 종류, 초지이용방식 등을 들 수 있다.

제9절 기록관리

경제의 발달에 의한 수요의 증가에 따라 영세적·부업적 가족경영형태에서 전업적, 기업적 경영형태로 변함과 더불어 경영내적인 경영의 합리화가 추구된다. 경영의 법칙, 경영조직, 관리 등의 과학적인 경영 개선과 이를 정확히 기록하여야 할 기록의 필요성이 대두된다.

이러한 경영합리화 및 체계화를 추구하는 방법 중 경영기록은 경영분석진단의 전제조건으로써 일상적인 기록관리는 경영합리화를 위한 나침반의 역할을 하는 필수적인 경영활동이다. 경영기록은 경영상의 문제점을 파악하고 개선하며 차기의 경영계획을 설정하는데 이바지하고 손익상태, 생산비 산출 등에 의해서 경영성과를 파악할 수 있으며, 경영자의 경영능력의 분석자료를 제공함으로써 경영개선을 향상할 수 있는 등의 경영상의 역할을 수행하고 있다.

그러므로 경영기록은 경영계획을 설정하고 경영목표를 실행함으로써 이루어진 경영성과를 분석·진단하는 경영과정상의 경영활동으로써 조직적이고 체계적인 기록이 없는 경영관리는 경쟁적인 자유시장하에서 경영의 목표를 달성하기 어렵기 때문에 경영자는 일별, 월별, 분기별 경영활동을 수행하는 모든 관리사항을 조직적이고 체계적인 장부조직에 의해서 정확하고 끈기 있게 기록하여야 한다.

이러한 기록관리는 다음과 같이 두 가지로 대별할 수 있다.

첫째, 기술분석을 위한 생산관리에 관련된 기록으로써는 노동일지, 생산일지(우유 등), 출하일지, 사료급여일지, 번식일지(분만, 수정), 구입일지 등으로써 사료요구율, 사고율, 번식성적, 분만, 이유, 증체율 등을 파악할 수 있도록 매월, 또는 분기별, 연간집계가 가능하도록 기록체계가 이루어져야 한다.

둘째, 성과분석을 위한 비용 수익관리, 즉 경제성을 분석하기 위한 비용과 수익관리에 관련된 기록으로써는 생산요소의 구입상황·생산물과 부산물의 판매상황, 생산비용산출

등으로써 매일 장부에 기록하고 일정기간 동안 생산비 산출, 손익계산, 대치대조표 작성에 의하여 생산비 분석, 수익성 분석, 안정성 분석이 이루어지도록 작성하여야 한다.

1. 기술분석에 관한 기록

(1) 업무일지

업무일지는 매일 발생하는 목장 내의 전반사항을 파악하고 내일의 작업을 계획하기 위한 기록부로써 젖소현황, 개체별 현황, 작업현황 등으로 구분하여 이를 각 항목별 살펴보면 젖소의 현황란에는 각 사육단계별 생산두수, 판매두수, 도태·폐사두수, 착유두수 및 건유두수를 기록하며, 개체별 현황란에는 우유생산량, 사료급여량, 발정 및 분만, 질병치료 등을 기록하고, 작업현황란에는 각 작업을 시간별로 작업자를 구분하여 사용농기구 등과 함께 기록한다. 이러한 업무일지는 일일기록부이므로 매일 철저히 기록하여야 월별, 일별 목장현황에 대해서 정확히 파악할 수 있다.

(2) 착유기록부

착유기록부는 생산되는 우유를 매일 또는 매월 기록 하는 일람표로써 만일 업무일지 중 우유 생산량을 기록할 수 있는 항목이 있는 경우 이를 착유기록부에 일별, 월별로 기록하며 동시에 총산유량에 개체별 산유량 성적을 그래프화 하여 이를 일목요연하게 나타내어 농장 또는 젖소별 산유량을 파악하고 그 원인을 분석할 수 있어야 한다.

(3) 번식기록부

번식기록부는 개체별 산차, 발정일자, 분만예정일, 생시 육우의 성별 체중 등을 기록하는 것으로 젖소의 사육목적이 원유의 생산과 동시에 생산되는 송아지는 수익에 밀접한 영향을 미치므로 번식기록부는 되도록 철저히 기록하여야 한다.

(4) 사료작물생산과 재배일지

사료작물생산과 재배일지는 일정한 양식에 의해 젖소사육에 필요한 조사료를 생산하는 작물명, 사료작물의 파종일, 수확일 및 파종면적, 생산량을 기록하며, 또한 각 사료작물에 대해서는 작업별 노동인원과 투입물을 일·월별로 기록한다.

(5) 사료보유 및 급여량 기록부

사료보유 및 급여량 기록부는 생산 또는 구입한 사료를 각 개체별로 급여량 총량을 기록하고, 또한 조달한 구입량, 자급량 및 이월량 등을 기록하여 자기의 사료조달계획을 수립하는데 이용할 수 있도록 월별로 기록한다.

(6) 개체별 이력서

개체별 이력서는 개체별 젖소의 사양에 관한 사항을 기록하는 것으로써 젖소의 이름, 혈통, 생산 또는 구입시의 체중, 분만간격, 착유개시령, 건유일수, 분만한 송아지의 성별, 발병원인 및 치료사항, 사료급여량, 산유량, 정기처분상황 등을 쉽게 알아볼 수 있도록 기록한다.

(7) 사육기록부

사육기록부는 월별 가축사육현황, 즉 이월두수, 생산두수, 구입두수, 판매두수, 폐사두수, 현재두수를 기록하는 것으로써, 각 개체별 상황을 기록하는 개체별 이력서와 일일 각 개체별 상황을 기록하는 업무일지와 상이한 점이 있다.

2. 성과분석을 위한 기록관리

앞에서 살펴본 기록부는 개체별 현황, 투입요소, 생산량 등과 관련된 물적인 현황인데 비하여, 성과분석을 위한 기록, 즉 현금출납부, 수입기록부, 고정자산기록부 등은 투입요소 및 생산물의 가격과 관련된 기록으로써 생산량, 소득 및 이윤 등을 산출하는데 이용되는 기록이다. 이 중 현금출납부는 매일 현금의 입금과 출금을 기록한다.

수입기록부는 유대, 송아지판매대, 육성우 판매대, 경산우 판매대, 구비 판매대 및 기타의 수입을 기록하는 것으로써 일별 또는 월별로 기록한다.

한편 비용기록부는 구입사료비, 고용인건비, 치료비, 지불이자, 종부료, 임차료, 제재료비 등 모든 비용을 분류 기록하며 고정자산기록부는 건물, 시설, 기구, 유우 등의 고정자산의 구입 및 판매처분 등의 현황을 기록하는 것이다. 이는 생산비 계산시 감가상각비 산출에 중요한 비목을 차지하기 때문에 정확한 기록이 요구된다.

◈ 연 습 문 제 ◈

1. 경영관리란 무엇인가?
2. 유능한 관리자의 기본자질에 대하여 논하라.
3. 유능한 관리자의 관리능력에 대하여 논하라.
4. 인사관리의 필요성에 대하여 약술하라.
5. 인사관리의 개념에 대하여 설명하라.

6. 생산함수를 설명하라.
7. 비용함수의 제형태에 대하여 논하라.
8. 한계수익과 한계비용과의 관계를 설명하라.
9. 생산요소의 합리적인 결합에 대하여 논하라.
10. 최적 생산물의 결합과 합리적 선택에 대하여 설명하라.
11. 가축의 판매와 도태관리에 대하여 구체적으로 설명하라.
12. 사료의 적정가격산출법을 설명하라.
13. 작부체계란 무엇이며 작부체계 작성요령에 대해 아는대로 써라.
14. 기록관리의 중요성에 대하여 설명하라.

〈참 고 문 헌〉

1. 권원달, 수험 농업경영학, 1979.
2. 김동균, 낙농시설의 변천사항, 한국축산경영학회, 1985.
3. 대한양계협회, 한국양계, 1977.
4. 오세정, 육계사육요론, 선진문화사, 1983.
5. 柳濟昌, 酪農經營における 飼料構成と經營成果との關係に關する研究, 名古屋大學院碩士論文, 1969.
6. 축협중앙회, 한우경영지도교재, 1988.
7. 최종혁, 한국기업 임금결정에 관한 연구, 경영론집 10권 4호, 서울대 경영연구소, 1970.
8. 최종혁, 현대인사관리론-시스템어프로우치-, 박영사, 1981.
9. 한국농촌경제연구원, 산지의 합리적 개발방향, 1982.
10. 阿部廣雄, 佐藤義則, 草地農業論, 農業圖書株式會社, 1983.
11. 鹿態俊明, 養豚經營技術講座, チクサソ出版社, 1984.
12. 鈴木福松編, 農業經營學 講座 6-農業經營調査 · 分析論, 地球社, 1979.
13. 衫山和男, 採卵養鷄經營論, 明文書房, 1981.
14. 三村 耕, 森田琢磨, 家畜管理學, 養賢堂, 1980.
15. 酪農總合研究所編, 酪農管理技術の基本と實際, 明文書房, 1982.
16. 八幡策郎, 肉牛肥育の經營と記述, 家の光協會, 1975.
17. Appley, L.A., Management the Simple Way, Personnel, Vol.19, No.4, 1943.
18. Donald D. Osburn, Kenneth C. Schneeberger, Modern Agricultural Management- Second edition, Reston Publishing Company, Inc. 1983.
19. Earl O. Heady, Economics of agricultural production and Resource use, Prentice-Hall, 1952.
20. Ford Sturrock, Farm Accounting and Management, Pitman Publishing, 1977.
21. Gail L. Cramer, Clarence W. Jensen, Agricultural economics and agribusiness An introduction, John Wiley & Sons, 1979.
22. G.E. Dalton, Managing Agricultural Systems, Applied Science Publishers, 1982.
23. J. Norman Efferson, Principles of Farm Management McGraw-Hill, 1953.
24. John E, Kadlec, Farm Management-Decisions, Operation, Control, Prentice-Hall, Inc., Englewood Cliffs, New Jersey, 1985.

25. Michael D. Boehlje, Vernon R. Eidman, Farm Management, John Wiley & Sons, Inc. 1984.
26. Milton M. Snodgrass, L.T. Wallace, Agriculture, economics and resource management, Prentice-Hall, 1977.
27. Pigors and Myers, Personnel Administration, McGraw-Hill, 1956.
28. Spates, T.G., An Objecting Scrruting of Personnel Administration, AMA, Personnel Series, No. 75, New York, 1944.
29. Thomas Quinn, Dairy Farm Management, Van Nostrand Reinhold Company, 1980.
30. W. David Downey, John K. Trocke, Agribusiness Management, McGraw-Hill, 1981.

제 6 장 축산경영 진단분석

제1절 축산경영 진단의 대상

1. 축산경영 진단의 의의

경영진단이란 인체의 건강진단과 같이 축산경영의 실태를 조사·분석하여 진단지표에 의한 성과분석은 물론 불합리성과 비과학적인 요인을 규명하여 경영의 합리화를 위한 개선책을 강구하는 경영활동의 과정이다.

목장은 재무, 조직, 생산, 구매, 판매 등 여러 가지 기능의 유기적 활동으로 운영되고 있기 때문에 어느 경영부문의 결함이 발생할 경우 목장의 활동이 원활치 못하여 결국 경영성과는 좋지 못하게 된다. 따라서 목장의 목표를 달성하고 건전한 경영활동을 유지하기 위해서는 정기적으로 목장 경영실태를 과학적으로 면밀히 조사·분석하여 문제점과 요인을 검토하고 이에 대한 구체적인 개선책을 강구하여야 한다.

축산경영 진단은 진단자에 따라 내부 진단자에 의한 경우와 외부의 제삼자에 의한 경우로 나누어질 수 있으나 어떠한 경우에 있어서나 경영진단자는 다음과 같은 자격과 요건을 갖추어야 한다.

첫째로, 경영진단자는 축산경영에 대한 이론자 이어야 한다. 경영진단자는 전반적인 축산학의 이론과 경영원리를 숙지하고 경영현상과 그 원인을 분명히 파악하여 경영체의 결점을 진단할 수 있는 축산경영 이론이 풍부한 자라야 한다.

둘째로, 경영진단자는 축산에 대한 기술자라야 한다. 축산경영의 내부운영에 따른 제반기술을 이해하고 그 활용에 대한 충분한 능력을 가진 자라야 한다.

셋째로, 경영진단자는 축산업 발전에 대한 사명감을 가진 자 이어야 한다.

2. 축산경영활동에 대한 진단

(1) 경영목표 및 경영자에 대한 진단

축산경영 목표는 달성의 척도이고 성공의 기준이며 경영활동의 도표다. 이러한 경영목표에 대한 진단은 구체적이고 명확히 계수화된 경영목표가 수립되어 있는지의 여부를 진단하는 것이다.

축산경영의 목표설정, 경영계획, 경영실행 등의 경영활동은 경영자에 의해서 실행되고, 경영자에 의해서 경영성과가 판단됨으로 경영자의 역할이 가장 중요하다. 이러한 경영자에 대한 경영상의 역할과 경영자의 능력에 대한 경영진단은 경영진단의 중요한 부분이다.

따라서 축산경영자의 진단은 경영자가 지녀야할 자격, 조건 등을 구비하고 있는가를 검토·분석함에 있다. 이와 같은 제반 조건들을 살펴보면,

1) 축산경영자로서의 요건의 구비유무
   ① 축산경영의 목표달성에 대한 이론적, 기술적인 수준
   ② 축산에 의한 목표달성에 대한 확고한 신념
   ③ 가축에 대한 애축심
   ④ 축산인으로서 사회에 대한 책임감
2) 축산경영의 적정 목표설정과 목표달성을 위한 합리적인 조직력에 대한 능력 유무
3) 경영상황을 분석 검토하고 이에 대한 문제인식과 원인을 발견하여 대안을 합리적으로 강구하는 능력에 대한 유무
4) 관리인(농장장, 목부 등)의 잠재능력을 최대로 발휘시킬 수 있는 인사관리능력의 유무
5) 생산요소와 축산물의 구매 및 판매시기 등의 유통거래상의 분석에 대한 판단력과 성과분석에 대한 능력유무

축종별 진단은 각 축종에 따라 진단의 방법이 다르게 마련이나 위의 축산경영 관리자에 대한 진단사례는 일반적인 진단항목이다.

(2) 경영방침에 대한 진단

축산경영은 첫째로 사경제적 목표인 적정이윤(소득), 둘째로 공경제적 목표인 사회적 책임, 즉 국가·사회가 요구하는 양질의 동물성 식품을 생산·공급하여 국민체위향상에 기여하는 두 가지 목표를 갖고 있다. 이러한 두 가지 목표를 지속적으로 달성하기 위해

서는 경영체를 유지·발전시켜야 함과 동시에 적정목표를 달성하기 위한 경영활동의 건전한 경영방침이 요구된다.

경영방침은 전체적인 입장에서 본 활동진로로써의 기본방침이 있고, 이는 주요 정책과 세부정책으로 구성된다.

경영방침의 진단은 경영목표를 위한 계획 → 조직 → 지휘 → 통제의 제반 활동의 상태를 분석·진단하는 것으로써 이들 기능을 구체적으로 살펴보면 다음과 같다.

① 계획기능은 과학적인 조사·연구에 의거하여 예측한 합리적인 절차를 거쳐 계획을 세워야 한다.

② 조직기능은 조직에 있는 관리인들의 임무할당과 통합이 합리적인 조직이 될 수 있도록 원칙적으로는 권한 명확화에 의거하고, 절차적으로는 계층화를 조건으로 한다든지 또는 조직이 타당성의 원리에 의해 구성됨으로써 조정이란 결과가 기대되는 것과 같은 것이어야 한다.

③ 지휘기능은 경영체가 단체정신에 의해서 철저하고 왕성하게 기능을 발휘하여 경영성과가 이루어질 수 있도록 단일화되는 집중원리가 되어야 한다.

절차적인 조건으로써 지휘를 받아 원만히 처리할 수 있는 적정한 인사관리의 필요성이 강조된다.

④ 통제기능은 지휘기능이 합리적으로 발휘되지 않으면 완전히 발휘되기가 어렵다. 또 통제기능은 경영 내의 관리인(목부 등)들의 활동을 통제하는데 만족되는 것이 아니라 경영 내의 종업원들의 창의력을 발휘할 수 있는 안정된 분위기 내의 활동통제가 필요하다.

위의 경영방침에 의해서 첫째 경영자의 목표와 경영자의 여건간의 상호 가능성의 유무, 둘째 지역적인 조건을 고려한 경영활동의 적합성 유무, 즉 생산요소의 조달조건, 생산조건 및 판매조건 등을 진단한다.

(3) 경영계획에 대한 진단

경영계획은 축산기업의 경영목표를 달성하기 위한 경영활동의 과정으로써 경영계획이 경영성과에 미치는 영향은 크다.

먼저 경영계획의 타당성 유무를 판단하는 구체적인 진단항목으로써 다음과 같이 분류할 수 있다.

1) 경영계획수립에 대한 진단

① 경영계획의 순서 및 방법상의 타당성 유무

② 장기계획과 단기계획 상호간 조회의 타당성 유무

2) 자금계획에 대한 진단
① 경영자의 경영계획과 경영자본의 조달상의 문제점 유무
② 자기자본과 차입자본 비율이 경영성과에 미치는 효과
③ 경영자본의 연도별 조달계획의 타당성 유무

3) 시설투자계획에 대한 진단
① 경영계획규모와 자본의 투자계획 상호간의 타당성
② 연도별 투자계획과 자본의 조달계획 상호간의 타당성
③ 총투자액 중 시설투자의 비율과 타당성

4) 이익계획에 대한 진단
① 이익계획상 목표이익액의 설정액 타당성 유무
② 자본회수점, 손익분기점의 산출상 문제점

5) 구매계획에 대한 진단
가축, 사료, 약품 등 연중 필요한 생산요소의 구매계획이 가장 합리적으로 이루어졌는지를 진단한다.

6) 판매계획에 대한 진단
경영의 생산물을 생산하여 적정이윤이 보장되는 적정가격으로 판매될 수 있도록 방안을 마련할 수 있는지의 여부를 진단한다. 물론 가격은 경영자의 의사에 의해서 결정되는 것이 아니므로 판매시기, 판매방법 및 판매처 등을 비교 검토하여야 한다.

(4) 경영조직에 대한 진단

경영조직은 경영의 목표를 효율적으로 달성하기 위하여 가장 효율적이고 경제적인 조직으로 이루어졌는 지의 여부를 진단한다. 경영의 조직은 인적 조직과 물적 조직으로 구분할 수 있다.

1) 인적 조직에 대한 진단
생산성을 향상시키고, 경제효율성을 향상시킬 수 있는 유능한 종업원(농장장, 목부 등)으로 구성되었는가를 진단한다.

2) 물적 조직에 대한 진단
직접적 생산조직인 가축의 능력수준, 사료의 품질 및 시설의 상태에 대하여 진단한다.

(5) 경영관리에 대한 진단

무엇을 얼마만큼, 어떻게, 언제 생산할 것인가?, 가격조건과 경제변화에 대한 신축성 있는 대안은 무엇인가?, 생산에 수반되는 가축관리, 노동관리, 사료관리 등은 어떻게 하여야 할 것인가?, 또한 사료투입의 최적 생산성의 조건, 작업수단의 질적 수준의 문제, 생산설비체계의 질적·능력적 균형문제, 노동환경 조건의 문제 등이 제기된다.

이러한 경영관리에 관해서 진단하여야 할 항목으로 다음과 같은 점을 들 수 있다.

1) 인사관리에 대한 진단

① 노동관리상 급여액과 인간적인 관계상의 문제점
② 노동력의 고용량과 작업에 따른 노동력 분배의 문제

2) 가축관리에 대한 진단

① 가축능력의 파악과 개량
② 가축생산성 향상
③ 사양관리상 계획성과 사료급여
④ 시설과 사양관리상의 적합성
⑤ 구입생산요소의 관리

3) 시설관리에 대한 진단

비용 중 감가상각비가 차지하는 비중은 적합한지 또 이 시설의 기능을 장기간 수행할 수 있도록 경제적으로 관리하고 있는지의 여부를 진단한다.

(6) 재무관리에 대한 진단

축산경영체의 운영은 자본에 의해서 영위되는 것으로써 자본조달, 자본유지 및 자본운영에 대해서 축산기업은 재무방침을 과학적이고 명확히 하여야 한다.

자본의 조달은 자기자본과 타인자본으로 구분되고, 자본의 운영은 가축, 토지, 축사, 시설, 기계, 운영자금 등에 의하며, 자본의 유지·보전 및 이익처분은 경영성과로써 발생된 이익에 대한 적절한 배분 등의 재무방침이 경영성패에 많은 영향을 미친다.

특히 자본의 운영에 있어서 고정자산과 유동자산에 투자한 고정자본과 유동자본의 비율, 자기자본과 타인자본의 비율 등은 경영상 많은 영향력이 내재되어 있는 만큼 자본의 운영은 신중히 행하여야 한다.

(7) 유통관리에 대한 진단

생산활동에 있어서 필수적인 생산주체인 가축과 사료, 농기구 및 시설 등의 구매행위는 생산비에 지대한 영향을 미치는 경영활동으로써 이는 가장 효율적이고 저렴한 가격으로 구매하여야 한다. 또한 생산활동의 결과에 의한 생산물은 최저생산비 이상으로 판매할 수 있는 판매방법에 대한 연구활동이 필요하다.

이러한 유통관리에 대한 경영활동의 진단 항목으로써는 다음과 같은 항목을 예로 들 수 있다.

1) 생산요소의 구입상의 타당성 유무

① 구입시기, 구입량, 구입방법의 타당성

② 생산요소의 구입가격의 적정여부

2) 생산물의 판매상의 타당성 유무

① 판매시기, 판매량, 판매량의 타당성

② 판매계획과 판매가격의 적정여부

제2절 축산경영의 기술진단분석

1. 낙농경영의 기술진단분석

낙농경영은 우유와 송아지 그리고 쇠고기를 생산하는 주체이며, 그 생산효율은 생산기술과 경영능력에 의해 좌우된다.

(1) 기술진단지표의 개념

1) 경산우 1두당 연간 산유량

낙농경영에 있어서 경영성과를 판단하는 지표로써 가장 많이 이용되는 기술지표로써 경산우 1두당 산유량을 들 수 있다.

경산우 1두당 산유량이란 유우의 개체 또는 축군의 산유량에 의해서 경제능력을 파악하는 지표로 이용되는 것으로써 연간(월간) 또는 1일 1두당 산유량을 의미한다. 유우 각 개체의 비유기에 착유된 산유량을 분자로 하고 분만간격일수를 분모로 하여 산출한다. 그러나 집단 1두당 평균산유량은 개체별 비유기의 산유량을 산출하기 곤란하기 때문에 통상 1년(1개월) 산유량을 경산우 두수로 나누어 연간 경산우 1두당 1일 평균 착유량을 산출한다.

예를 들면 경산우의 경우 연간 생유 생산량이 60,000kg이고 1월 9두, 2월 11두, 3월

12두, 4월 10두, 5월 11두, 6월 11두, 7월 9두, 8월 10두, 9월 9두, 10월 8두, 11월 10두, 12월 10두로써 연간 평균두수가 10두인 경우, 경산우 1두당 연간 산유량은 6,000 kg, 두당 1일 산유량은 19.7kg가 된다(단 1일 산유량은 건유기 60일을 제외함).

$$\text{경산우 1두당 연간 산유량} = \frac{\text{연간 원유생산량}}{\text{경산우 연평균두수}} = \frac{60,000}{10} = 6,000\text{kg}$$

$$\text{경산우 1두당 1일 산유량} = \frac{\text{경산우 1두당 연간 생산량}}{305\text{일}} = \frac{6,000}{305} = 19.7\text{kg}$$

2) 유 지 율

유지율은 원유 내에 들어 있는 지방함량의 비율을 말한다. 우리나라의 유대는 유지방 3.4%를 기준으로 유지율 0.1% 증감에 따라 유가가 가감되기 때문에 유지방함량의 증감은 원유가격에 직접적인 영향을 미친다.

유지율(%)＝유지방량/총유량

〈표 6-1〉 연도별 원유가격 변동추이

연 도	실시기간	kg당 가격(원)	유지방 등차가격(원)	비 고
1973	1.1~7.10	67.5	1.15	유지방 차등가격제 실시
1978	1.1~12.31	167	5.0	유지방 상한선 3.8%
1979	12.11~'80.2.1	249	7.3	유지방 상한선 3.9, 하한선 2.8%
1993	6.1~	394	11.0	위생등급제(세균, 체세포수) 실시
1997	3.1~12.31	455	11.0	체세포 등급조정
1998	1.1~	538	11.0	
2008	'80.8.16~	683	10.0	

자료 : 농림부, 낙농진흥회, "낙농편람" 2009년.

3) 젖소의 분만간격

분만간격은 산유량에 많은 영향을 미친다. 유기가 긴 착유우를 제외하고 일반적으로 분만 후 60~70일경에 수태하는 1년 1산이 바람직하다. 그러므로 분만전후의 사양관리는 번식과의 관계에서 고도의 기술이 요구된다. 따라서 번식성적을 동태적으로 파악할 수 있는 목표치의 설정이 중요하다.

첫째, 분만간격은 분만 후 13개월 이내로 하고,

둘째, 1회 종부시 수태성적 70% 이상 이어야 하고, 평균 종부회수는 2회 이내 이어야 하며,

셋째, 첫 종부시의 체중은 350kg정도 되도록 한다.

넷째, 첫 종부월령은 14~16개월이 되도록 하고,

다섯째, 번식과 관련된 기술지표를 달성하기 위해서는 분만전후의 사양관리, 사료급여의 계절적 균형, 젖소의 체력(영양)과 급여사료 중의 영양분과의 관계(DCP와 TDN과 균형, 무기물 등)가 균형이 이루어져야 한다.

여기에서 분만간격은 간격이 넓으면 최고 비유기가 경과된 착유우를 많이 확보하게 되어 총산유량은 낮은 수준에 머물게 되므로 분만간격이 좁을수록 산유능력은 갱신되어 총산유량이 증가한다.

평균분만간격의 산출방법은 다음과 같다.

$$\text{평균분만간격} = \frac{\text{12개월}}{\text{연간 분만회수}}$$

4) 경산우 1두당 사료생산면적

낙농은 조사료 중심의 경영이 바람직하기 때문에 자급사료의 생산을 위한 초지나 사료작물포의 면적이 얼마나 되느냐가 기술지표의 하나로 되어 있다.

경산우 1두당 사료생산면적 = 총사료생산면적/경산우 사육두수

5) 유사비

유사비란 낙농경영의 경영지표로써 구입사료비와 유대의 비율을 의미한다. 사료비는 우유생산비목 중에서 가장 높은 비율인 45~50%를 차지하고 있다. 따라서 구입사료비를 절감함으로써 경영소득을 높일 수 있으므로 절감가능정도를 검토하는데 유사비 산출의 목적이 있다.

그러므로 유사비에 영향을 미치는 구입사료의 구입정도, 개별농가의 입지조건, 경영형태 등에 의해서 유사비의 비교와 경영진단이 가능한 것이다.

이러한 유사비의 산출방법은 다음과 같다.

유사비(%) = 구입사료비/우유판매액

(2) 기술지표수준

현재의 기술수준과 소득달성을 위한 목표 아래 바람직한 생산기술지표를 제시하면 <표 6-2>와 같다.

낙농경영에 가장 중요한 경산우 1두당 연간 산유량을 7,500kg 수준으로 정한 것은 유가가 kg당 538원 조건에서 적정소득을 달성할 수 있기 때문이다. 유지율 3.5% 이상은 유가산정시 3.4%를 기준으로 하기 때문이며, 분만간격 13개월 이내는 1년에 1두당의 송아지를 생산하도록 노력하여 유량증대를 꾀하려는 의미를 갖는다.

〈표 6-2〉 낙농경영의 주요 기술지표

구 분	기 술 지 표
경산우 1두당 연간 산유량	초산우 : 6,500kg이상 2산우 : 7,500kg이상 3산우 이상 : 8,500kg이상
유 지 율	3.8% 이상
평균 종부회수	2회 이내(1차 수정 70% 이상 수태)
평균 분만간격	분만 후 13개월 이내
경산우 1두당 사료생산면적	30a
송아지 육성률	95% 이상
후보축 육성률	90% 이상
후보우 첫 종부월령	16개월(체중 350kg) 이상
착 유 일 수	85%(305일 이상)
건 유 일 수	60일 이하
분만후 사고비율	10% 이하
유 사 비	35% 이하

2. 비육우경영의 기술진단분석

(1) 기술진단지표의 개념

1) 비육우 1두 1일당 증체량

비육우 1두 1일당 증체량은 비육우의 증체능력을 나타내는 중요한 지표 항목이다. 이 지표항목은 비육일수와 그 기간 내의 증체량과의 지표항목과 관련을 가진다.

비육우 1두 1일당 증체량=1두당 비육기 증체량/1두당 비육일수

2) 사료요구율

비육기의 양적 생산의 지표가 되는 증체량을 얻기 위해 얼마의 사료를 필요로 하는가, 또는 생산의 결과로부터 보아 얼마를 필요로 했는가는 비육우의 생산능력을 나타내는 중요한 지표항목이다.

일반적으로 사료요구량은 증체량 1kg에 대한 사료소요량으로 표시되나, 사료요구율은 증체량을 통한 조수익과 사료소요량에 의한 생산자와의 관련을 나타내는 기술적 측면과경제적 측면의 중요한 접점이라고도 말한다.

사료요구율은 증체량을 규제하는 제요인과 사료소요량을 규제하는 제요인과의 상호 관련에 의한 지표항목이다.

사료요구율＝사료소요량/기간내 증체량
(비육우 1두당 기간내 증체량＝비육우 1두당 비육 종료시 체중－비육우 1두당 비육 개시시 체중)

1kg의 축산물을 생산하는데 필요한 사료요구량, 즉 사료요구율을 비교해 보면 다음 그림과 같다. <그림 6-1>에서와 같이 우유 1kg 생산을 위해서는 0.62kg의 사료가 요구되며, 물고기 1.6kg, 브로일러 2.4kg, 계란 4.6kg, 돼지고기 4.9kg, 양고기 8kg, 쇠고기는 9kg의 사료가 요구되고 있다.

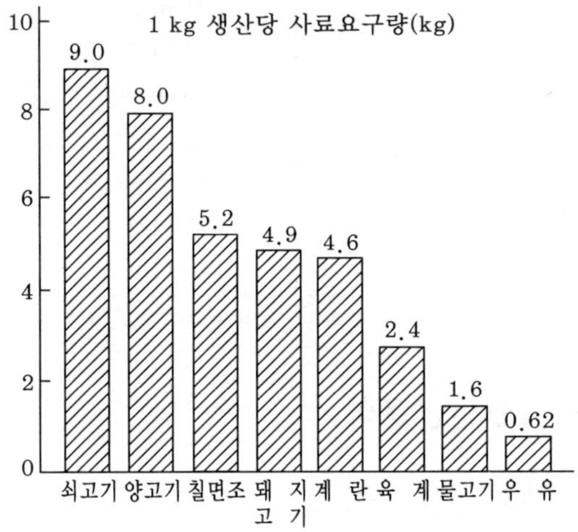

〈그림 6-1〉 축산물 1 kg 생산당 사료요구량(kg)
자료 : 맹원재, 1986.

3) 사료효율

사료효율은 가축의 생산에 대한 사료전체의 효과를 나타내는 척도의 하나이다. 고기, 계란 등의 생산량과 그 생산에 소요되는 소비량과의 비율을 사료효율이라 한다.

일반적으로 가축이 일정기간 내에 섭취한 사료의 중량에 대한 그 기간 내의 증체량비율을 사료효율이라고 한다.

사료효율＝증체량/사료섭취

(2) 기술지표수준

생산실적과 소득지표의 달성을 위한 전제 하에서 바람직한 비육우 경영의 주요 생산기술 지표의 수준은 <표 6-3>에서와 같이 일당 증체량은 1.0kg 이상, 사료요구율은 8이하, 비육우 출하시 체중은 500kg 이상, 1인당 관리두수는 100두 이상이 바람직한 것으로 평가되고 있다.

〈표 6-3〉 비육우 경영의 주요 기술지표

구 분	기 술 지 표
비육우 1두당 일당 증체량	1.0kg 이상
사료요구율	8 이하
사료효율	1/8 이상
비육우 1두당 연간 지육생산량	230kg 이상
비육우 1두당 출하시 체중	600kg 이상
1인당 비육우 관리두수	200두 이상

3. 양돈경영의 기술진단분석

(1) 기술진단지표의 개념

1) 발 정 률

발정률이란 이유시킨 모돈의 경우 모돈 중 일정기간 내에 발정이 재귀되는 비율을 의미하며, 후보돈의 경우 번식적령기에 달한 후보돈 중 일정기간에 발정이 오는 번식돈 두수의 비율을 의미한다.

발정률의 산출방법은 예를 들어 이유시킨 모돈이 10두라면 그 중 일주일 이내에 7두가 발정이 와서 종부를 시켰다면 그 발정률은 70%(7/10×100)가 된다.

2) 수태율 및 재발정률

수태율이란 총종부두수 중에서 수태두수의 백분비를 의미하며, 재발정률이란 총종부두수 중 재발정된 두수의 백분율을 말한다.

예를 들어 총종부두수가 100두이고, 이들 중 재발정두수가 15두였다면 수태율은 85%(85/100×100)이고, 재발정률은 15%(15/100×100)이다.

3) 임신 중 사고율

임신 중 사고율이란 임신 중 발생되는 유산이나 사산 또는 분만시 사고돈 두수가 총사육두수 중에 차지하는 비율을 말한다.

4) 분 만 율

분만율이란 총임신두수 중 재발정돈과 유산, 사산 및 사고돈을 제외한 두수, 즉 실제 분만을 하여 포유개시를 시킨 복수의 총임신두수에 대한 비율을 의미한다.

5) 연간 번식회전율

연간 번식회전율이란 번식모돈의 연간 생산성을 판단하는 기준이 된다.

$$\text{연간 번식회전율} = \frac{\text{연간 실제분만 총두수(포유개시된 복수)}}{\text{평균 유효 종빈돈 사육두수}}$$

6) 출하일령

출하일령이란 비육돈을 분만일부터 판매출하 때까지의 소요일수를 말한다. 보통 비육돈 110~120g 출하일령은 160~180일이 보통이다.

7) 비육돈 출하율

비육돈 출하율이란 출하두수에 대한 이유두수의 비율을 말한다. 이유두수에 대한 이유후 육성하여 출하 때의 비육돈 출하두수와의 비율을 말한다.

8) 평균 교미 소요일수

평균 교미 소요일수란 모돈이 자돈을 이유한 일부터 다음 교미 일까지의 소요되는 일수를 말한다.

9) 비육돈 1인당 관리두수

관리인의 관리기술 능력을 나타내는 지표로써 일반적으로 1인당 1,500두 내외의 수준이나 기술과 관리시설에 따라 관리두수가 크게 영향을 받게 된다.

10) 비육돈 일당 증체량

비육돈의 산육능력과 비육기술을 평가하는 척도로써 비육돈이 1일 증체하는 체중을 말한다.

(2) 기술지표수준

양돈경영 기술지표는 번식돈과 비육돈을 구분하여 살펴볼 수 있다. <표 6-4>는 번식돈 경영의 주요 기술지표로써 번식돈 경영시 생산비를 최소화하고 수익성을 최대화하는 기술수준이다.

예를 들면 포육률은 90%이상, 육성률은 90%, 연간 모돈 분만횟수는 2.2회 이상, 분만율 90% 이상, 임신 중 사고율 3~5%, 발정률 90% 이상을 목표로 삼고 관리해야 한다.

비육돈 경영의 주요 기술지표는 <표 6-5>에서와 같이 비육돈 두당 1일 증체량은 650g, 사고폐사율은 2%, 지육률은 68%, 등지방두께는 1.5cm 이하, 사료요구율 3.4이하를 목표로 관리하는 것이 바람직하다.

〈표 6-4〉 번식돈 경영의 주요 기술지표

<table>
<tr><th colspan="3">항 목</th><th>기술지표</th></tr>
<tr><td rowspan="2">관리인 1인당</td><td colspan="2">연간 자돈</td><td>1,000두 이상</td></tr>
<tr><td colspan="2">번식돈 사육두수</td><td>100두 이상</td></tr>
<tr><td rowspan="3">번 식 돈</td><td colspan="2">1두당 연간 자돈 판매두수</td><td>22두 이상</td></tr>
<tr><td colspan="2">1산당 자돈 생산두수</td><td>11두 이상</td></tr>
<tr><td colspan="2">1산당 자돈 판매두수</td><td>9두 이상</td></tr>
<tr><td>포 육 률</td><td colspan="2">(이유두수÷포유개시두수)</td><td>90% 이상</td></tr>
<tr><td>육 성 률</td><td colspan="2">(판매두수÷포유개시두수)</td><td>90% 이상</td></tr>
<tr><td>연간 분만횟수</td><td colspan="2">(연간 분만복수÷상시 사양두수)</td><td>2.2회 이상</td></tr>
<tr><td>자돈 손모율</td><td colspan="2"></td><td>10% 이내</td></tr>
<tr><td rowspan="2">번식돈 도태율</td><td colspan="2">종 빈 돈</td><td>33.3%</td></tr>
<tr><td colspan="2">종 모 돈</td><td>66.7%</td></tr>
<tr><td rowspan="2">번식이용 개시월령 체중</td><td colspan="2">종 빈 돈</td><td>7~8개월(120~130kg)</td></tr>
<tr><td colspan="2">종 모 돈</td><td>7~8개월(120~130kg)</td></tr>
<tr><td>종부방법</td><td colspan="2"></td><td>자연교배 1 발정 2회 종부원칙</td></tr>
<tr><td rowspan="6">1두당 사료섭취 필요량</td><td colspan="2">종빈돈(연간)</td><td>1,010kg</td></tr>
<tr><td colspan="2">종모돈(연간)</td><td>803kg</td></tr>
<tr><td colspan="2">종모후 모돈(80일~8개월령)</td><td>360kg</td></tr>
<tr><td rowspan="2">자 돈</td><td>인 공 유</td><td>15kg</td></tr>
<tr><td>배합사료</td><td>60kg</td></tr>
<tr><td colspan="2">사료소모율</td><td>2%</td></tr>
<tr><td rowspan="3">자돈의 체중과 균일성</td><td colspan="2">생시자돈 체중</td><td>1.4kg이상</td></tr>
<tr><td colspan="2">이유시 자돈체중(28일령)</td><td>7kg이상</td></tr>
<tr><td colspan="2">생후 90일령 자돈체중</td><td>40kg이상</td></tr>
<tr><td colspan="3">발 정 률</td><td>90%이상</td></tr>
<tr><td colspan="3">수태율(종부 1회시)</td><td>85%이상</td></tr>
<tr><td colspan="3">임신중 사고율</td><td>3 ~ 5%</td></tr>
<tr><td colspan="3">분 만 율</td><td>90%이상</td></tr>
</table>

〈표 6-5〉 비육돈 경영의 주요 기술지표

<table>
<tr><th colspan="3">항 목</th><th>기 술 지 표</th></tr>
<tr><td rowspan="5">생 산 성</td><td rowspan="2">비육 개시시</td><td>일 령</td><td>90일령</td></tr>
<tr><td>체 중</td><td>40kg</td></tr>
<tr><td rowspan="2">비육 종료시</td><td>일 령</td><td>190일령</td></tr>
<tr><td>체 중</td><td>105kg</td></tr>
<tr><td colspan="2">1두당 1일 증체량</td><td>650g</td></tr>
<tr><td>사료요구율</td><td colspan="2">(출하돈 1두당 사료소요량 220kg=
비육 종료시 체중 105kg-
비육 개시시 체중 40kg)</td><td>3.4이하</td></tr>
<tr><td colspan="3">사 고 폐 사 율</td><td>2%</td></tr>
<tr><td colspan="3">지 육 률(박피)</td><td>68%</td></tr>
<tr><td>상시 1두당 연간
지육 생산량</td><td colspan="2">상시 1두당 연간 비육용 3두×
(1-사고율 0.02)×(비육 종료시 체중
105kg-절식, 수송 등에 의한 감량
5kg)×지육률 0.68</td><td>200kg</td></tr>
<tr><td rowspan="2">사고 및 발병률</td><td colspan="2">사 고 율</td><td>2% 이하</td></tr>
<tr><td colspan="2">발 병 률</td><td>20% 이하</td></tr>
<tr><td colspan="3">등 지 방 두 께</td><td>1.5cm 이하</td></tr>
</table>

4. 양계경영의 기술진단분석

(1) 기술진단지표의 개념

1) 산 란 율

산란율은 산란계의 경제능력인 산란능력을 나타내는 지표로써 경영성과에 가장 큰 영향을 주는 요인이다.

산란율(%)=총산란개수/성계상시 사육수수×100

2) 육 성 률

육성률이란 산란계 및 육성계 경영에 있어서 병아리를 구입하여 육성하기까지 폐사 및 도태에 의해서 육성초기의 수수에 비하여 감소함으로 성계까지의 육성비율을 나타내는 기술지표이다. 즉 도입시 초생추 두수와 성계로 편입 또는 출하될 때의 수수의 비율을 의미한다.

또 육성률은 효율적인 사양관리의 유무를 나타내는 것이며, 경영계획 및 달성을 위한 목표지표로써 중요한 지표다. 육성률에 영향을 미치는 요인으로는 사양관리시설, 사료의 종류 및 급여상태, 병아리의 품종 등이 있다.

한편 육성률과 구분되는 출하율은 육성종료와 동시에 출하되는 육계경영에 있어서 사용된다. 육성률의 산출방법은 다음과 같다.

$$\text{육성(출하)률} = \frac{\text{성계(출하)두수}}{\text{입추두수}} \times 100$$

3) 난 중

난중은 산란율과 더불어 산란계 경영에 있어 조수입에 영향을 미친다. 특란이나 대란의 비율이 얼마나 되느냐에 따라 난가에 직접 영향을 미친다. 따라서 난중은 관리자의 생산기술수준을 나타내는 척도로써, 중요한 가술지표의 하나이다

평균 난중량(g)=연중 총채란중량/연중총산란 개수

4) 일당증체량

브로일러의 산육능력을 나타내는 척도로써 회전율을 높이는 주요 요인이 된다.

일당 증체량(g)=총증체량/총사육일수

5) 사료요구율과 사료효율

사료요구율과 사료효율과는 상호 역비례 관계에 있으며, 산육능력과 사료의 가치를 평가하는 척도로써 브로일러 경영에서는 대단히 중요한 기술지표가 된다.

6) 사고율

병아리를 입추시켜 출하할 수 있는 체중으로 육성하기 까지에는 폐사 또는 도태되는 것이 생긴다. 이러한 비율을 나타낸 것이 사고율로써 육성률과 역비의 관계를 갖는다.

사고율(%)=(폐사 또는 도태수수/입추개시수수)×100

(2) 기술진단수준

양계경영의 성패는 탁월한 생산기술을 통한 생산성향상 여부에 달려 있다. 바람직한 주요 기술지표수준은 <표 6-6>과 같다.

〈표 6-6〉 양계경영의 주요 기술지표

산 란 계	기술지표	육 계	기술지표
산 란 율	85% 이상	일당 증체량	40g 이상
육 성 률	98% 이상	사 육 일 수	45일 이내
난 중	60g 이상	폐 사 율	2% 이내

5. 축산경영의 종합기술진단지표

앞에서 주요 기술지표에 대해서 축종별로 검토해 보았으나 종합적인 기술진단지표를 한 표에 모아 일람표를 작성한 것이 <표 6-7>이다.

〈표 6-7〉 축산경영의 기술진단지표

축종	육계경영	산란계
사육규모측면	ㅇ상시사육두수=연간사육두수/365일 ㅇ적정규모(상동)	ㅇ상시사육수수=연간사육수수/365일 ㅇ적정규모(상동)
번식·육성기술측면		ㅇ육성률(%)=성계편입수수/입추수수×100=성계편입수수/(기초육성계수수+기중도입수수-기말육성계수수) ㅇ성계편입수수=평균산란율 50% 도달시 사육수수/연평균 산란계 사육수수 ㅇ성계 1수당 사료소비량(kg)=사료소비량/성계 편입수수 ㅇ1수당 육성비(원)=육성비총액(비현금비용포함)/군평균산란율 50% 도달시 사육수수
사료기술측면	ㅇ출하 1수당 사료소비량=사료 총소비량/출하수수 ㅇ사료요구율=사료 총소비량/총증체량 (사료소비량=기수이월량+구입량-기말이월량) (증체량=출하생체중+기말이월생체중-기술이월생체중) ㅇ사료효율=총증체량/사료총섭취량	ㅇ1일당 사료소비량=성계사료 총소비량/성계연사육수수 (사료소비량=전년이월량+구입량-내년이월량) ㅇ연간사료소비량=성계사료 총소비량/성계상시수수 ㅇ사료요구율=연간사료 총소비량/총산란량 ㅇ1수당 사료구입액(원)=연간사료구입액(원)+(-)(연초재고액-연말재고액)/연간평균산란계사양수수
사양기술측면	ㅇ육성률(%)=출하수수/초생추수수 ㅇ도태 및 폐사율(%)=도태 및 폐사수수/육성계편입수수 ㅇ평균출하일령(일)=초생추편입시에서 출하일령 ㅇ회전율(회)=연간 총출하수수/상시사육수수 ㅇ사육밀도(수)=상시사육수수/사육상면적 ㅇ계사이용률(%)=상시사육수수/수용가능수수	ㅇ초산일령(일)=산군의 초란율 50% 도달일령 ㅇ도태율(%)=연간 총도태수수/연간평균산란계사육수수×100 ㅇ폐사율(%)=연간폐사수수/연간평균산란계사육수수×100 ㅇ생존율(%)=편입 365일후 생존수수/성계편입수수 ㅇ사육밀도(수)=상시사육수수/사육상면적 ㅇ계사이용률(%)=상시사육수수/수용가능수수 ㅇ갱신율(%)=연간도태수수/연평균사육수수×100=(연초산란계수수-연말산란계수수-연말산란계수수)연간평균사육수수×100
생산기술측면	ㅇ1일 증체량(g)=평균출하생체중/평균출하일령 ㅇ평균출하생체중(kg)=출하총체중/출하수수	ㅇ산란율(%)=총산란개수×성계연사육수수 ㅇ성계 1수당 1일 산란량(g)=총산란중량/성계상시사육수수=산란율×평균중량 평균채란량(g/수,일)=연간 총채란량(g)/연간사육총수수=평균산란율(%)×평균난중(g) ㅇ평균난중량(g)=연중 총채란량/총산란개수
노동생산성측면	ㅇ1인당 관리수수=상시사육수수/종업원수 ㅇ1인당 출하수수=출하수수/종업원수	ㅇ1인당 관리수수=상시사육수수/종업원수 ㅇ1인당 산란생산량=계란생산량/종업원수 ㅇ1수당 노동시간(시간)=채란 총노동시간(시간)/연평균산란계사육수수 ㅇ1수당 노동비=임금×1수당 노동시간(시간) ㅇ1수당 가족노동시간(시간)=채란 총노동시간 중 가족노동시간/연평균산란계사육수수

축 종	낙 농 경 영	비 육 우 경 영	양 돈 경 영
사 육 규 모 측 면	○상시사육두수＝연사육두수/365일 ○적정규모＝가장 효율적인 경영규모 ○1두당 적정소득 달성 ○적정경영자본이익률달성	○상시사육두수＝연간사육두수/365일 ○적정규모(좌동)	○상시사육두수＝연간사육두수/ 365일 ○적정규모(좌동)
번식· 육 성 기 술 측 면	○분만후　사고비율＝사고두수/분만독우두수 ○평균종부횟수＝종부연횟수/수태두수 ○평균분만횟수＝분만복수/성우상시두수 ○평균분만간격＝12개월/평균분만횟수 ○송아지 육성률＝이유두수/분만두수 ○후보축 육성률＝후보축 육성두수/이유두수 ○후보우첫종부월령＝생후첫종부월령	○평균종부횟수(회)＝종부연횟수/수태두수 ○생산율(%)＝번식성빈우상시두수/분만두수 ○일령체중(kg)＝판매체중/독우판매시일령	○복당 산자수(두)＝자돈 총두수/분만복수 ○복당 육성수(두)＝육성 총두수/분만복수 ○육성률(%)＝육성돈 총두수/자돈 총두수 ○1두당 분만횟수(회)＝분만복수/번식성 모돈상시두수 ○1두당　연간육성두수＝복당　육성수×1두당 분만횟수 $\frac{\text{육성돈총두수}}{\text{분만복수}} \times \frac{\text{분만두수}}{\text{번식성모돈상시두수}}$
사 료 기 술 측 면	○사료요구율(%)＝사료섭취량/총우유생산량 ○사료작물생산량(kg)＝총사료작물생산량/사료작물실총면적 ○사료포면적(a)＝사료포실면적/성우상시두수 ○사료작물생산량(kg)＝총생산량/성우상시두수 ○유사비(%)＝구입사료비/유대 (구입사료비＝전년이월평가액+구입액－내년이월평가액)	○사료요구율(%)＝사료총섭취량/총증체량 (사료소비량＝기수이월량+구입량－기말이월량) (증체량＝출하생체중＋기말이월체중－(구입자돈생체중＋기수이월생체중)) ○사료효율＝총증체량/사료총섭취량	○사료요구율(%)＝사료 총소비량/총증체량 (사료 총소비량＝전년이월량＋구입량－내년이월량) (증체량＝출하생체중＋기말체중－(자돈도입시체중＋기수체중)) ○사료효율＝총증체량/사료 총섭취량
사 양 기 술 측 면	○유우가동률＝착유우상시두수/경산우상시두수 ○육성우보유율＝육성우상시두수/성우상시두수 ○유우갱신율＝성우구입두수/성우상시두수 평균산차수＝성우총산차수/성우상시두수 ○평균내용년수＝폐우내용년수/폐우두수	○비육일수＝도입(또는 생산)일부터 출하까지 일수(개별가축의 평균) ○사고(폐사율)(%)＝폐사두수/독우도입두수 ○회전율(두)＝출하총두수/사육상시면적 ○우사이용률(%)＝상시사육두수/수용가능두수	○비육체중(kg)＝출하　1두당　생체중－평균자돈체중 ○1일증체량(g)＝총증체량/연사육두수 ○사고율(폐사율)(%)＝폐사두수/자돈도입시두수 ○회전율(회)＝출하두수/상시사육두수 ○사육밀도(두)＝상시사육두수/사육장면적 ○돈사이용률(%)＝상시사육두수/수용가능두수
생 산 기 술 측 면	○착유일수＝연간 착유한 기간 ○건유일수＝분만전부터　분만까지　비착유일 ○경산우 두당 연간 산유량＝연간우유생산량/경산우연평균두수 ○경산우 1두당 1일 산유량＝경산우 1두당 연간 산유량/305일 ○유지율(%)＝유지방량/총유량	○1두당 증체량(g)＝총증체량/연사육두수 ○1일당 증체량(g)＝총증체량/총비육일수 ○출하시　생체중(kg)＝출하　총체중/출하두수 ○지육량(kg)＝출하총지육량/출하두수 ○지육률(%)＝출하 총지육량/출하 총생체중	○생시평균체중(kg)＝총분만자돈체중/총자돈분만두수 ○출하　1두당　지육량(kg)＝출하총지육량/비육돈출하두수 ○지육률(%)＝출하총지육량/출하총생체중 ○등지방두께(cm)＝비육돈　출하시　등지방두께 ○출하일령(일)＝자돈분만후　출하시까지의 기간
노　동 생산성 측　면	○1인당　관리두수(두)＝성우상시두수/종업원수 ○1인당 산유량(kg)＝총산유량/종업원수 ○1시간(일)당　산유량(kg)＝총산유량/노동시간	○1인당　관리두수＝상시사육두수/종업원수(두)	○1인당　관리두수(두)＝상시사육두수/종업원수 ○1인당　출하두수(두)＝출하두수/종업원수(두) ○1일 1두당 노동시간(분)＝총노동시간/연사육두수

제3절 생산성과 생산비

1. 생산성의 개념과 종류

생산성이란 일반적으로 생산을 위하여 투입(input)된 생산요소의 양에 대한 생산물의 산출량(output)의 비율을 말한다. 생산요소 단위당 생산량을 의미하게 되며, 제자원 이용법의 경제적 건전성의 척도 또는 각종 자원의 유효이용 척도라고도 할 수 있다. 생산성에는 분모가 될 "투입"을 어떻게 보는가에 따라 여러 가지 종류가 있다. 그런데 생산성은 물량단위로써 나타내는 경우도 있고, 화폐가치로 나타내는 경우도 있다.

생산성의 종류에는 투입된 생산요소에 따라 토지생산성, 자본생산성, 노동생산성으로 구분할 수 있겠다.

(1) 토지생산성

토지생산성이란 토지의 생산력을 나타내는 것이며, 토지를 이용하여 생산한 축산물량을 생산하기 위하여 사용된 토지면적으로 나눈 값이다.

토지 생산성은 일반적으로 토지의 경제성을 파악하는데 이용된다.

토지생산성 = 총생산량/토지면적

(2) 자본생산성

자본생산성이란 투하자본과 생산량과의 비율로써 투하자본의 효율성을 나타내는 것이다. 자본생산성은 자본의 경제성을 측정하는 하나의 지표로써, 이의 측정방법에 따라 물량적인 측정방법과 경제가치적인 측정방법으로 구분할 수 있다.

자본생산성 = 총생산량/투하자본, 또는 자본생산성 = 총생산액/투하자본

(3) 노동생산성

노동생산성이란 노동의 생산력을 나타내는 것이며, 투하된 노동력에 대해서 얻어진 생산량과의 비로소 노동량 1단위당 생산성을 의미하는 것이다.

노동생산성 = 총생산량/투하노동량(시간, 노동수)

(4) 가축생산성

가축생산성이란 가축의 생산력을 나타내는 것이며, 두(수)당 생산량으로 표시된다.

가축생산성 = 총생산량/생산두(수)수

2. 가축생산성의 실태분석

(1) 젖소의 생산성

<표 6-8>에서와 같이 연도별 젖소의 생산성은 산유량이 2000년 6,872kg에서 2010년 8,325kg으로 증가하였으며, 유지율은 2000년 3.87%에서 2010년 4.04%로 상승한 반면 번식률은 69.8%에서 65.9%로 하락했다.

번식률은 감소한 반면 두당 산유량과 유지율은 증가함으로써 국내 사육두수 증가에 따른 생산과잉을 해결하는 대신에 두당 생산량은 증가하는 방향으로 실현되어 왔다.

〈표 6-8〉 연도별 소 생산성 추이

구분 / 연도	번식우	비 육 우		유 우		
	번식률(%)	판매시 체중(kg)	일당증체량(kg/일)	산유량(kg)	유지율(%)	번식률(%)
1995	82.4	538	0.94	5,941	3.72	71.1
2000	77.6	584	0.91	6,872	3.87	69.8
2005	75.2	632	0.78	7,861	3.99	69.8
2007	74.5	643	0.78	8,260	4.01	68.1
2009	75.9	668	0.81	8,654	4.00	64.1
2010	77.0	700	0.83	8,325	4.04	65.9

자료 : 통계청, "2010년도 축산물 생산비" 2011년.

(2) 비육우 및 번식우의 생산성

비육우의 생산성은 <표 6-8>에서와 같이 판매시 체중은 2000년 584kg에서 2010년 700kg로서 연간 11.6kg 증가추세를 나타냈다. 반면 일당 증체량은 2000년 0.91kg에서 2010년 0.83kg로써 오히려 감소 경향을 나타내고 있다.

번식우 생산성를 대표하는 번식률은 2000년 77.6%에서 2010년 65.9%로써 연간 1.188% 감소함으로써 쇠고기 완전개방으로 국내 쇠고기 시장의 경쟁력 약화로 인한 생산농가의 사육기피 현상을 나타낸 것이다.

(3) 번식돈 및 비육돈의 생산성

1) 번식돈의 생산성

번식돈의 생산성은 <표 6-9>에서와 같이 산자수는 2000년 20.7두에서 2010년 20.1두로 감소추세를 나타냈으며, 이유두수도 19.1두에서 17.8두로서 감소추세를 나타냈다. 육성률은 92.1%에서 88.7%로 오히려 감소하였다. 포유일수는 23.7일에서 25.0일, 이유시 체중은 6.6kg에서 10.0kg로써 증가세를 나타내고 있다.

2) 비육돈의 생산성

비육돈의 일당 증체량은 2000년 0.62kg에서 2010년 0.66kg으로 증가한 반면 사육일수는 2000년 159일에서 2010년에는 158일로 감소추세를 나타냈다. 이는 대일 수출이 본격화되면서 출하체중이 증가하였으나, 2000년 이후 대일 수출의 중단으로 인한 요인으로 판단된다.

〈표 6-9〉 연도별 돼지 생산성 추이

구분 연도	번식돈					비육돈		
	산자수 (두)	이유두수 (두)	육성률 (%)	포유일수 (일/두)	이유시 체중 (kg)	일당 증체량 (kg)	사육일수 (일)	판매시 체중 (kg)
1995	19.9	18.9	95.0	29.5	10.3	0.63	144	100.7
2000	20.7	19.1	92.1	23.7	6.6	0.62	159	105.9
2005	19.1	17.1	89.5	24.1	6.7	0.65	158	109.4
2007	19.5	17.3	88.5	24.8	7.1	0.68	153	111.1
2009	20.5	18.1	88.5	26.2	8.1	0.67	153	111.9
2010	20.1	17.8	88.7	25.0	10.0	0.66	158	114.2

자료 : 통계청, "2010년도 축산물 생산비" 2011년.

(4) 산란계 및 육계 생산성

1) 산란계의 생산성

산란계의 생산성은 <표 6-10>에서와 같이 산란율은 2000년 75.6%에서 2010년 76.6%로서 1.0% 계란 생산량은 276개에서 279개로써 각각 증가하였으며, 육성계의 사육일수는 135일에서 143일로 증가했다.

2) 육계의 생산성

육계 생산성은 사육일수를 2000년 38.8일에서 2010년 33.1일로 감축된 반면 판매시 체중은 1.53kg에서 1.44kg로 감소했다. 사육일수는 2000년 38.8%에서 2010년 33.1%로,

육성률은 92.3%에서 92.7%로 증가했다.

〈표 6-10〉 연도별 산란계 및 육계의 생산성 추이

구분 \ 연도	산란계			육계			
	산란율 (%)	육성계 사육일수 (일)	계란 생산량 (개/수)	판매시 체중 (kg)	일당 증체량 (g/일)	사육일수 (일)	육성률 (%)
1995	75.3	155	275	1.70	38.4	44.3	96.3
2000	75.6	130	276	1.53	39.4	38.8	92.3
2005	69.6	144	254	1.38	37.6	36.7	93.8
2007	72.3	145	264	1.40	39.3	35.6	93.8
2009	76.3	137	278	1.43	41.3	34.6	93.5
2010	76.6	143	279	1.44	43.5	33.1	92.7

자료 : 통계청, "2010년도 축산물 생산비" 2011년.

제4절 축산물 생산비의 분석

1. 생산비 산출의 필요성

축산물의 공급, 수요증가와 더불어 축산물의 상품화가 요구되고 있고, 축산 경영형태도 영세적·부업적 형태에서 전업적·기업적인 형태로 확대·발전되고 있다.

이러한 경영여건의 변화에 따라 양축가의 경영 내적으로 생산성 향상, 생산비 절감과 경영체계의 개선에 의한 경영합리화가 선행되어야 하며, 이 경영합리화는 과학적이고 실제적인 기록과 이 기록을 성과분석을 통해서 실행이 가능하다.

경영기록은 성과분석과 차기년도의 경영계획에 필요한 자료이며, 경영성과 분석은 경영의 결과에 대한 판단지표로써, 이 경영성과 분석중 "생산비"산출은 경영성과의 기본적인 핵심이다. 즉 생산자인 양축가는 생산비 산출에 의거하여 경영성과에 대한 진단이 가능하고 이윤 산출 등은 경영성과분석에 없어서는 안될 요소다.

또한 생산비는 경영 내적인 측면뿐만 아니라 경영 외적인 측면, 즉 가격결정에 있어서도 중요한 요인이 된다. 생산자 측면에서는 생산비에 기준을 둔 판매가격 및 판매의사가 결정이 되며, 정부의 가격결정 정책대상이 되고 있는 축산물의 경우에는 수매가격 및 구매가격의 기준이 되기 때문이다.

따라서 축산경영에 있어서 생산비 산출은 경영성과 분석과 더불어 차기의 생산계획, 판매계획, 이익계획 등에 필수적인 경영활동으로 기록관리의 체계화에 의해서 필수적으로 이루어져야 함과 아울러 정확한 생산비 산출법이 필요하다.

2. 생산비의 개념

축산물을 생산하기 위해 사용되는 생산요소는 공산품에서 사용하는 것과는 다르나 공산품 생산을 위해서 소요되는 재화 및 용역은 동일하게 소요된다.

공산품 생산에 사용된 재화 및 용역의 비용을 "원가"개념으로 표현한다면, 농산물 및 축산물의 경우에는 "생산비"개념으로 표현한다. "원가"와 "생산비"의 개념상의 의미는 동일하나 산출상의 차이가 존재한다. 공산품의 "원가"가 이윤을 포함한 비용의 개념이라면, 축산물의 "생산비"는 이윤을 포함하지 않은 비용의 개념이다.

따라서 축산물의 생산비란 일정단위의 축산물을 생산하기 위하여 소비된 사료, 동물약품, 기타 재료 등의 소모품과 인건비, 자본이자 및 지대 등을 합산한 총계이다.

3. 생산비 대상조건

생산비는 축산물을 생산하기 위한 활동과정에 소요되는 제반 비용으로써 각 축종에 소요되는 비용이 생산비로 비목이 되기 위해서는 명확한 기준이 설정되어야 한다.

생산비가 되기 위한 조건으로 다음과 같은 것을 들 수 있다.

첫째로, 생산비는 화폐가치로 표시할 수 있어야 한다. 축산물을 생산하기 위하여 소비되는 사료, 노동력 등을 구입하는 데 소요되는 재화 및 용역의 경우에는 구매가격을, 농가자급 생산물인 경우에는 시장가격을 적용한 평가가격을 비용으로써 화폐가치로 표시하여야 한다.

만일 축산물 생산활동에 유용하게 이용할지라도 강우량, 공기 및 온도 등과 같이 화폐가치로 표시할 수 없는 경우에는 생산비가 될 수 없다.

둘째로, 생산비는 생산하고자 하는 축산물에 직접 소비되는 것이어야 한다. 축산물을 생산하기 위하여 소요되는 재화, 노동력 및 자급물 등이 생산에 투입될 경우 당연히 생산비에 포함되어야 한다. 그러나 축산물 소비촉진을 위한 홍보 찬조금 등과 같이 해당 축산업 활성화를 위한 재화의 소요라 할지라도 생산물의 생산에 직접적으로 관련이 없는 비용은 생산비가 될 수 없다.

셋째로, 생산비는 정상적인 생산활동을 위하여 소비된 것이어야 한다. 경영의 생산활동은 경제적인 합리성에 의거하여야 한다. 만일 천재라든지, 화재 또는 도난 등 불가항력적인 비경제적인 요인에 의한 손실은 경영자체의 손실이므로 생산비에 포함되지 않으며, 또한 사료 및 기타 재료 등의 재고 중에 발생하는 변질 및 감량도 생산비가 될 수 없다. 반면 쥐에 의한 사료의 감량과 급여시 손실되는 사료의 감량 등은 생산비가 된다.

4. 비용의 종류

축산물을 생산하기 위해서 소요되는 제반 비용의 종류를 구분하는 기준으로써 첫째로 생산량 증가에 따른 생산비의 변동에 의해서 구분하는 방법, 둘째로 생산비의 구성에 따라서 구분하는 방법이 있다.

(1) 고정비 및 유동비

고정비와 유동비는 생산량에 따른 생산비 변동 유무에 따라 구분하는 방법이다.

첫째로, 고정비란 생산규모에 관계없이 일정하게 소요되는 비용으로써 예를 들면, 동물 및 농기계의 감가상각비, 자본에 대한 이자, 지대, 일정 두수의 사료비, 노임 등을 들 수 있다.

둘째로, 유동비란 생산량의 변동에 따라 변동하는 제반비용으로써 예를 들면 방역비, 치료비, 깔짚비, 사료비 등을 들 수 있다.

(2) 순비, 자급비 및 내급비

순비, 자급비 및 내급비는 생산비의 구성에 따른 구분방법이다.

첫째로, 순비란 축산물을 생산하기 위하여 생산요소를 구입하는 데 지출되는 비용으로써 예를 들면 농후사료비, 방역치료비, 노임 등을 들 수 있다.

둘째로, 자급비란 양축가가 축산물을 생산하기 위해서 사용한 비용 및 생산평가액으로써, 예를 들면 사료작물비 등을 들 수 있다.

셋째로, 내급비란 양축가의 소득에 해당하는 비목으로써, 예를 들면 지대, 자기자본이자, 자가노임 등을 들 수 있다.

5. 생산비의 비목

축산물의 생산비는 축산경영 활동결과로 발생한 모든 비용이 각 축종에 소요되는 비목 하에서 산출되어야 한다. 이러한 생산비 산출에 있어서 각 비목에 대한 산출방법은 일반적으로 다음과 같다.

(1) 가 축 비

가축비는 비육우, 비육돈, 육계 등 유동자산에 해당하는 비목으로써 송아지, 자돈 및 병아리를 구입하기 위하여 소요되는 비용의 합계를 의미한다.

가축비는 구입한 가축가격과 가축의 구입에 소요되는 제반 경비외에 구입에 소요되는 자가노동의 평가액을 가산하여 산출하며, 송아지(자돈)를 자가 생산한 경우에는 송아지(자돈)를 구입한 것으로 간주하여 양축가가 구입 가능한 지역의 시장거래가격에 의한 계산방법과 송아지(자돈, 병아리)생산비에 의한 계산방법이 있다. 전자의 경우 시장가격이 불안정하므로 일반적으로 후자의 계산방법에 의한다.

(2) 사 료 비

1) 농후사료비

구입사료인 경우에는 실제 구입가격 및 구입시 제비용의 합계로 산출하며, 자급 농후사료인 경우에는 그 지방의 시장가격에 의해서 평가한다.

2) 조사료비

자급사료에 대한 평가는 거래가격에 의한 평가방법과 사용된 비용가격에 의한 평가방법으로 크게 구분할 수 있으나, 일반적으로 사료작물인 경우 비용가에 의한 평가방법을 사용한다.

자급사료의 비용계산은 조사기간 중 파종에서부터 수확 완료까지 또는 건조시킬 경우에는 건조가 완료될 때까지, 사일리지로 저장할 경우에는 사일리지 제조작업을 완료할 때까지 소요되는 비용의 합계다.

여러 가지의 조사료를 조달·급여할 경우에는 재배한 목초(사료작물)재배에 소요되는 비용과 함께 생야초, 방목장 및 채초지에 소요되는 비용을 합계하여 산출한다. 즉 사료의 종류에 따라서 생산과정상 발생하는 비용, 즉 재료비(종자, 비료 등), 고정재비(건물, 농기구, 영년목초), 노동비 등을 합계한 비용이다.

한편 자기의 부산물을 조사료로 이용할 경우에는 거래되는 시장가격으로 평가하여 산출한다.

(3) 인 건 비

인건비는 사육전반에 이용되는 노동 중 사육에 관련된 노동력에 한정하는 것이 일반적이다. 즉 사료작물재배에 소요되는 노동, 건물 및 농기구의 수리에 제공되는 노동은 각각의 비목에 산정하는 것이 편리하기 때문이다.

1) 고용노동비

고용노임은 연중 고용한 연고, 계절적으로 필요로 하는 계절고, 월고, 일고를 위해 지불된 비용으로써, 산출방법은 실제 지불하는 노임 외에 제공되는 현물 및 용역의 평가액을 합한 비용을 의미한다.

2) 가족노동비

① 노동시간산출 : 식사, 휴식 등 작업과 관계없는 노동을 제외한 실제의 노동시간으로써 각 작업의 준비시간도 포함하여 산출한다.

② 노동평가 : 가족노동의 평가는 성인 남자(즉 20~55세)를 기준하여 우리나라의 경우 <표 6-11>과 같은 기준에 의해서 평가된다.

〈표 6-11〉 노동능력 환산

연령 성별	10~14세	15~16세	17~19세	20~55세	56~60세	61~65세	66세 이상
남	0.3	0.6	0.8	1	0.8	0.6	0.3
여	0.2	0.6	0.6	0.8	0.6	0.6	0.2

③ 가족노임의 평가 : 가족노동의 평가는 그 지방의 고용노임에 가족의 환산 노동력과 각 작업에 투입된 노동시간 비율을 곱한 값이다. 한편 자가노임은 노동의 질적인 면과 언제나 노동력을 투입할 수 있다는 점 등 가족노동의 장점을 고려하여 일고노비보다 더 높은 평가를 하여야 한다.

(4) 감가상각비

1) 가축 감가상각비

축산물인 우유, 송아지, 자돈, 병아리 및 계란의 생산수단이 되는 유용우, 번식우, 번식돈 및 종계의 비용으로써 다음과 같이 감가상각비를 산출한다.

① 상각비 산출방법

$$\text{유우 감가상각비} = \frac{\text{착유우의 평가액(초회 종부시)} - \text{잔존가격}}{\text{장래 내용년수}}$$

(단, 착유우의 시장가격변동이 심할 경우 조사년도 평균가격을 적용하는 경우도 있다.)

$$\text{번식우 및 번식돈 감가상각비} = \frac{\text{번식우(돈)의 평가액(초회 종부시)} - \text{잔존가격}}{\text{내용년수}}$$

$$\text{산란계 감가상각비} = \frac{\text{종계 평가액} - \text{잔존가격}}{\text{내용월수}}$$

② 가축의 평가액 : 착유우, 번식우 및 번식돈의 평가액은 연령, 혈통, 비유능력, 번식

능력, 체형 등을 고려하여 그 지방에서 형성되는 가축시장의 실질거래가격을 고려하여 평가한다. 조사기간 중 구입한 경우에는 구입가격에 구입시 소요되는 제반 비용을 합계한 비용 평가액으로 한다.

산란계의 평가액은 병아리를 육성한 후 이를 산란계로 이용할 경우에는 육성추의 생산비에 의해서 평가하며 성계를 구입한 경우에는 실제 구입한 가격에 의해서 평가한다.

③ 잔존가격 : 유우의 잔존가격은 내용년수 경과 중에는 노폐시의 추정체중에 조사개시시의 노폐우 시장가격으로 산정하며, 번식우 및 번식돈의 잔존가격은 조사개시점의 판매가격, 산란계의 잔존가격은 폐계 판매가격으로 산정한다.

④ 내용년수 : 내용년수는 가축의 장래 생산 가능한 연수를 의미하는 것으로 그 지방 또는 해당 목장의 평균 내용년수로 설정한다. 일반적으로 우리나라에서는 유우의 경우 내용년수를 6년으로 정하고 있다.

2) 건물 및 구축물의 감가상각비

조사대상인 가축을 사육하고 생산물을 생산하는데 이용되는 건물 및 구축물의 감가상각비를 의미한다(표 2-6 참조).

① 감가상각비 산출법

$$\text{감가상각비} = \frac{\text{취급가격} - \text{잔존가격}}{\text{내용년수}} \times \text{조사대상가축의 사용률}$$

② 취득가격 : 원칙적으로 취득가격에 의해 평가한다.

③ 내용년수 : 일반적으로 우리나라에서 취득하고 있는 건물 및 구축물의 내용년수를 국립농산물품질관리원에서 설정한 내용년수를 기준으로 한다.

④ 잔존가격 : 일반적으로 건물 및 구축물에 대해서는 10%의 잔존가율을 적용한다.

3) 대농기구의 감가상각비

대농기구의 감가상각비란 조사대상 가축 및 생산물과 관련하여 사용되는 대농기구의 감가상각비를 의미한다.

① 감가상각비 및 취득가격 : 건물 및 구축물의 감가상각비 산출과 동일하다.

② 내용년수 : 우리나라에서 일반적으로 설정한 내용년수는 <표 2-7>과 같다.

③ 잔존가격 : 일반적으로 대농기구에 대한 감가상각의 잔존가격은 인정하지 않는다.

(5) 자본이자

자본이자란 축산물을 생산하기 위하여 투하한 자본에 대한 이자로써 차입자본이자와 고정자본이자, 유동자본이자, 자기자본이자로 구분된다.

1) 차입자본이자

차입자본이자는 실제 지불한 이자액으로 한다.

2) 고정자본이자

고정자본이자는 고정자산(건물, 대농기구 및 동식물 등) 구입에 투하한 자본에 대하여 이자율을 곱하여 계산한다. 만일 투하된 고정자본이 금융기관의 차입금일 경우 금융기관의 차입이자율을 적용하고, 한편 자기자본일 경우에는 금융기관의 예금이자율을 적용한다.

고정자본이자 = [(건물 및 대농기구의 평가액 + 감가상각의 대상인 동물자본액)×이자율]/축종별 회전수

3) 유동자본이자

유동자본이자는 유동자본에 대하여 실제 지불한 이자율을 적용하여 지불한 자본이자를 의미한다.

유동자본이자 = [경영비 − (상각비 + 차입금이자 + 차입지대)]/축종별 자본회전수×1/2

여기서 축종별 자본회전수는 일반적으로 낙농 12회, 비육돈 2.5회, 번식돈 2회 번식우 1회, 브로일러 4.5회, 산란계 12회, 비육우 비육형태별 비육기간으로 한다.

4) 자기자본이자

고정자본과 유동자본의 총액에서 차입자본액을 뺀 자기자본에 일반 은행의 정기예금 이자율(1년)을 곱한 후 다시 회전수를 곱하여 계산한다.

(6) 토지자본이자(=지대)

조사대상 가축의 사양 및 사료작물생산에 이용하는 토지에 대한 투자이자로써, 차입지인 경우에는 실제 지불한 금액(현물로 지불한 경우 현금환산액)으로, 소유토지인 경우에는 토지면적×토지단가×금융기관의 예금이자율로 산출한다.

지대 = 토지의 연초평가액×해당가축의 면적이용률×이자율×축종별 회전수

(7) 종 부 료

종부료란 송아지 및 자돈의 생산비에 있어서 유우, 번식우, 번식돈의 조사기간 중에 종부에 필요한 비용을 의미한다.

종부료의 산출방법은 인공수정이나 다른 양축농가에 의한 자연교배 등은 실제 지불한 비용의 합계로 하고, 자가종모우(돈)에 의해서 자연교배하는 경우 종부료는 그 지방의 종부시 소요되는 비용으로써 산출하여야 하며, 종부시 초회종부로써 임신이 되지 않아서 2~3회 종부하였을 경우 최종회종부료까지 종부료에 포함시켜야 한다.

한편 자가종모우(돈)을 종부시킬 목적으로 사육하는 경우에는 종모우(돈)의 사육비에 의해서 종부료를 결정하는 경우도 있다.

(8) 소농기구 구입비

축산경영에 이용되는 대농기구 및 소농기구는 가격과 내용년수를 고려한 감가상각이 필요성에 따라 구분된다. 소농기구는 감가상각이 필요없는 농기구로써 그 해에 구입한 농기구의 가격 및 구입시 제반비용의 합계를 비용으로 산출한다.

일반적으로 사용되는 소농기구로써 삽, 낫, 호미, 괭이, 호크, 쇠스랑, 바케쓰, 조루, 곡괭이, 금솔, 체인, 코뚜레, 포유기, 유두침, 착유기솔, 여과기, 교반기, 망치, 번호표, 쇠고기 등을 들 수 있다.

(9) 수도광열비

가축사육 및 생산물 처리, 운반을 위해서 사용되는 연료, 수도료, 전기료 외에 전구 등으로 기타의 비용에 계상되지 않는 재료비용을 의미한다.

(10) 방역치료비

방역치료비란 조사기간 중에 수의사에게 지불한 비용과 의약품, 방충제 및 소독제 등의 약품을 구입하는 데 소요되는 비용의 합계를 의미한다.

(11) 수 선 비

수선비란 건물·구축물 및 대농기구의 유지·수선에 대해서 구입 또는 지불하는 비용으로써 구입재료대, 지불 인건비 및 기타(음식비, 담배 등)을 평가하여 산출하며, 자가수선의 경우 자급한 요소에 대해서는 시장가격에 의해서 동일하게 평가한다.

한편 건물과 대농기구를 수선에 의해서 내용년수와 현재평가액을 증대시킬 경우에는 수선비를 연간 감가상각액으로 나누어 장래 내용년수를 계산한 후, 더 연장 가능한 내용년수를 과거 경과년수에서 제외함으로써 현재 평가액은 높아지게 되고, 동시에 연간 감가상각액, 내용년수 등을 동일하게 산출한다.

예를 들면 내용년수 15년, 신축가격 300만원인 축사를 10년 경과한 현재 100만원으로 수리할 경우 이때의 내용년수의 산출은 다음과 같이 한다(단 축사의 잔존가격은 없는 것으로 가정한다).

연감가상각비 = 3,000,000/15 = 200,000원
연장될 내용년수 = 1,000,000/200,000 = 5년

따라서 경과년수는 10 - 5 = 5년으로써 축사의 내용년수는 5년 + 5년 = 10년으로 수정한다.

(12) 임 차 료

농기구, 건물 등을 임차하여 생산에 사용함으로써 지불되는 비용을 말한다.

(13) 부산물수입

부산물이란 각 축산경영의 주생산물이외의 부수적 생산물로써 우유 생산비조사의 경우 송아지, 우분 및 축력이용, 계란 생산비조사의 경우에는 비정상적인 계란 및 계분, 그 밖의 생산비조사의 경우에는 사고축, 분뇨 및 축력이용 등을 평가하여 합계한 것을 의미한다. 전체 생산비에서 이 부산물수입을 공제하기 위해서는 부산물수입을 정확히 산출해야 한다.

제5절 축산경영의 수익성

1. 낙농경영의 수익성 진단분석

(1) 수익성 진단지표의 개념

1) 조 수 익

목장의 조수익은 총 수익(total revenue)이라고 하며, 1회계 연도 중에 발생한 가치증식액을 말하고, 현금이나 평가액 모두를 포함한다.

낙농경영에 있어서 조수익은 주로 우유 판매대와 송아지 판매대이나 도태우 판매차익, 육성우 판매수익, 육성우 가치증식 평가액, 성우 판매차익, 구비의 판매액 또는 평가액, 잡수익 등으로 구성된다.

2) 수익구조

낙농경영의 수익구조를 구체적으로 도시하면 <그림 6-2>와 같다. 이를 구체적으로

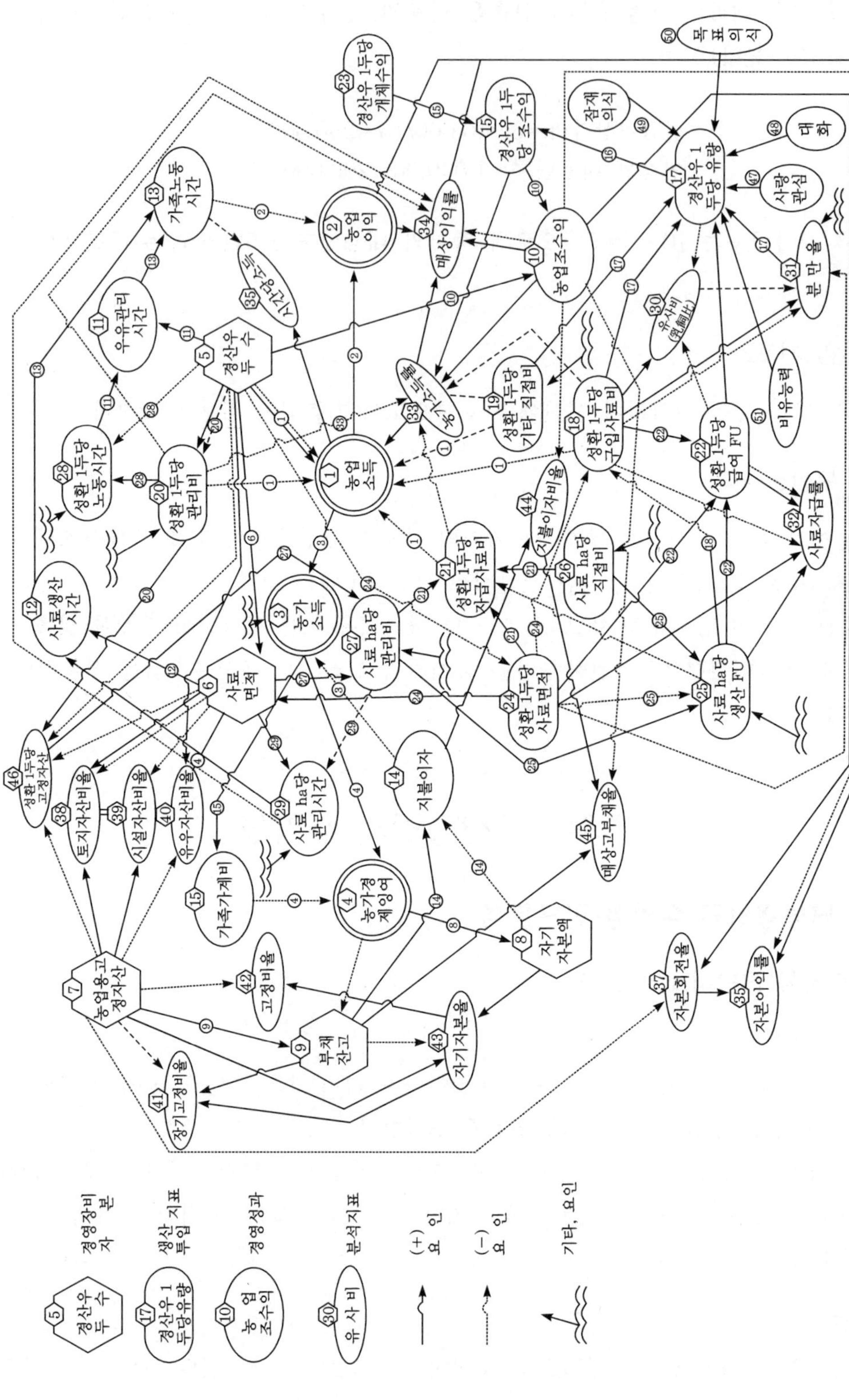

〈그림 6-2〉 낙농경영의 수익구조

표시하면 〈표 6-12〉에서와 같이 경영장비와 자본, 경영성과·생산투입지표, 분석지표, 정신지표로 분류된다.

〈표 6-12〉 낙농경영의 수익구조 지표별 분류도

농 업 수 익	1. 농 업 소 득 3. 농 가 소 득	2. 농 업 이 익 4. 농가 경제 잉여
경영장비와 자본	5. 경 산 우 두 수 7. 농업용고정자산 9. 부 채 잔 고	6. 사 료 면 적 8. 자 기 자 본 액
경영성과·생산투입지표	10. 농 업 조 수 익 12. 사료생산시간 14. 지 불 이 자 16. 경산우 1두당 조수익 18. 성환 1두당 구입사료비 20. 성환 1두당 관리비 22. 성환 1두당 급여 FU 24. 성환 1두당 사료면적 26. 사료 ha당 생산 FU 28. 성환 1두당 관리시간 51. 비 유 능 력	11. 유우관리시간 13. 가족노동시간 15. 가 족 가 계 비 17. 경산우 1두당 유량 19. 성환 1두당 기타직접비 21. 성환 1두당 자급사료비 23. 경산우 1두당 개체수익 25. 사료 ha당 생산 FU 27. 사료 ha당 관리비 29. 사료 ha당 관리시간
분 석 지 표	30. 유 사 비 32. 사 료 자 급 률 34. 매 상 이 익 률 36. 자 본 이 익 률 38. 토지자산비율 40. 유우자산비율 42. 고 정 비 율 44. 자 기 자 본 율 46. 성환 1두당 고정자산	31. 분 만 율 33. 농 업 소 득 률 35. 시 간 당 소 득 37. 자 본 회 전 율 39. 시설자산비율 41. 장기고정비율 43. 지불이자비율 45. 매출액부채율
정 신 지 표	47. 사랑과 관심의 강도 49. 잠재의식의 활용	48. 가축과의 대화능력 50. 목표의식의 강도

3) 경 영 비

낙농경영의 경우 주요 비목은 <표 6-13>에서와 같이 사료비가 59% 이상을 차지하며, 감가상각비가 13%, 고용노임, 치료비 순으로 구성되어 있다. 따라서 경영비를 절감하기 위해서는 우선적으로 사료의 저렴하고 효율적인 조달방법과 합리적인 급여기술이 요구된다.

4) 생 산 비

생산비는 전체 목장을 기준으로 계산하는 경우와 단위당 기준으로 하는 경우가 있는데 여기서는 <표 6-13>에서와 같이 생산비는 경영비+가족노동비+자본이자+토지자본이자로써 구성된다.

이것은 경영비에 기회비용(opportunity cost)을 계산하여 가산한 것이다. 가장 많이 이용되는 생산비는 우유 1kg당 생산비이다. 2010년 우유 kg당 생산비는 83.2원으로 조사되었다.

〈표 6-13〉 우유 100kg당 생산비

(단위 : 원)

비목 \ 사육규모	40두 미만	40~59	60~79	80두 이상	평균	구성비 (%)
사료비	44,577	41,491	40,192	38,287	39,772	59.2
(농후사료)	18,591	15,294	16,538	15,099	15,739	23.4
(조사료)	9,441	7,575	9,684	9,647	9,278	13.8
(TMR사료)	16,545	18,622	13,969	13,540	14,756	22.0
수도광열비	913	806	788	785	799	1.2
방역치료비	1,948	1,710	1,777	1,573	1,674	2.5
수선비	407	592	583	456	507	0.8
(건물)	134	252	170	164	179	0.3
(대농구)	273	340	413	292	328	0.5
소농구비	83	39	49	89	70	0.1
제재료비	726	1,018	1,055	804	897	1.3
종부료	506	530	570	653	601	0.9
차입금이자	879	707	998	797	836	1.2
임차료	473	512	357	260	344	0.5
고용노력비	187	301	402	740	541	0.8
기타 잡비	943	694	626	559	627	0.9
분뇨처리비	239	195	158	164	174	0.3
상각비	10,339	8,990	8,968	8,285	8,725	13.0
(건물)	1,282	1,040	965	1,178	1,110	1.7
(대농구)	3,402	2,825	3,221	2,477	2,786	4.2
(가축)	5,655	5,126	4,782	4,630	4,829	7.2
소계(A)	62,221	57,587	56,523	53,454	55,562	82.8
자가노력비	11,497	8,408	6,298	4,456	6,112	9.1
고정자본이자	4,758	3,645	4,256	4,705	4,414	6.6
유동자본이자	86	68	77	75	75	0.1
토지자본이자	1,297	723	921	1,013	961	1.1
비용합계(B)	79,860	70,431	68,075	63,704	67,129	100.0
부산물수입(C)	3,785	3,683	2,908	2,804	3,056	
경영비(A-C)	58,436	53,904	53,614	50,650	52,510	
생산비(B-C)	76,075	66,748	65,167	60,900	64,073	
두당산유량(kg)	7,109.2	7,843.0	8,406.5	8,681.9	8,324.5	

자료 : 통계청, "2010년도 축산물생산비" 2011년.

5) 소 득

① 소득의 개념 : 축산경영의 사경제적 목표가 적정소득이나 적정이윤을 획득하는데 있다는 것은 앞에서 언급한 바가 있다. 특히 가족경영의 경영목표는 적정소득의 확보에 있다.

소득은 조수익-경영비의 등식이 성립됨으로 소득를 증대하는 방법은 조수익의 증대와 경영비의 절감에 있다. 조수익이 증대되고 경영비가 절감되면 소득률이 높아지고 조수익이 증대되면 경영자본회전율이 높아지므로 결과적으로 경영자본 소득률이 높아져서 적정소득을 달성하게 된다.

② 소득의 구성내용 : 소득은 경영요소의 투입에 대한 종합적인 보수로써의 특성을 갖고 있다. 소득＝자기자본이자＋자가노동보수＋자기토지자본이자(지대)＋이윤(경영자능력보수)으로 구성되어 있다.

축산을 경영하기 위해서는 직접 생산수단인 가축을 비롯하여 축사시설과 사료 등을 구입할 자본이 필요하며, 이 자본의 투입에 대한 보수로써 자기자본이자가 있고 자가 노동력을 투입하며 생산에 참여한 관계로 이에 대한 보수가 당연히 있어야 한다. 경영의 기초가 되는 토지는 축산경영을 위해서 자본을 투입하여 구입한 것으로 이에 대한 보수가 있어야 된다. 이러한 세 가지 요소가 경영자의 경영능력 없이는 아무런 성과를 얻을 수 없으므로 경영능력의 기능이 요구된다.

모든 경영성과는 바로 경영자의 합리적이고 효율적인 의사결정에 따라 좌우되므로 소득의 발생이 경영능력에 따라 크게 영향을 받는다, 또 경영능력에 따라 이윤이 자연 비례한다. 그러므로 경영의 4대 요소에 대한 보수가 모여 소득을 구성하게 된다.

첫째로, 자기자본의 이자는 자본을 축산경영에 투자하지 않고 다른 부분에 투자했을 때 얻을 수 있는 기회보수로써 일반적으로 시중은행의 이자율을 기준으로 자기자본의 이자를 보상받아야 한다.

둘째로, 자기토지에 대한 지대는 토지를 구입한 자본의 이자나 소작료를 의미하는 것으로 이자 계산은 시중은행의 이자율을 기준으로 하는 것이 합리적이다. 지대의 계산에 있어서 지가 상승에 의한 토지자산의 증가문제를 고려할 수 있으나, 지가하락의 경우도 있는 등 일정하지 않기 때문에 이자율을 적용하는 것이 타당하다.

셋째로, 자기노동에 대한 보수는 일반적으로 자가노동이 고용노동보다 질적인 면에서 우수하다 그러므로 보수수준을 결정할 때 고용노동에 대한 임금보다 더 높은 수준에서 결정하여야 한다.

넷째로, 경영자의 능력에 대한 보수로써 경영자의 이윤은 기회보수이론은 도입하여 경영자의 사회적 대우를 먼저 계산하고 또한 경영에 대한 정신적, 기술적 정열의 정도 및 경영성과 등을 고려하여 경영자의 능력에 대한 보수수준을 결정하여야 한다.

③ 연간 1인당 소득 : 최근에는 2, 3차 산업의 발달에 의한 1차 산업의 노동력이 급격히 줄어드는 경향이 있다. 축산에 종사하는 축산인이 연간 올릴 수 있는 소득수준이 얼마나 되는가는 중요한 지표가 된다. 1인당 소득액은 1인당 사양두수와 연간 1두당 소득에 의해 결정된다.

④ 1일당 노동보수 : 1일당 노동보수는 연간 1두당 노동보수 [연간 1두당 소득-(연간 1두당 자본이자+연간 1두당 지대)]를 365일로 나눈 뒤 1인당 사양두수를 곱한 값으로 도시근로자의 1일당 근로노동보수와 비교되는 지표이다. <그림 6-3>은 1일당 노동보수의 관련요인을 나타낸 것이다.

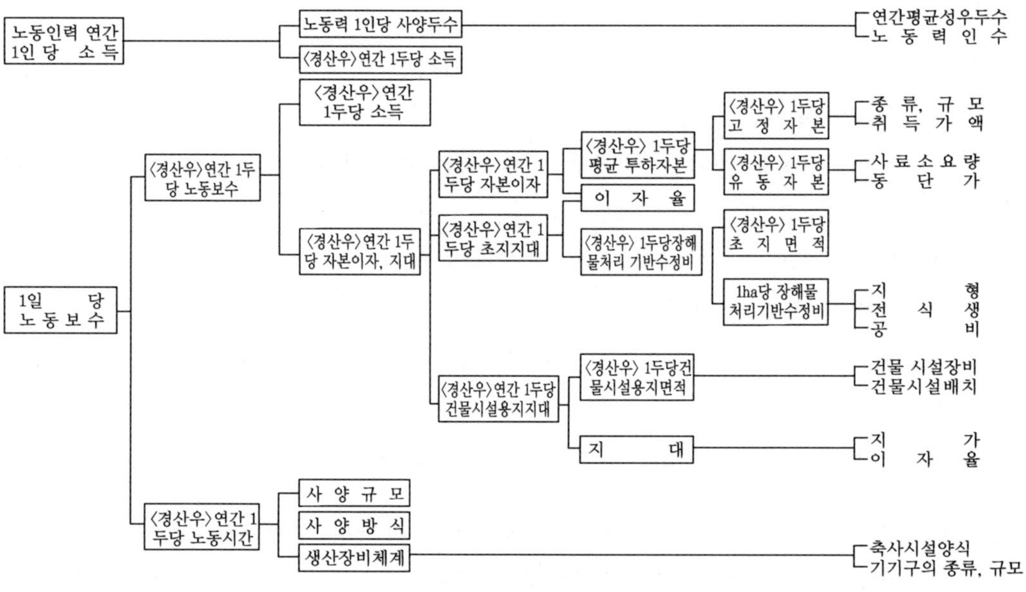

〈그림 6-3〉 1일당 노동보수

6) 소 득 률

소득률은 조수익 중에 차지하는 소득의 비율을 말한다. 이것은 경영비를 얼마나 절약해서 경영을 했느냐, 또는 일정한 비용수준에서 조수익을 얼마나 올리고 있느냐를 말해주는 지표가 된다.

7) 이 윤

일반적으로 기업의 경영목표는 이윤의 최대화 또는 적정이윤의 획득에 있다. 축산에 있어서도 기업적인 경영을 하고 있는 기업축산은 아마도 이윤획득을 목표로 설정하고 있을 것이다. 이윤은 조수익에서 생산비를 공제하여 산출되므로 조수익 증대와 생산비 절감에 의해서 크게 영향을 받게 된다. 즉 이윤=조수익-생산비(경영비+자기자본이자+자기토지지대+자기노임)의 등식이 성립되므로 이윤에 영향을 주는 요인이 무엇인가를 알 수 있다.

축산경영에서 적정이윤을 확보하기 위해서는 적정가격을 보장받아야 된다. 생산비+적정이윤=적정가격이 성립되므로 경영자 자신도 적정가격에 신경을 써야되며 정부에서도 축산발전을 위해서는 "축산물가격안정법"을 조속히 제정하여 가격안정에 노력해야 축산경영자들이 안심하고 경영을 지속할 수 있다.

경영의 합리화란 적정소득과 적정이윤을 달성했을 때를 말한다. 위의 수치는 평균치이기 때문에 경영의 합리화를 꾀하고 있는 경영자도 있고 적자경영의 늪에서 헤어나지 못하고 있는 경영자도 있다.

이윤은 경영자능력의 보수라고도 표현하고 있듯이 경영자의 능력여하에 따라 좌우된다. 유능한 경영자, 탁월한 능력의 소유자는 이윤의 수준을 높이는데 어려움이 없을 것이다.

8) 매출액이익률(소득 또는 이윤)

매출액이익률이란 당기순이익과 매출액과의 비율로써 매출액에 대해서 어느 정도의 순이익이 발생하였는가를 나타내며, 매출액이익률이 높다면 이것은 순이익이 크다는 것을 의미한다.

매출액이익률의 산출방법은 다음과 같다.

$$\text{매출액이익률}(\%) = \frac{\text{순이익}}{\text{매출액}} \times 100$$

(실례 A) 삼총사 목장의 1년동안의 경영결과 매출액이 100,000,000원이고, 그 중 순이익이 15,000,000원이 발생하였다면 이 기업목장의 매출액이익률은 얼마인가?

$$\text{매출액이익률}(\%) = \frac{\text{순이익}}{\text{매출액}} \times 100 = \frac{15,000,000}{100,000,000} \times 100 = 15\%$$

9) 경영자본회전율

자본회전율이란 매출액과 자본과의 비율을 의미한다. 일정기간동안에 자본의 몇 배의 매상이 있었는지를 나타내는 것으로 자본의 활동상황 또는 자본의 효율을 나타내는 것이다.

따라서 자본회전율은 자본의 유동성에 큰 영향을 미치는 중요한 지표로써, 자본회전율이 높을수록 자본이 유리하게 이용되고 있으며 매출액도 높아지는 것을 의미한다.

이러한 자본회전율의 산출방법은 다음과 같다.

$$\text{경영자본회전율(회)} = \frac{\text{매출액}}{\text{경영자본}}$$

위의 자본회전율은 분모의 자본종류에 따라 총자본회전율(=매출액/총자본), 경영자본 회전율(=매출액/경영자본), 자기자본회전율(=매출액/자기자본), 타인자본회전율(=매출액/타인자본) 등으로 구분할 수 있다.

(실례 B) 삼총사 목장의 매출액이 100,000,000원이고 경영자본이 50,000,000원일 경우 자본회전율은 몇 회전인가?

$$\text{경영자본회전율} = \text{매출액}/\text{경영자본} = 100{,}000{,}000/50{,}000{,}000 = 2\text{(회전)}$$

10) 경영자본 회전기간

자본회전기간이란 경영자본회수의 기간, 즉 투자한 경영자본이 1회전하는데 소요되는 기간을 나타내는 것으로 경영자본회전율이 역으로 산출된다.

$$\text{경영자본회전기간} = \frac{\text{경영자본(또는 자산)}}{\text{매출액}/12\text{개월}} = \frac{1}{\text{경영자본 회전율}}\text{(년)}$$

또한 자본회전기간도 자본이 종류에 따라 총자본회전기간(1/총자본회전율), 현금, 예금회전기간(현금·예금/매출액)등으로 구분된다.

(실례 C) 삼총사목장의 경우와 동일한 여건에서의 경영자본 회전기간은?

$$\text{경영자본회전기간} = \frac{50{,}000{,}000}{100{,}000{,}000/12} = 6\text{개월}$$

11) 경영자본이익률

경영자본이익률은 매출액이익률과 경영자본회전율에 의하여 결정된다.

$$\text{경영자본이익률} = \frac{\text{이익}}{\text{경영자본}} = \frac{\text{이익}}{\text{매출액}} = \frac{\text{매출액}}{\text{경영자본}} = \text{매출이익률} \times \text{경영자본회전율}$$

여기서 매출액이익률(=이익/매출액)이란 생산된 생산액(총생산량×단가 또는 평가액), 즉 조수익과 생산을 위하여 투입된 비용과의 관계를 의미하며, 경영자본회전율(매출액/경영자본)이란 생산액(조수익)과 이 수익을 위하여 투하된 경영자본과의 관계를 의미한다.

그러므로 자본이익률을 결정하는 요인은 매출액, 비용, 자본액인 동시에 매출액이익률과 자본회전율이다.

A, B 목장의 경영성과에 대한 실례로써 경영자본이익률의 내용을 검토하여 보기로 한다.

(실례 A목장의 경영성과) 경영자본이 5,000천원, 매출액이 100,000천원, 이익이 15,000천원이며, 경영자본이 30%일 자본이익률은 얼마인가?

∴ 자본이익률 = 이익/경영자본 = (이익/매출액)×(매출액/경영자본)
= 15,000,000/50,000,000 = (15,000,000/100,000,000)×(100,000,000/50,000,000)원
∴ 자본이익률(30%) = 매출이익률(15%)×자본회전율(2회전)

(실례 B목장의 경영성과) 경영자본이 50,000천원, 매출액이 50,000원, 이익이 15,000천원이고 경영자본이익률이 30%일 때 경영자본이익률은 얼마인가?

경영자본이익률 = 15,000,000/50,000,000
= (15,000,000/50,000,000)×(50,000,000/50,000,000)원
= 매출이익률(30%)×자본회전율(1회전)

A와 B의 실례에서 보는 바와 같이 경영자본이익률이 모두 30%로 동일하나 그 내용상에 있어서는 서로 다르다. A목장의 경우 매출액이익률이 15%이며 자본회전율이 2회전인데 비하여, B목장의 경우 매출액이익률이 30%이며 자본회전율이 1회전이다. 그러나 경영자본이익률은 30%로써 동일한 것이다.

이러한 현상으로 미루어볼 때 경영자는 경영여건에 따라 두 요소 중 어느 요소에 치중하느냐 하는 것이 경영전략으로써 중요한 문제이다.

축산경영의 경우 자본회전율이 1회전이상이 되기 어렵기 때문에 경영자본이익률을 높이기 위해서는 매출액이익률을 높여야 하며, 또한 매출액이익률을 높이기 위해서는 매출액과 경영비용의 차액을 크게 하여야 되므로 비용의 통제가 계획적으로 되어야 한다.

한편 주어진 경영규모 하에서 매출액이 크기가 일정할 경우 경영자본의 크기를 조절함으로써 자본회전율을 높일 수 있다. 예를 들면 축사에 필요한 자본비용(cost of capital)을 절감하여 매출이익률 증진에 기여함과 동시에 경영자본을 절약하여 자본회전율을 높이는 경영전략은 전체 경영효율을 증진시키는 방법이다.

경영자본이익률, 매출액이익률 및 경영자본회전율의 산출방법과 상호영향을 미치는 요인에 관해서 살펴보면 <그림 6-4>와 같다.

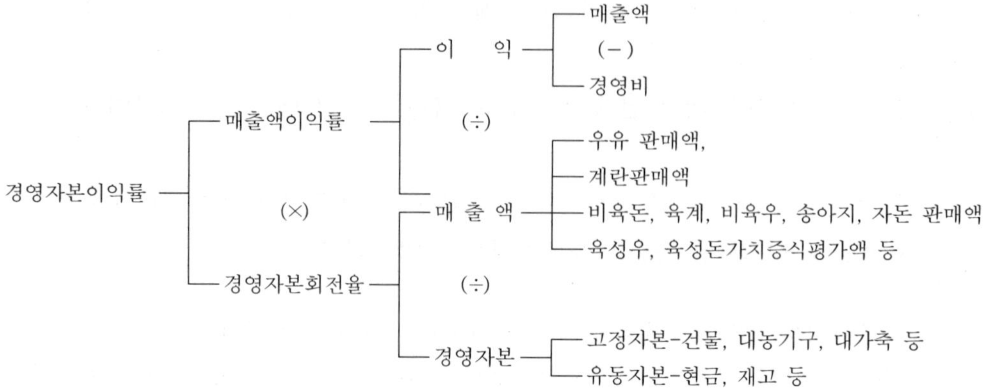

〈그림 6-4〉 경영자본이익률에 영향을 미치는 요인

매출액이익률과 경영자본회전율의 상호관계를 도표에 의해서 표시하면 다음과 같다. <그림 6-5>에서와 같이 목표이익률은 종축의 경영회전율과 횡축의 매출액이익률의 크기에 비해 영향을 받고 있다.

이들의 상호관계를 수식으로 표시하면 다음과 같다.

$$R = ST$$

단, R : 자본이익률

S : 매출액이익률

T : 경영자본회전율

$\therefore S = R/T$ 또는 $T = R/S$

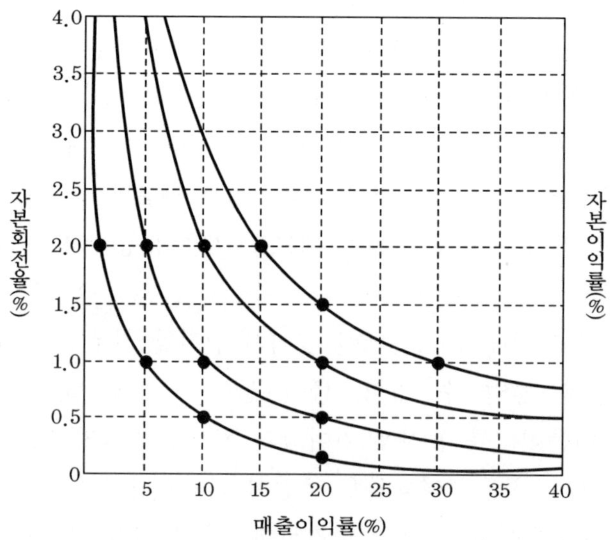

〈그림 6-5〉 경영자본이익률 도표

(2) 수익성 지표수준

<표 6-14>에서 이상적인 지표수준은 경산우 1두당 투자 자본액 5,000,000원을 기준하여 유량을 7,500kg으로 정했고, 적정목표이익률 30%를 기준으로 해서 경영자본소득률은 30%로 설정했다.

〈표 6-14〉 낙농경영의 수익성 지표

항 목	이상적인 지표수준
매 출 액 소 득 률	50% 이상
매 출 액 이 윤 율	17% 이상
경 여 자 본 회 전 율	0.6회전 이상
경 영 자 본 소 득 률	30% 이상
경 산 우 1두당 유 량	7,500kg

2. 육우경영의 수익성 진단분석

(1) 번식우경영의 수익성 분석

1) 조 수 익

번식우 경영에 있어서의 조수익은 주로 송아지 판매수익이 95% 이상을 차지하며, 사역수입, 기타수입으로 구성된다.

2) 경 영 비

<표 6-15>에서와 같이 번식우 1두당 경영비(2010년 기준)는 평균 1,304천원이며, 이 중 사료비가 923천원으로 가장 많이 차지하고 , 다음으로 감가상각비로 160천원 순으로 차지했다.

3) 생 산 비

송아지를 1년 동안 사육하는데 소요되는 비용은 평균 2,096천원이다. 육우 경영에 있어서 조수익을 증대시키고, 생산비를 절약하기 위한 과제, 조건, 분석항목 일람 등을 나타낸 것이 <표 6-16>이다.

4) 소 득

2010년도의 번식우 1두당 소득은 불과 427천원에 지나지 않았다. 그런데 송아지 생산을 목적으로 경영하는 번식우 경영의 소득과 관련된 요인 송아지가격, 쇠고기가격, 경영비, 생산비, 경영자능력, 분만간격, 번식률, 사육규모 등에 직접 영향을 받으며, 최근에는 송아지 가격지지정책, 쇠고기수입, 품종개량, 육우수입, 유통개선 등의 요인 또한 송아지 가격형성에 관계되고 결과적으로 소득과 이윤의 크기에 영향을 미친다.

5) 이　윤

2010년도 기준 번식우 경영성과를 보면 두당 365천원의 적자가 발생했다. 일반적으로 조수익은 일정한 사육비의 조건 하에서 송아지 가격의 상승과 높은 번식률에 의해서 증대되기 때문에 이 문제를 풀어나가는 것이 선결과제이다.

〈표 6-15〉 비육우 1두당 사육비

(단위 : 원)

비 목 \ 사육규모		40두 미만	20~49	50~99	100두 이상	평　균
일반비	가 축 비	2,010,640	2,103,960	2,005,479	2,181,517	2,075,874
	사 료 비	2,203,780	2,229,230	2,351,097	2,377,718	2,283,638
	(농후사료)	1,703,645	1,623,312	1,587,267	1,530,832	1,612,575
	(조 사 료)	393,972	382,455	442,141	357,433	390,991
	(TMR사료)	106,163	223,463	321,689	489,452	280,073
	수도광열비	30,349	32,414	22,543	24,627	27,750
	방역치료비	38,512	23,733	24,926	25,839	28,627
	수 선 비	14,525	43,813	21,025	10,364	22,196
	(건　물)	9,592	33,126	16,221	6,651	16,152
	(대농구)	4,932	10,687	4,804	3,713	6,044
	소농구비	4,838	1,901	1,722	914	2,424
	제재료비	53,962	64,331	63,640	78,795	65,007
	차입금이자	52,290	70,831	41,139	20,299	64,311
	임 차 료	18,900	22,216	5,758	591	12,251
	고용노력비	2,273	24,665	20,688	44,255	22,691
	기타 잡비	30,115	15,662	16,367	13,774	19,320
	분뇨처리비	4,178	240	2,470	10,149	4,382
	상 각 비	337,191	250,813	207,598	181,518	247,717
	(건　물)	121,792	80,134	68,562	82,593	89,946
	(대 농 구)	215,399	170,679	139,036	98,925	157,771
소　계		4,801,552	4,883,769	4,784,453	4,970,360	4,858,187
자가노력비		771,874	375,413	291,223	153,045	410,353
고정자본이자		312,540	198,072	202,465	258,304	246,432
유동자본이자		500,785	468,647	502,518	588,475	515,364
토지자본이자		42,212	41,358	35,356	27,408	36,684
비 용 합 계		6,428,962	5,967,260	5,816,016	5,997,501	6,067,019

자료 : 통계청, “2010년도 축산물생산비” 2011년.

〈표 6-16〉 육용우의 경영성과 진단

목표	과 제	조 건	분 석 항 목
조수익을 많게 한다	독우 판매수익을 많게 한다.	1. 독우 판매두수를 늘린다. 2. 기간 1두당 생산효율을 높인다. 3. 판매단가를 높인다. (1두당,기간당)	1. 적정규모조건, 확대가능성 2. 생산율(분만간격)…생리조건(어미소) 3. 품종, 계통, 생시체중 4. 분만에서 판매까지의 기간효율
	육성우 판매수입을 많게 한다.	4. 판매두수를 늘린다. 5. 기간효율을 늘린다. 6. 판매단가를 높인다.	5. 육성입지(성력다두육성조건) 6. 발육경과, 공용개시기 7. 계통, 육성기술
	육우 판매수입을 많게 한다.	7. 기간내 판매두수를 늘린다. 8. 기간내 비육효율을 높인다. 9. 판매단가를 높인다.	8. 다두사육 가능조건 9. 사고율 10. 증체율, 생리위생 11. 적정비육방식 12. 판매방식
	가축증식액을 늘린다.	10. 육성우의 증식, 증가 11. 독우의 증식, 증가 12. 비육우의 증식, 증가	13. 기말평가 14. 기초평가
	고정자산처분액, 부산물 판매수입을 늘린다.	13. 기초우의 처분액이 있다. 14. 구비판매수입이 있다.	15. 고정자산평가 16. 현금, 현물교환조건
생산비를 적게 한다	사료비를 적게 한다.	1. 구입사료를 적정수준에 맞게 한다. 2. 자급사료생산비를 낮춘다. 3. 목야를 잘 이용한다.	1. 사료급여기술(균형급여량) 2. 구입가격과 품질 3. 단위당 생산량 4. 재배기술과 성력대책 5. 적정투자(고정비, 유동비) 6. 저장가공방식 7. 목야생산력 8. 방목방식 9. 목야조건(지형, 운반작업)
	노동비를 절약한다	4. 고용노동비를 줄인다. 5. 단위당 자가 노동비를 줄인다.	10. 축사, 부속시설구조와 배치 11. 사육관리노동(방목) 12. 토지조건정비 13. 기계장비와 이용 14. 사료생산, 이용기술
	감가상각비를 적게 한다.	6. 어미소 상각비를 적게 한다. 7. 건물, 시설의 상각액을 적게 한다. 8. 기계, 기구상각비를 적게 한다.	15. 어미소 육성(구입)원가 16. 내용년수, 생산율 17. 질병, 폐사 18. 투자현황, 장래 내용년수 19. 종류별 투자액, 이용현황
	차입금의 압박을 적게 한다.	9. 장기 저리자금 도입 10. 상환금에 의한 경영압박을 줄인다	20. 재산대장 21. 차입금 실태 22. 자금계획
	그외 경비의 낭비를 없앤다.	11. 각 비용의 적정지출을 꾀한다.	23. 깔짚비, 진료위생비, 수도광열비, 종부료, 공제부금, 수선비, 소농구비, 판매경비 등

(2) 비육우경영의 수익성 분석

1) 조 수 익

비육우경영의 조수익은 비육우 판매수입, 부산물(구비판매, 공포대 판매) 판매수입로 구분되는데, 이 중 연간 출하 판매되는 비육우 판매액 전체 99%로써 거의 대부분을 차지하며, 2010년 기준으로 6,806천원으로 조사되었다(표 6-15).

2) 경영비와 생산비

비육우 1두당 경영비는 4,858천원으로써 이 중 가축비가 2,076천원으로써 43%를 차지하고 , 다음으로 사료비 2,284천으로 47%를 차지했다.

경영비의 절감을 위해서는 밑소의 구입가격을 염가 또는 적정가격으로 하는 것과 사료비를 절약하는 것이 중요함을 알 수 있다.

비육우 1두당 생산비는 2010년 기준 6,067천으로써 가축비, 사료비, 인건비 순 다음으로 자가노력비 및 유동자본이자가 큰 비중을 차지했다.

3) 소득과 이윤

2010년도 기준 비육우 1두당 소득은 1,948천원, 순수익(=이윤)은 739천으로 조사되었다.

(3) 수익성 지표수준

<표 6-17>은 번식우, 비육우의 경영자본을 현실적인 가축가격을 참작하여 설정하고, 이에 대한 경영자본 적정목표소득률을 30%로하여 계산한 것이다.

〈표 6-17〉 한우경영의 수익성 지표

항 목		지표수준
소 득 률	번 식 우	60%
	비 육 우	25%
경영자본회전율	번 식 우	1.5회전
	비 육 우	1.2회전
경영자본소득률	번 식 우	30%
	비 육 우	30%

〈표 6-18〉 기장내용과 진단분석

기장사항	파악가능사항	계 산 가 능 지 표	
		수 익 성	생 산 성
(1) 소의 도입·출하에 관한 사항	① 평균사육두수 ② 도입시체중 ③ 도입가격 ④ 출하시체중 ⑤ 지육량 ⑥ 판매가액 ⑦ 판매경비 ⑧ 비육기간 ⑨ 증체량 ※ 사고두수	① 생체 1kg당 도입가격 ② 생체 1kg당 판매가격 ③ 생체 1kg당 단위차액 ④ 출하우 1두당 소우분단가차익 ⑤ 출하두 1두 1일당 증가분증가액 ⑥ 사고우 1두당 폐용가액 ⑦ 출하우 1두당 사고우부담액 ⑧ 구입사료 1kg당 평균가격 ⑨ 증체 1kg당 구입 또는 농후사료비	① 소우 1두당 도입시평균체중 ② 출하우 1두당 출하시평균체중 ③ 출하우 1두당 평균비육일수 ④ 출하우 1두당 1일 증가량 ⑤ 대도입두수사고율 ⑥ 대상시두수사고율 ⑦ 연간비육회전율 ⑧ 구입 또는 농후사료요구율
(2) 사료의 구입에 관한 사항	※사료구입량 ※농후사료소비량	※ 출하우 1두 1일당 구입 또는 농후사료비 ※ 출하우 1두 1일당 증체분비육차익 ※ 출하우 1두당 증체분비육차액 ※ 출하우 1두당 비육차익 ※ 비육우 1두당 연간비육차익 ※ 비육우 1두당 연간육우이외의 수입액 ※ 비육우 1두당 연간고용노동비 ※ 고용노동 1시간당 단가 ※ 비육우 1두당 연간지불이자부담액 ※ 비육우 1두당 연간지불대 부담액	⑨ 비육우 1두당 연간고용노동시간 ※비육우 1두당 차입지면적
(3) 소·사료 이외의 현급수지에 관한 사항	※ 부산물 기타우 이외의 판매액 ※ 밀소·사료 이외의 물재구입액 ※ 고용노동시간 및 노임 ※ 지불지대	※ 추입지 10a당 연간평균 지불지대 ※ 비육우 1두당 연간적립금 기타의 비용	
(4) 사료의 자급에 관한사항	※ 농후사료소비량 ※ 조사료소비량 ※토지면적	※ 사료 1kg당 평균가격 ※ 증체 1kg당 사료비 ※ 출하우 1두 1일당 사료비 ※ 출하우 1두 1일당 증체분비육차익 ※ 출하우 1두당 증체분비육차익 ※ 출하우 1두당 비육차익 ※ 비육우 1두당 연간비육차익	※ 농후사료요구율 ※ 조사료요구율 ※ 사료요구율
(5) 고정자산에 관한 사항	※ 축사면적 ※ 시설·기계취득가격	※ 비육우 1두당 시설초도 투자액 ※ 축사 1㎡당 축조단가 ※ 비육우 1두당 기기구초도 투자액 ※ 비육우 1두당 연간시설·기기구비 ※ 비육우 1두당 연간 소축·사료이외의 생산비용 ※ 비육우 1두당 투하자본 ※비육우 1두당 투하자본 ※ 비육우 1두당 자금차입액 ※차입의존율 ※경영자본회전율	※ 비육우 1두당 축사면적
(6) 자금차입에 관한 사항	※ 상환년수 ※ 연이율 ※ 차입잔고 ※노동력수 ※경영자본 ※자기자본	※ 평균지불년이자 ※가족노동력 1인당 연간소득	※노동력 1인당 비육우 사양두수 ※가족노동력 1인당 비육 연사양두수
(7) 노동투하량에 관한 사항	※ 노동시간 ※ 노동력수 ※ 영업이익 ※ 순이익	※ 가족노동력 1인당 연간소득 ※ 매출액이익률 ※ 경영자본이익률 ※ 자기자본이익률	※ 노동력 1인당 비육우 사양두수 ※ 가족노동력 1인당 비육우 사양두수

3. 양돈경영의 수익성 진단분석

(1) 비육돈경영의 수익성 분석

1) 조 수 익

조수익은 비육돈 판매액과 기간내 비육돈 가치증식 평가액으로 구성된다. 조수익이란 1회계년도 내에 발생한 총수익으로 판매되었건 경영 내에 남아있건 관계없이 계산된다.

왜냐하면 그것은 경영비와 밀접한 관계가 있기 때문이다. 즉 비용과 수익의 대응관계에서 볼 때 사료비나 인건비, 감가상각비 등의 부담이 판매액과 재고액에 모두 관련되어 있는 것이다.

한편 비육돈 조수익(매출액)과 관련된 기술관련 요인은 <그림 6-6>에서와 같다.

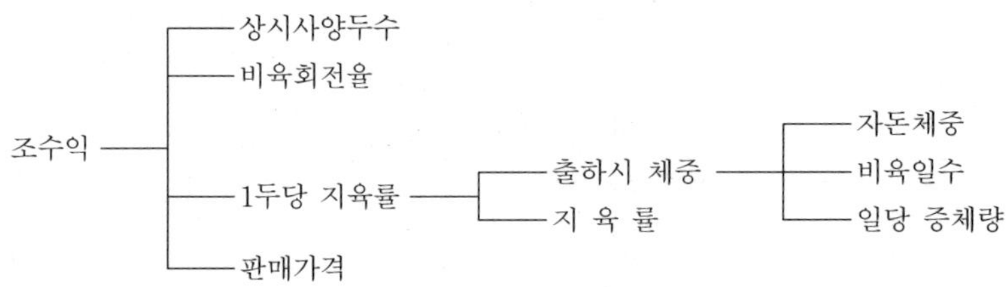

여기서 각 주요규제요인을 살펴보면,
① 상시사양두수 : 설비의 상황, 사육밀도, 환경상황, 투하가능노동 등이고,
② 비육회전율 : 자돈구입 및 생산계획, 비육일수, 도입체중과 출하체중 등이며,
③ 자돈체중 ; 구입가격 및 이유일수 등이다.
④ 지육률 : 품종, 자돈의 자질, 출하체중, 사료의 종류 등이고,
⑤ 판매가격 : 지육의 중량과 육질, 평균경락가격, 판매시장의 현황 등이다.

〈그림 6-6〉 비육돈 조수익(매출액)과 관련된 기술관련요인

2) 경영비와 생산비

비육돈의 경영비는 <표 6-19>에서와 같이 사료비가 53%, 가축비가 26%를 각각 차지하고 있기 때문에 산육능력이 우수하고 사료요구율이 낮은 품종의 선발과 개량이 요청되며, 밑돼지의 적정가격 또는 염가조달이 가장 중요하다.

2010년 기준 두당 생산비는 282,987원으로써 일반비(경영비) 265,362원에 자기노력비 5,007원, 고정자본이자 6,440원, 유동자본이자 5,574원, 토지자본이자 604원으로 구성되었다. 한편 규모별 생산비에서 3,000두 이상 규모에서 가장 생산비가 적게 소요되어 가장 규모의 경제성임을 알 수 있다.

3) 소득과 이윤

2010년 기준 비육돈의 1두당 소득은 40,389원, 순수익(=이윤)은 40,389원으로써 각

각 조사되었다. 한편 소득률 결정, 구제하는 요인은 출하시 체중, 지육률, 판매단가, 비육회전율이며, 경영비를 절감하는 방법은 사료비와 자돈 구입비, 감가상각비의 절감이 중요하다.

〈표 6-19〉 비육돈 1두당 사육비

(단위 : 원)

비 목 \ 사육규모		1,000두 미만	1,000~1,499두	2,000~2,999두	3,000두 이상	평 균
일반비	가 축 비	101,158	80,498	70,716	65,869	74,483
	사 료 비	142,858	150,051	160,725	149,876	150,972
	수도광열비	2,764	2,806	2,936	2,716	2,797
	방역치료비	8,064	7,911	7,375	10,028	8,810
	수 선 비	1,424	1,880	2,085	1,926	1,883
	(건 물)	1,028	1,421	1,686	1,404	1,413
	(대농구)	396	459	399	521	470
	소농구비	285	161	111	165	168
	제재료비	1,141	1,066	861	1,290	1,142
	차입금이자	2,677	2,352	2,022	1,371	1,882
	임 차 료	1,327	471	197	503	538
	고용노력비	4,498	5,850	9,407	10,622	8,500
	기타 잡비	1,076	1,200	1,094	942	1,049
	분뇨처리비	5,181	6,958	6,189	4,636	5,551
	상 각 비	10,975	8,488	7,500	6,249	7,587
	(건 물)	3,789	2,953	3,214	2,877	3,060
	(대농구)	7,186	5,535	4,336	3,371	4,527
소 계		283,427	269,752	271,277	256,191	265,362
자가노력비		15,692	7,083	3,487	1,744	5,007
고정자본이자		7,852	6,307	5,153	6,638	6,440
유동자본이자		5,750	5,287	5,091	5,806	5,574
토지자본이자		901	546	699	525	604
비 용 합 계		313,623	288,975	285,707	270,965	282,987

자료 : 통계청, “2010년도 축산물생산비” 2011년.

(2) 번식돈경영의 수익성 분석

1) 조 수 익

번식돈경영의 조수익은 주로 생시모돈사육두수, 모돈 1두당 연간 자돈생산두수, 자돈판매가격에 의해서 크게 좌우된다.

번식돈 경영에 있어서 수익은 비육돈 및 기타 산출방법과 동일하게 조수익에서 생산비를 뺀 것으로써 조수익은 주산물인 자돈의 판매수입과 부산물인 구비 및 공포대 판매수입으로 구성된다.

한편 번식돈의 조수익과 관련된 경제적, 기술적 관련요인을 살펴보면 다음과 같다.

① 상시모돈사육두수는 환경여건, 자본, 시설상태 등이고,
② 분만회전율은 수태율, 사양기술, 모돈의 품종 등이며,
③ 산자수는 산차, 품종, 종부적기, 계절, 사양관리 등이다. 또한
④ 이유두수는 육성률, 이유일령, 육성기술, 시설, 계절 등이고,
⑤ 자돈판매가격은 성별, 품종, 경기(보완재, 대체재의 가격), 계절 등이다.

2) 소득과 이윤

소득 증대방안은 경영규모의 확대(적정규모)와 1두당 소득의 확대라고 볼 수 있다. 이 적정규모의 확대는 경영자의 경영능력, 즉 기술수준, 양돈이론 수준, 경영이론 수준, 자본수준(자기자본과 타인자본 조달능력), 그리고 정신력에 따라 결정되며, 각자의 조건에 따라 적정규모의 수준이 선택되어져야 한다.

그리고 1두당 소득의 증대는 앞에서 검토한 바와 같이 자돈판매두수와 자돈가격에 의한 조수익 증대와 사료비, 인건비 등의 경영비 절감에 의해서 가능하게 된다.

3) 소 득 률

소득률은 조수익 중의 소득의 비율을 나타내는 지표로써 다음과 같이 표시된다.

$$\text{소득률} = \frac{\text{조수익} - \text{경영비}}{\text{조수익}}$$

그러므로 소득률은 조수익과 경영비의 증감에 따라 좌우되므로 아무리 조수익이 증대되었다 해도 경영비가 더 증가하면 소득은 떨어지고 결국 소득률은 떨어지게 된다.

(3) 수익성 지표수준

<표 6-20>에서의 이상적인 지표수준은 비육돈과 번식돈의 경영자본 소득률 30%를 기준으로 책정했으므로 투자자본의 변화에 따라 지표수준은 반드시 달라져야 한다.

〈표 6-20〉 양돈경영의 수익성 지표

항 목		지표수준
소 득 률	비 육 돈	50%
	번 식 돈	40%
경영자본회전율	비 육 돈	0.6회전
	번 식 돈	0.8회전
경영자본소득률	비 육 돈	30%
	번 식 돈	30%

4. 양계경영의 수익성 진단분석

(1) 육계경영의 수익성 분석

1) 조 수 익

2010년도 기준 육계 1두당 조수익은 2,256원이고, 그 중 육계판매수익 2,244원으로 99.4%를 차지하고 있다. 육계판매수익은 판매체중과 판매단가에 의해 결정되므로 육계값의 변동에 따라 크게 좌우된다.

2) 경영비와 생산비

<표 6-21>에서 보는 바와 같이 육계 1두당 경영비는 평균 1,862원으로, 그 중 사료비는 1,147원으로써 전체 59%를, 병아리 구입비는 481원으로 25%를 차지하고 있어

〈표 6-21〉 육계 10수당 사육비

(단위 : 원)

비 목 \ 사육규모		30,000수 미만	30,000~39,999수	40,00~49,999수	50,000수 이상	평 균
일반비	가 축 비	5,115	5,539	4,996	4,498	4,809
	사 료 비	11,719	12,698	10,993	11,234	11,466
	수도광열비	545	560	605	344	444
	방역치료비	387	385	445	396	402
	수 선 비	47	41	92	96	81
	(건 물)	31	30	76	67	59
	(대농구)	15	11	17	29	23
	소농구비	7	3	4	5	5
	제재료비	348	538	369	430	426
	차입금이자	112	29	100	78	79
	임 차 료	120	64	21	40	50
	고용노력비	97	153	158	191	168
	기타 잡비	61	55	48	53	54
	분뇨치료비	54	9	32	27	28
	상 각 비	646	701	649	571	612
	(건 물)	232	236	239	212	223
	(대농구)	414	466	410	358	389
소 계		19,258	20,776	18,512	17,962	18,623
자가노력비		942	624	595	456	562
고정자본이자		41	47	49	45	45
유동자본이자		97	109	92	88	93
토지자본이자		12	3	11	5	6
비 용 합 계		20,348	21,560	19,259	18,556	19,330

자료 : 통계청, "2010년도 축산물 생산비" 2011년.

사료비의 절감을 위한 방안이 중요한 과제다. 육계 1두당 생산비는 1,933원 이었다.

3) 소득과 이윤

육계 1수당 소득은 392원이며, 이윤은 322원으로써 수입육 개방에 의한 소득과 이윤이 감소하고 있다.

(2) 산란계경영의 수익성 분석

1) 조 수 익

2010년도 기준 산란계 1수당 조수익은 28,627원으로써 계란 판매수입과 부산물 판매수입으로 구분되며, 부산물 판매수입은 구비, 공포대, 비정상란 및 노폐계 판매로 구분된다.

〈표 6-22〉 산란계 수당 사육비

(단위 : 원)

비 목 \ 사육규모		20,000수 미만	20,000~29,999수	30,00~39,999수	40,000수 이상	평 균
일반비	가 축 비	11,012	10,778	10,612	86,678	9,402
	사 료 비	17,885	16,970	18,566	18,022	18,086
	수도광열비	225	159	182	245	230
	방역치료비	337	336	328	343	342
	수 선 비	99	185	181	166	162
	(건 물)	37	77	64	90	81
	(대농구)	63	108	117	75	81
	소농구비	9	9	17	7	8
	제재료비	283	391	320	457	420
	차입금이자	848	275	195	218	297
	임 차 료	94	76	192	11	44
	고용노력비	810	826	998	889	891
	기타 잡비	101	160	106	98	106
	분뇨처리비	254	529	363	242	284
	상 각 비	1,387	1,311	1,005	841	972
	(건 물)	362	305	292	236	265
	(대농구)	1,025	1005	713	605	707
소 계		33,344	32,005	33,064	30,217	31,245
자가노력비		1,377	904	613	380	573
고정자본이자		884	669	634	602	649
유동자본이자		135	125	124	121	124
토지자본이자		86	85	70	67	72
비 용 합 계		35,826	33,788	34,505	31,387	32,663

자료 : 통계청, "2010년도 축산물생산비" 2011년.

2) 경영비와 생산비

산란계 1수당 경영비는 <표 6-22>에서와 같이 31,245원, 생산비는 32,663원으로 각각 나타냈다. 경영비 중에서 가축비는 30%, 사료비는 58%, 감가상각비 3.1%로 각각 나타났다. 생산비는 경영비 외에 자가노력비, 고정자본이자, 유동자본이자 및 지대 순으로 나타났다.

3) 소득과 이윤

2010년도 기준 산란계 수당 소득은 2,618원이, 순수익도 4,036원 각각 적자가 발생했다.

(3) 수익성 진단지표

이상적인 진단지표수준은 육계와 산란계의 2000년도를 기준으로 하여, 경영자본소득률 30%, 경영자본이윤율 10%가 이상적인 기준이다. <표 6-23>에서 보면 육계경영의 소득은 적정소득수준을 상회하고 있는 반면, 산란계 경영의 소득은 적정소득 수준에 미치지 못하고 있음을 알 수 있다.

〈표 6-23〉 양계경영의 수익성 지표

항 목		지표수준
소 득 률	육 계(출하1수) 산란계(1수)	13% 17%
이 윤 율	육 계(출하1수) 산란계(1수)	4.3% 5.6%
경영자본회전율	육 계(년간) 산란계(년간)	2.3회전 1.8회전
경영자본소득률	육 계(년간) 산란계(년간)	30% 30%

주 : 육계출하 회전율 4회전 기준계산.

◈ 연 습 문 제 ◈

1. 축산경영진단의 의의에 대하여 설명하라.
2. 경영계획의 타당성 진단을 설명하라.
3. 낙농경영의 기술진단분석에 대하여 설명하라.

4. 비육우 경영의 기술진단분석에 대하여 설명하라.
5. 양돈경영의 기술진단분석에 대하여 설명하라.
6. 양계경영의 기술진단분석에 대하여 설명하라.
7. 축산경영의 종합기술진단지표에 대하여 설명하라.
8. 생산성에 대해서 구체적으로 설명하라.
9. 생산비산출의 필요성에 대하여 설명하라.
10. 제비용의 종류를 들고 이를 간단하게 설명하라.
11. 생산비의 비목을 간단하게 설명하라.
12. 조수익의 산출과정을 설명하라.
13. 낙농경영의 수익성진단분석에 대하여 설명하라.
14. 육우경영의 수익성진단분석에 대하여 설명하라.
15. 양돈경영의 수익성진단분석에 대하여 설명하라.
17. 이상적인 수익성 진단지표를 설명하라.
18. 경영비와 생산비의 차이점을 설명하라.
19. 소득의 산출과정을 설명하라.
20. 이윤의 산출과정을 설명하라.
21. 소득률의 계산방법을 설명하라.
22. 경영자본소득률의 계산방법을 설명하라.
23. 경영자본회전률의 계산방법을 설명하라.

〈참 고 문 헌〉

1. 강창규, 최신농업경영학, 학문사, 1982.
2. 김건우, 경영분석입문, EM문고, 1986.
3. 박성규, 체계경영분석, 법문사, 1971.
4. 현점휴, 경영분석, 박영사, 1981.
5. 今田忠雄, 畜産物生産費計算の實際, 博友社, 1971.
6. 今岡久人, 酪農の道しるべーやさしい經營診斷の手ほどきー, 北海道酪農協會編, 1979.
7. 加用信文, 農畜産物生産費論, 樂游書房, 1978.
8. 西山太平, 酪農の經營經濟, 明文書房, 1978.
9. 武藤和夫, 酪農情報處理論, 明文書房, 1988.
10. 渡邊高俊, 乳牛の能力診斷と飼養, 農山漁村文化協會, 1984.
11. 瀬良英介(監修), 畜産用コソピユーターの實際と應用, 鶏卵肉情報センター, 1983.
12. 増田萬孝, 農業經營診斷の理論, 養賢堂, 1983.
13. 桑原正信, 農業の經營分析, 富民協會, 1977.
14. 矢尾板目出臣, 農業投資の方法と實際, 明文書房, 1980.

15. J.B. Dent, J.R. Anderson, Systems Analysis in Agricultural Management, John Wiley & Sons Inc, 1971.
16. Jock, R. Anderson, John L. Dillon and J. Brian Hardaker, Agricultural Decision Analysis, The Iowa State University Press, 1977.
17. Lawrence A. Bradford, Glenn l. Johnson, Farm Management Analysis, John Wiley & Sons Inc, 1962.
18. Peter G. Sassone, William A. Schaffer, Cost-Benefit Analysis, A Hand Book, Academic Press, 1978.

제 7 장
축산물 유통

제1절 유통의 기초개념

1. 마아케팅의 개념

인간이 생활을 영위함으로써 발생된 물물교환적인 유통형태가 교환물량의 증가와 더불어 유통의 문제는 복잡함과 동시에 많은 문제가 발생하고 있다.

이러한 마아케팅상의 문제가 발생하는 원인은 인간의 욕구 및 영리적인 심리에서 발생된다. 소비자의 입장에서는 생산물을 저렴하게 구입하고자 하는 욕구와 생산자의 입장에서는 되도록 비싸게 판매하고자 하는 욕구가 있기 마련이다. 이러한 소비자와 생산자가 상호 상반되는 입장에서 마아케팅 문제는 발생되고, 이를 제도적, 조직적인 해결방법이 강구된다. 특히 축산물은 공산품과 달리 부패성이 강하여 장기적인 저장이 어려운 상품적인 특성을 지니며, 또한 축산물 유통이 국내 생산활동과 소비활동 뿐만 아니라 수입개방으로 인하여 무역이 활발해짐에 따라 유통관련 이론과 실무의 중요성이 더욱 강조되고 있다.

마아케팅은 유통구조 및 유통대상에 따라 학자마다 다르게 정의하고 있다. 대표적인 마아케팅의 개념에 관한 학자들의 견해를 살펴보면,

M.T. Copeland는 마아케팅이란 생산자로부터 소비자에 이르기까지의 배분에 있어서 기업경영이 여러 정책을 지배하는 원리에 관한 연구를 의미하며, R.L. Kohls는 마아케팅이란 생산자로부터 최종 소비자에 이르기까지 생산물 및 서어비스와 관련된 모든 경영활동을 의미한다.

따라서 이를 종합하여 보면 마아케팅이란 축산 경영으로부터 얻어진 축산물과 용역이 생산농가로부터 최종 소비자에 이르기까지 유통과정에서 이루어지는 경영활동이라고 정의할 수 있다.

한편 마아케팅(marketing)의 개념은 판매(sales)와 구분된다. 전자의 개념은 축산물의 판매뿐만 아니라 사전의 유통계획 및 사후의 서어비스를 포함한 의미인 반면, 후자는 문자 그대로 판매만을 의미한다. 또한 마아케팅(marketing)과 메이커(maker)의 개념상의 차이점에 있어서도 전자의 경우 상품의 소유권이 이전되는 장소적인 개념, 즉 종적인 개념인 반면, 후자의 경우 장소적인 개념뿐만 아니라 공간적인 개념까지 포함한 광의적인 개념, 즉 정적인 개념이다.

마아케팅은 생산자로부터 최종소비자에게 이르기까지 축산물 및 서어비스를 전달하는 경영활동으로써 마아케팅의 목적이 소비자에게는 저렴한 가격, 고질의 품질 및 서어비스를, 생산자에게는 최대의 이윤과 생산 및 가격의 안정을, 국가경제적인 측면에서는 효율적인 유통체계에 의한 마아케팅 기능의 효율화가 이루어지도록 마아케팅 활동이 이루어져야 한다.

2. 마아케팅의 역할

마아케팅이 생산자로부터 최종 소비자에 이르기까지의 경영활동을 함으로 생산자, 소비자 및 국가경제에 미치는 역할은 크다.

마아케팅은 세 가지 측면에서 다음과 같이 살펴볼 수 있다.

첫째로, 생산자의 측면에서의 마아케팅은 생산비를 보장할 수 있는 가격 하에서 생산량을 원활히 공급함으로써 안정적인 생산활동이 보장될 수 있다.

둘째로, 최소의 비용으로 소비자에게 최대의 효용 또는 만족도를 줄 수 있는 체계적인 경영활동으로써 소비자측면의 마아케팅의 효율은 소비자가 얻는 만족도에 변함없이 시장의 유통비용을 절감할 수 있을 때 나타나는 경영효율, 거래방법 및 가격형성을 개선함으로써 가격의 하락에 의한 소비자의 만족도를 향상시키는 가격효율이 있다.

셋째로, 사회·경제적인 측면에서는 생산량의 원활한 보급으로 인하여 적정가격에 의해서 수급조절이 가능하다. 이는 곧 양축가의 생산의욕을 증대함으로써 소득 증대를 가능하게 하며 유통과정상 수반되는 광고, 포장 등의 연관산업의 발달을 촉진하게 한다. 또한 유통의 발달에 의한 표준화 및 등급화 등에 의한 소비자의 욕구충족을 달성할 수 있다.

이상과 같이 유통이 각 측면에 미치는 역할은 대단히 크다. 그러나 유통은 사회적인 역할로써 공공적인 성격을 가지고 가격의 적정화와 수급의 안정화에 중점을 두며 유통의 능률 향상과 합리적인 체계화로 생산자와 소비자를 보호할 수 있는 유통체계, 즉 생산자의 생산비를 보장하고 소비자의 소매가격을 안정시키며, 수급의 조정에 의해서 축산물의 상품화가 원활히 이루어지도록 노력하여야 한다.

3. 축산물 유통의 특수성

축산물 유통 활동은 생축, 식육 및 가공품으로 거래되고 유통과정에 있어서도 축산물을 생산하기 위한 생산요소의 공급과 관련된 유통활동과 생산된 축산물을 생산농가로부터 소비자에게 공급하는 유통활동으로 복잡한 경로와 기능이 존재한다.

이러한 유통경로는 축산물이 지니고 있는 특수성에 의해서 나타나는 것으로써, 축산물 유통의 특수성에 대해서 살펴보면 다음과 같다.

첫째로, 축산물의 생산체인 가축은 성숙되기 전일지라도 상품적인 가치가 있다. 공산품과 농산물이 상품인 성격을 갖기 위해서는 일정한 단계가 필요하나, 가축의 경우 성축뿐만 아니라 어린 새끼에 있어서도 유통이 이루어질 수 있어 다른 생산물보다 상품화될 수 있는 시간적인 기간이 짧다. 다시 말해서 90kg의 돼지, 450kg의 한우 등과 같은 축산물을 생산하는 데에는 많은 시간이 필요하나, 가축은 생산 중간단계에서도 거래가 될 수 있는 성격을 지니고 있다.

둘째로, 가축은 이동거리와 시간에 따라 생체의 감량이 발생하기 때문에 가축시장에서의 거래가 이루어지기보다는 중간상인 및 구매자가 구매하고자 하는 가축에 따라 이동하는 경우가 많다. 특히 젖소의 경우 운송에서 발생될 수 있는 스트레스로 인하여 유량의 급격한 감소 등이 직접 수입에 연결되기 때문에 가축시장에서 거래되기보다는 중간 소개인에 의해서 이루어지는 경우가 많다.

셋째로, 가축을 사육하는 생산농가가 영세적이고 분산적이기 때문에 유통단계상 수집상 등의 중간상인이 개입되어야 할 소지가 많다. 그러나 중간상인에 의한 거래는 점차 감소하고, 유가공업체와 생산농가와의 거래량이 증가하고 있다.

넷째로, 가축시장에서 거래되는 가축가격이 품종과 품질 등의 여러 가지 요인에 의해서 경매가 이루어지고, 육류의 가격설정에 기준이 되는 부위별 설정에 있어서 영양가, 색깔 등의 규모화가 애매한 것 등 축산물은 품종과 품질이 다양하기 때문에 축산물의 평가기준 설정에 어려운 점이 있다.

다섯째로, 축산물은 부패성이 강하기 때문에 저장 및 보관하는데 소요되는 비용과 시설이 많이 소요될 뿐만 아니라, 위생적인 문제가 발생하기 쉽기 때문에 충분한 검사시설과 인원이 필요하다.

여섯째로, 축산물은 생체로부터 가공에 이르기까지 상품화하는 많은 가공시설과 가공과정이 필요하며 더불어 다양한 가공기술을 필요로 한다.

일곱째로, 축산물의 수요 공급은 비탄력적인 성격을 띠고 있으므로 가격변동에 대한 대응이 단시간에 이루어지기 어려우며, 또한 소득탄력성이 다른 농산물에 비하여 높기 때문에 소득수준이 향상됨에 따라 축산물의 소비량을 증가시킬 수 있다.

이상과 같이 축산물은 다른 농산물과 달리 생체로부터 가공에 이르기까지 다양한 거래가 이루어지고 있기 때문에 위생적인 측면, 가공기술 및 시설적인 측면, 규격 및 가격의 기준설정 측면 등의 특수한 성격을 띠고 있다.

제2절 축산물 시장의 개념과 종류

1. 시장의 개념

축산에 있어서의 시장이란 축산물이 거래되는 어떤 일정한 지역적인 장소의 의미보다는 축산물의 수요와 공급이 수집, 중계, 분산기능에 의해서 이루어지는 매개체의 역할을 담당한다. 축산물의 구매 및 구입이 이루어지는 장소의 의미뿐만 아니라 견물(sample)에 의한 헤징(hedging)이 원거리에서 이루어지는 곡물 및 외환시장도 마찬가지로 시장의 의미를 가지고 있다.

시장은 형태, 입지, 합법성 등에 따라 여러 가지 방법에 의해서 구분이 가능하나, 축산물의 판매자와 구입자 수의 다소에 따라, 축산물의 동질성과 이질성에 따라, 시장의 진입과 이탈의 자유성 유무에 따라서 완전경쟁, 독과점경쟁, 과점경쟁, 독점시장으로 구분이 된다.

〈표 7-1〉 시장구조 종류와 명칭

시장구조	공급측면	수요측면
완전경쟁	Pure competition	Pure competition
독과점경쟁	Monopolistic competition	Monopolistic competition
과점경쟁	Oligopoly	Oligopoly
독점	Monopoly	Monopoly

첫째로, 완전경쟁시장이란 다수의 판매자와 구매자가 존재하기 때문에 몇몇 생산농가에 의해서 시장가격에 영향을 미치지 못하며, 생산된 축산물이 동일하기 때문에 상호대체성이 이루어진다. 또한 신규 기업의 진입과 탈퇴가 자유롭게 보장되며, 시장정보가 정확하게 모든 참여자에게 전달되며 물량 및 가격에 대해서 단합, 협정, 협의 또는 공공단체의 임시적인 개입이 없는 시장경영상태를 의미한다.

둘째로, 독과점경쟁시장이란 다수의 판매자와 다수의 구매자가 존재하나, 각 회사에서 생산하는 축산물이 완전 경쟁처럼 동일한 것은 아니며 회사에 따라 특징을 지니고 있어 구매자의 입장에서는 이질성을 지니고 있다. 새 시장에 대한 진입과 탈퇴가 자유롭게 보장되어 있으나 완전경쟁에 비하여 어렵고 독점보다는 자유로운 시장경쟁상태를 의미한다.

셋째로, 과점경쟁시장이란 소수의 판매자 또는 구매자가 존재하며, 유사한 축산물 및 완전히 동질의 축산물로써 새 시장에 대한 진입과 탈퇴가 자유롭게 보장되지 않은 시장경쟁상태를 의미한다.

넷째로, 독점시장이란 완전경쟁과 반대의 개념으로써 축산물에 대한 판매자 또는 구매자가 하나만 존재하며, 생산물은 유일하여 대체상품이 존재하지 않고 진입이 사실상 어려운 시장경쟁상태를 의미한다. 이러한 독점이 발생하는 요인은 대규모의 유리성, 시장규모의 협소, 생산요소의 장악, 특허법과 같은 정부의 정책 등에 의해서 발생된다.

2. 시장의 종류

가축 및 축산물의 시장구성은 소와 돼지는 가축시장(대부분 한육우 거래)과 지육거래를 위한 식육 도매시장으로 제도화되어 있으나, 기타 가축에 대해서는 제도적 시장은 없어 중간상인 또는 계열화 업체에 의해서 이루어지고 있다.

시장의 종류는 유통경로에 따라 수집시장(assembling market), 중계시장(terminal market), 분산시장(distribution market)으로 구분할 수 있다.

예를 들면 육우의 경우 다음과 같이 형성되어 있다.

〈표 7-2〉 육우의 유통시장

시장형태	시장명칭	육의 형태	중간상인
생산자(producer) ↓ 수집시장(assembling market) ↓ 중계시장(terminal market) ↓ 분산시장(distribution market)	육우사육농가 ↓ 가축시장 ↓ 도매시장 ↓ 소매시장	생 체 ↓ 생 체 ↓ 지 육 ↓ 정 육	중계시장상인의 대리인 산지수입장, 산지위탁상 거간(broker), 축협 도매상, 객주(commission) 경매회사(aution company) (jobber), 매출인

(1) 가축시장

가축시장은 한우, 교잡우, 육우, 젖소, 돼지, 가금 등의 가축이 거래하는 장소로써, 축산물의 가격결정 기준이 되고 축산물의 유통시발점이 되는 곳이다.

우리나라의 가축시장은 축산법에 의거하여 한우, 한우와의 교잡우, 육우, 젖소, 말, 돼지, 양, 가금 등을 대상으로 하며, 특히 소는 가축시장 내에서만 거래토록 제한하고 있으나 젖소 및 기타의 가축에 대해서는 가축의 특성에 의해서 가축시장 외에도 거래가 허용되어 있다. 젖소의 경우 중간 중개인에 의해서 사육농가를 방문하여 거래되는 것이 일반적으로 이는 젖소의 생리상 원유생산과 운반시 스트레스로 인하여 유량에 미치는 요인 등을 감안해서 문전거래가 이루어지고 있으며, 돼지 및 가금류 등의 경우 거래두수(수수)가 다수이기 때문에 농장 문전거래가 일반적이다.

가축시장의 개설자는 시장 및 군수로 하고, 관리자는 농림수산부 장관이 정하는 기관 또는 단체 중에서 개설자가 지정하는 이원적인 체계가 이루어지고 있으며, 가축시장에서 징수하고 있는 수수료는 입장세, 매매수수료 및 일반 축종 공제금으로 되어 있다.

가축시장은 1980년 463개소에서 2009년말 현재 전국적으로 82개로써 감축됐다. 가축시장은 교통수단의 발달과 가축시장의 전문화 및 대형화로 인하여 점차 감소추세를 나타내며, 지역별로는 경북과 경남이 가장 많은 실정이다.

〈표 7-3〉 국내 가축시장 현황

지 역	개소	개 설 시 장 지 역(명)
경 기	6	안성, 양평, 파주, 포천, 수원화성오산
강 원	5	동삼태, 횡성, 홍천, 춘천철원, 속초양양
충 북	8	진천, 괴산증평, 청주, 제천단양, 음성, 보은, 옥천영동
충 남	8	예산, 부여, 논산계룡, 공주연기, 홍성, 서산, 청양
전 북	7	고창부안, 임실, 무진장, 남원, 순정, 전주김제완주
전 남	14	목포무안신안, 장흥, 화순, 해남, 고흥, 나주, 장성, 담양, 순천광양, 영광 함평, 보성, 강진완도
경 북	16	경주축협(경주, 안강, 어일, 입실). 예천축협(예천, 용궁), 문경, 포항, 상주, 안동봉화, 영천, 김천, 고령성주, 청도, 군위, 구미칠곡, 영주
경 남	16	거창, 진주, 합천, 김해, 남해, 함안, 함양, 고성, 사천, 산청, 하동, 창녕, 밀양, 울산축협(언양, 울산)
제 주	2	제주, 서귀포시축협
계	82	전국 75개 조합

자료 : 2009년 기준(농협중앙회 자료제공)

(2) 도매시장

산지 가축시장의 비중 및 역할이 감소됨에 따라 상대적으로 중요성이 강조되고 있는 도매시장은 반입생축의 도살, 지육의 검량 및 등급사정, 지육의 종람, 경매 및 입찰, 지육의 반출 및 전도금, 수수료, 판매대금 등의 전산의 기능을 가진 시장으로써 농수산물

유통 및 가격안정에 관한 법률에 의거하여 개설자는 시장, 관리자는 시장이 위임하는 기관 및 개인에 의해서 체계되어 있다.

우리나라의 도매시장은 2010년말 현재 14개소로써 서울에 2개소, 부산 2개소, 인천, 대구, 대전 및 광주에 각각 1개소가 분포되어 있으며, 징수수수료는 구매자의 경우 도매시장사용료, 도축장사용료, 도축세, 검사수수료를 구입자의 경우 중매수수료를 납부하여야 한다.

한편 도매시장에서 이루어지는 경매가격은 예를 들어 쇠고기인 경우 도축두수, 도살육용우의 품종(한우, 젖소, 육우, 교잡우 등), 성별(암, 수), 도축우의 체중, 정육률(%), 육질상태 및 출하지역, 구매자수 등의 요인에 영향을 받고 있다.

〈표 7-4〉 축산물 도매시장 현황

(단위 : 두)

구 분		경 매 현 황					
		소			돼 지		
		2008년	2009년	2010년	2008년	2009년	2010년
총판정두수		767,671	813,854	750,673	1,925,794	1768,880	1,708,604
도 매 시 장 (7개)	협성식품	20,159	21,328	21,496	237,740	216,508	199,280
	삼성식품	3,324	3,809	3,810	148,810	131,709	125,234
	도드람 LPC	-	6,341	15,118	-	69,848	85,007
	축 림	-	-	6,297	-	-	8,439
	삼호축산	-	-	-	47,969	43,072	36,494
	신흥산업	10,874	11,078	8,859	161,959	137,091	140,038
	동원산업	7,321	10,462	3,234	28,646	30,960	9,402
공판장 (7개)	농협서울	99,862	100,721	100,540	242,718	197,320	156,654
	농협부천	36,539	37,859	42,464	189,394	152,913	143,472
	농협고령	27,840	25,964	27,318	113,253	95,978	96,731
	농협나주	7,107	6,664	6,636	95,567	78,545	74,176
	농협축협	33,249	38,196	40,954	197,346	172,357	174,177
	부경축협	25,667	26,502	33,327	201,731	184,191	206,333
	제주축협	313	384	478	260,661	258,388	253,098

(3) 소매시장

소매시장은 육류(쇠고기, 돼지고기 및 닭고기)가 거래하는 곳, 즉 정육점, 농협직매점, 수퍼마켓, 백화점 및 계란이 거래되는 전문소매점, 식료품상과 행상과 우유가 거래되는 곳으로 일반식품점과 우유배달집 등을 칭한다.

이들 소매시장은 지육의 정육화, 육류에 대한 최종 소비처, 축산물의 단기저장 등의 주요 기능을 가지고 있다.

소매시장은 직접 최종소비자와 만나는 최종 소비처로써 중요한 역할을 담당하고 있으나 현재 우리나라의 경우 규모의 영세성, 직업관의 결여, 불공정 거래 등 개선의 여지가 많다.

〈표 7-5〉 국내 식육 판매업소 개수

(단위 : 개소)

대형마트	백화점	슈 퍼	농축협	정육점	계
442 0.8%	83 0.1%	8,598 14.8%	1,148 2.0%	47,954 82.4%	58,225 100%

주 : 대형마트, 백화점, 슈퍼는 통계청 KOSIS 조회결과, 2009년도 자료
농축협(2009년), 및 정육점(2007년)은 해당 중앙회에 직접 의한 결과 자료임.

제3절 축산물의 유통기능

유통의 궁극적인 목표가 축산물의 수급을 원활하게 조정하고 이를 통한 생산자와 소비자의 생활수준을 향상시키는데 있으므로 유통의 기능을 합리적으로 수행하는 효율적인 유통관리가 필요로 한다.

유통기능이란 생산자로부터 소비자에게 축산물이 이전되어 가는 과정에서 특화된 활동을 의미하며, 마아케팅 기능은 그 수행하는 내용에 따라 다음 세 가지로 대별할 수 있다.

첫째로, 소유권이전에 관한 기능으로써 교환기능

둘째로, 수송, 저장 및 가공에 의한 시간적, 장소적, 형태적 효용을 창출하는 물적기능

셋째로, 표준화 및 등급화, 시장정보, 금융 및 위험부담 등에 의해서 유통의 기능을 조성하는 조성기능을 의미한다. 그러나 유통이 다양하고 복잡해짐에 따라 조성의 기능도 확대되어 비축, 유통행정, 유통법률 및 유통세무 등을 포함시키는 경우도 있다.

1. 교환기능

(1) 구 매 (Buying : 수집)

구매란 축산물을 사기 위하여 계약체결을 한 뒤, 그 계약에 따라 축산물을 인도받고 대금을 지불하는 과정을 말한다.

구매의 기능은 구매의 여부, 구매상품의 종류, 수량, 가격 등으로써 구매의 동기는 감정적 동기(emotional motive), 합리적 동기(rational motive) 또는 애고의 동기(patronge motive)에 의해서 이루어진다.

구매기능은 주체 상품 시기에 따라 여러 가지 목적이 상이할 수 있으나, 시장조사를 선행하고, 부패성 문제, 표준 및 등급의 검사를 실행하여 쌍방의 합의하에 거래가 신속하고 정확하게 이루어져야 한다.

최근 축산물의 국제간 무역이 활발해짐에 따라 선물거래 등이 이루어지고 있어 구매에 대한 기능이 강조된다.

(2) 판　　매 (Selling : 분산)

판매란 예상고객(prospective customers)이 상품이나 서어비스를 구매하도록 하거나 또는 판매자에게 상업적 의미가 있는 아이디어에 적합한 행동을 고객에게 원조하거나 설득하는 인적 내지 비인적 과정을 말한다.

판매기능은 분산의 기능, 즉 수요 창출로써 생산한 축산물을 구매하고자 하는 구매인 또는 잠재(예상) 구매자에게 판매량을 확대하는 판매기능을 의미한다.

그러므로 축산물의 판매기능은 가공품을 제외하고 품질이 다양하지 못하고 부패성이 강하기 때문에 신선하게 또는 등급화에 의해서 가공품인 경우 광고 등의 홍보물에 의해서 수요를 발견하고 또한 판매계획을 세워나가야 한다.

2. 물적기능

유통의 물리적인 기능이란 축산물의 생산자와 소비자 간의 시간적, 장소적, 형태적인 효용창출기능을 의미하며 저장, 운송 및 가공의 기능으로 분류한다.

(1) 저장기능

저장(storage)기능은 시간의 효용창출, 즉 수급의 조절에 있다. 축산물은 공산품과 달리 생산에 있어서 계절성을 가지고 있는 반면 수요량에 있어서는 연중 비교적 평준화의 수급현장으로 인하여 가격파동이 일어난다. 그러므로 생산과 소비의 시간적, 장소적인 격리로 인하여 부패성이 강한 축산물을 판매시기에 또는 판매목적에 공급하기 위하여, 또한 가격등락에 의한 가격이 불안정하기 쉬운 축산물을 저장 보관하는 축산물의 저장기능은 중요하다.

축산물 저장은 축산물의 부피 및 부패성 등에 따라 저장의 형태 및 방법 등은 다르나 축산물을 저장하는 저장시설은 경제적인 여건, 즉 보관 및 저장에 의해서 발생되는 비용과 이윤을 고려하고, 또 지역적인 여건을 고려하여 저장여부를 결정하여야 한다.

우리나라 저장시설의 경우 첫째로, 육류에 있어서 지육의 신선도 유지와 위생을 위하여 냉동저장시설을 도축장 및 정육점에 설치되어 있고,

둘째로, 계란의 경우 육류, 우유에 비해 부패될 수 있는 기간이 소요되고, 난각 등의 특수한 처리 방법이 필요하기 때문에 일반창고에 저장하여 단기에 유통하는 실정이다.

셋째로, 우유의 경우에는 생산농가에서는 냉각기나 기타 방법으로 임시 저장하고, 집유한 우유처리장에서는 유저장탱크에 저장하여 처리하며, 대리점 및 소매점에서는 냉장고에 저장하여 판매되고 있다.

(2) 운송기능

수송(transportation)의 기능은 장소의 효용창출에 있다. 양축농가에서 소비지까지 축산물을 수송함으로써 소비자의 욕구를 충족시키는 장소의 이동효과를 창출하는 것이다.

축산물의 수송에 있어서 주의해야 할 사항으로써 수송수단의 선택과 비용문제, 수송거리에 따른 축산물의 감량을 들 수 있다.

전자의 경우 <그림 7-1>에서와 같이 수송거리에 따라 수송수단은 다를 뿐만 아니라 생산지에서 소비지까지의 여러 가지 지역적인 여건을 고려하여 소요시간이 단축되는 경제적인 수송방법을 선택하여야 한다. 후자의 경우 축종 가공형태 및 가공정도에 따라 수송에 따른 감량은 다르기 마련이다.

수송수단별 수송거리와 수송비를 비교하면 <그림 7-1>에서와 같이 수송비는 거리와 관계없이 일정한 고정비가 필요하며 일정한 거리이상의 경우 수송수단별 차이가 발생한다. 즉 0에서 A까지이 거리에는 자동차 수송이 경제적이며, A에서 B까지의 거리는 철도

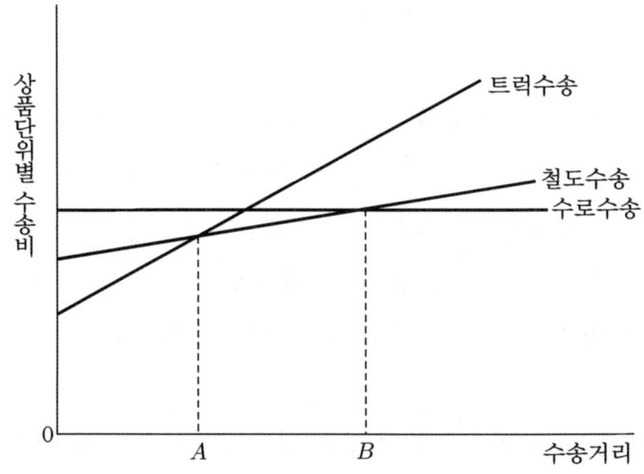

〈그림 7-1〉 수송수단별 수송거리에 따른 수송비

수송이 유리하며, B이상의 경우에는 수로(선박)수송이 더 경제적이다. 일반적으로 자동차 수송은 거리가 멀수록 단위당 수송비가 증가하는 경향이 있으며, 선박수송은 다른 수송수단에 비하여 증가율이 적은 경향이 있다.

이와 같이 축산물 운송시 되도록이면 운송비를 절감하고 신속하게 목적지에 운송될 수 있는 방법이 모색되어야 한다.

우리나라의 축종에 따른 거리와 생체의 감량과의 관계에 있어서 쇠고기 생체의 경우 운송거리에 따라 <표 7-6>에서와 같이 450kg의 소를 400km이상 운송할 경우 5.6%인 25kg의 감량이 발생하며, 돼지 생체의 경우에도 <표 7-7>에서와 같이 90kg의 돼지를 400km이상 운송할 경우 12.2%인 11kg의 감량이 발생된다.

우리나라의 축산물 운송방법은 소 및 쇠고기의 경우 교통의 발달로 인하여 대도시 원거리인 경우 냉동차량 또는 보냉차, 근거리인 경우 일반차량에 의해서 수송되고 있다. 돼지고기인 경우 수집과정에는 트럭, 돼지고기의 수송방법은 쇠고기와 동일하다.

한편 닭 및 계란의 경우 중량과 용적이 적기 때문에 트럭 및 오토바이에 의해서 운송되고 있으며, 우유의 경우 착유한 원유를 낙농가의 냉각기 또는 우유통에 보관한 후 우유처리장의 수집차량을 이용하여 운송된다.

〈표 7-6〉 자동차 수송시 소의 생체감량(450kg기준)

구　분	감　량(kg)	지혈률(%)	혈중량(kg)
현장도축	–	53.0	212
100km이내 수송	6	53.5	211
100~200	11	54.0	210
200~300	15	54.5	210
300~400	20	55.0	209
400km이상 수송	25	55.5	208

자료 : 축협중앙회.

〈표 7-7〉 돼지의 생체감량(90kg기준)

구　분	감　량 (kg)	지혈률(%)		지혈중량(kg)	
		무박피	박　피	무박피	박　피
현장도축	–	70.0	63.3	63.0	57.0
100km이내 수송	3	71.0	65.0	61.8	56.6
100~200	5	72.0	66.0	61.2	56.1
200~300	7	72.0	67.0	59.8	55.6
300~400	9	73.0	67.0	58.4	54.3
400km이상 수송	10	73.5	68.0	58.1	53.7

자료 : 축협중앙회.

〈표 7-8〉 운송시간과 체중감량

운동시간	－17~7℃	20~27℃	27℃ 이상
1시간 이내	0.96	0.54	0.87
1~2시간	1.17	0.84	1.00
2~4시간	1.24	1.26	1.54
4시간 이상	3.27	1.75	1.51

자료 : Stout & Cox.

(3) 가공기능

가공(processing)의 기능은 형태적 효용창출에 있다. 가공은 수요의 창출, 저장을 위한 형태의 변화로써 가공업은 소비자의 소득수준 향상과 더불어 요구되는 상품의 다양화에 따라 더욱 발달한다. 가공과 함께 포장의 다양화와 개발은 가공의 기능 중 중요한 역할을 담당하게 되었다. 축산물을 포장(packaging)하고 상표를 부착하여 상품화함으로써 축산물의 소비촉진과 동시에 수송시에 발생할 수 있는 부패 및 파손에 대한 제품의 보호뿐만 아니라 소비자의 휴대를 간편하게 함으로써 소비량을 확대하는데 그 목적이 있다.

우리나라의 포장화는 미비한 실정으로써, 육류의 경우 비닐상자에 넣어 판매하는 수퍼마켓 및 백화점을 제외하고 많은 정육점에서는 직접 비닐포장 및 종이에 의해서 거래가 되고 있으며, 계란의 경우 10개들이 비닐포장에 의해서 거래되고 있는 실정이다.

닭고기 포장의 경우 개체포장시 생산자인 계열업체가 직접 백화점, 할인점 등 대형 유통업체에 자사 브랜드를 붙여 납품하는 경우로 전체 소비량 중 20% 선에 달하고 일부 업체에서 시도하고 있는 부분육 경우도 다리, 가슴살, 날개 등을 트레이 포장하여 유통시키고 있으나 아직 초기단계에 있다.

박스포장(10마리 또는 20마리를 박스에 넣어 포장)하는 경우 10호 미만은 20마리, 10호 이상은 10마리씩 박스에 얼음과 함께 포장하여 유통시키는 경우로 현재 유통되는 닭고기의 80%정도이며, 도매상을 거치면서 해체되어 소매상, 수퍼마켓 등을 통해 소비자에게 전달되고 일부 도매상 경우 자체 브랜드를 붙여 개체포장 하거나 부분육 작업 후 트레이 포장하여 백화점, 할인점 등에 납품하고 있다.

가공 및 포장화실시는 소비자의 수요창출에 영향을 끼치며 소비확대 측면에서 중요한 유통기능이므로 다양한 가공품개발 및 포장기법의 개발이 요구된다.

3. 조성기능

조성의 기능이란 소유이전의 기능과 물적기능이 합리적으로 이루어질 수 있도록 조성하는 기능을 의미하며, 조성의 기능에는 표준화 및 등급화, 시장정보, 금융, 위험부담기능으로 분류할 수 있다.

(1) 표준화 및 등급화

표준화(standardization) 및 등급화(grading)란 상품의 가치를 측정하기 위하여 규격을 제한하거나 통일하는 활동이다. 표준화란 상품의 고정된 가치를 측정할 수 있는 기준을 결정하고, 등급화란 설정된 상품의 기준(표준화)에 의거하여 생산물의 상품의 특성에 따라 구분하는 과정을 의미한다. 따라서 표준화가 상품특성을 지닐 수 있는 기준이라면, 등급화는 상품가치를 결정하기 위한 구분을 의미한다.

표준화 및 등급화는 거래의 신속화와 정확성을 기하고 가격형성을 합리적으로 하기 위한 제도로써 유통비용절감의 효과와 유통체계의 혁신측면에서 살펴볼 수 있다.

1) 유통비용절감의 측면

① 판매자와 구입자간의 상품의 질에 대한 시비가 감소되며,

② 선물거래, 청산거래 및 중간시장거래가 가능하고,

③ 대량의 축산물을 동일화함으로써 대량거래가 가능하고, 혼합운송 및 혼합저장 등이 용이하며, 동시에 대량수송에 따른 유통비용의 절감을 가능하게 함으로써 생산자와 소비자를 보호할 수 있다.

2) 유통체계혁신의 측면

① 축산물의 등급에 따라 차등가격으로 인하여 생산자는 양질의 축산물 생산을 위주로 하는 합리적인 경영관리가 이루어지며,

② 소비자는 구입하려는 부위에 따라 적정가격으로 구입이 용이하고,

③ 시장정보의 입수가 보다 용이해진다.

④ 선물거래 또는 위험부담과 관련하여 연결거래(hedging)가 가능하다.

이처럼 축산물의 표준화 및 등급화는 먼저 표준규격을 품종별로 설정하고, 다시 이를 상품의 질에 따라 등급화를 하는데 있어서 등급설정의 기준문제, 등급설정의 주체문제, 등급의 명칭문제 등이 야기되며, 한편으로 등급화 및 표준화의 거래의 공정성, 신속성, 신뢰성 및 명확성이 이루어져야 한다.

우리나라의 각 축산물의 표준화 및 등급화의 경우

첫째, 가축시장의 생축거래는 등급기준이 설정되지 않아 품종, 체중, 비육도, 체장, 체고 등을 목측에 의해서 종합적으로 판단하여 거래되고 있다.

둘째, 지육은 등급화가 실시되고 있다. 즉 육류등급제는 도체 또는 부분육 상태에서 육

량의 많고 적음을 그리고 육질의 좋고 나쁨을 과학적인 근거로 판정하는 규격화 제도다.

- 도체등급
  - 소도체등급
    - 육량등급 : 판매가능 육량을 육량지수에 의한 구분
    - 육질등급 : 근내지방도를 위주로 하되 육색, 지방색, 조직감과 성숙도를 고려하여 최종판정
  - 돼지도체등급 — 도체중과 등지방두께를 위주로 하되 외관과 육질을 고려하여 최종판정
- 부분육 등급

〈그림 7-2〉 국내 도체등급제의 종류

이러한 육류 등급화는 생산자에게는 생축의 우열에 따른 적정한 개량지표와 판매의 지표를 제공해 주고, 유통업자에게는 육량과 육질에 따른 적정한 수매지표를 제공해 주며, 소비자에게는 기호와 요리 용도에 따른 구매지표를 제공해 준다.

또한 육류 등급제가 생산자, 유통업체, 소비자에게 미치는 영향은 생산자에게는 개량 및 사양지표가 설정되고, 출하축의 등급에 따른 가격형성과 등급항목분석으로 가축의 개량 및 사양 방향이 결정되며, 출하축 가격에 대한 불만이 해소된다. 또한 등급기준에 의한 객관적이고 과학적인 등급판정 후 경매하기 때문에 가격에 대한 신뢰감이 형성되며, 출하축에 대한 등급의 공표로 출하시 정보를 취득하고, 등급별 가격동향과 출하빈도에 대한 정보취득으로 출하시기 및 출하시장 결정이 가능하며, 지역적 가격격차의 해소와 수송 등 제비용이 감소된다. 더불어 유통업자들이 지역적인 여건에 따라서 도체를 구입하므로 지역적 가격격차가 해소됨으로써 원거리 도매시장 출하로 인한 손실 및 경비가 절감된다. 등급별 육류의 가격안정대가 형성되어 축산기반이 안정되고 축산업 발전이 촉진된다.

유통업자에게는 판매지역의 소비성향에 적합한 도체를 구입하여 합리적인 식육점 경영을 가능하게 하고, 등급에 따른 적정한 가격으로 소비자에게 판매함으로써 고객확보는 물론 새로운 상거래를 확립할 수 있다.

소비자에게는 고기의 품질을 등급에 의해 알 수 있으므로 기호에 알맞는 등급의 육류를 쉽게 선택할 수 있고, 등급에 따라 가격이 달라지므로 고기의 질에 따라 적당한 가격으로 육류를 구입할 수 있다.

1) 소도체 등급기준

육량 등급과 육질 등급을 구분하여 판정한다. 육량 등급은 고기의 질을 근내지방도, 육색, 지방색, 조직감, 성숙도에 따라 1^{++}, 1^{+}, 1, 2, 3 등급으로 판정하는 것으로, 소비자가 고기를 선택하는 기준이며, 육량등급은 도체에서 얻을 수 있는 고기량을 도체중

량, 등지방두께, 등심 단면적에 의해 A, B, C 등급으로 판정한다.

등급구분은 <표 7-9>와 같이 육량기준과 <표 7-10>과 같이 육질등급, 즉 고기의 질을 근내지방도, 육색, 지방색, 조직감, 성숙도를 측정하여 1^+, 1, 2, 3 등급으로 판정한다. 이를 종합하여 쇠고기 등급은 <표 7-11>에서와 같이 A^{0+}에서 등외로 구분된다.

〈표 7-9〉 육량 기준지수

등 급	지 수
A	67.50 이상
B	62.70 이상~67.50 미만
C	62.70 미만

※ 육량 기준지수 산출식 = 68.184 − [0.625×등지방두께(mm)] + [0.130×배최장근 단면적(cm^2)] − [0.224×도체중량(kg)] (단, 육용품종 도체는 3.23을 가산하여 육량 기준지수로 한다)

〈표 7-10〉 근내 지방도 등급

근내 지방도 등급	근내 지방도 내용
1^{++} 등급	No.8 또는 No.9에 해당하는 것
1^+ 등급	No.6 또는 No.7에 해당하는 것
1 등급	No.4 또는 No.5에 해당하는 것
2 등급	No.2 또는 No.3에 해당하는 것
3 등급	No.1에 해당하는 것

〈표 7-11〉 등급의 표시(13개 등급으로 분류)

육질 / 육량	1^{++} 등급	1^+ 등급	1 등급	2등급	3등급	등 외
A 등급	1^{++}A	1^+A	1A	2A	A3	
B 등급	1^{++}B	1^+B	1B	2B	B3	
C 등급	1^{++}C	1^+C	1C	2C	C3	
등 외						

2) 돼지의 도체등급제

육량과 육질을 종합하여 판정한다.

육질등급은 근내지방도, 육색, 지방, 조직감에 따라, 1^+, 1, 2등급으로 판정하는 것으로 소비자의 고기를 선택하는 기준이며, 규격등급은 도체중, 등지방두께 및 비육과 외관상태를 종합적으로 고려하여 A, B, C 등급으로 판정한다.

〈표 7-12〉 돼지 도체등급제 기준

구 분	박피도체		탕박도체	
	중 량(kg)	등지방두께(mm)	중 량(kg)	등지방두께(mm)
A 등급	74이상~86미만	12이상~22미만	83이상~96미만	17이상~27미만
B 등급	71~74 74~86 74~86 86~90	10~25 10~12 22~25 10~25	80~83 83~96 83~96 96~100	15~30 15~17 27~30 15~30
C 등급	A, B 등급에 속하지 않는 것		좌 동	

3) 닭고기 등급과 규격

닭고기는 통닭과 부분육을 대상으로 품질을 평가하여 통닭은 1^+, 1, 2등급, 부분육은 1, 2등급으로 구분한다. 닭도체(통닭)은 외관, 비육상태, 지방부착상태, 신선도와 깃털, 외상, 이물질 유무 등에 따라 등급판정을 하며, 부분육은 냉동하지 않으며, 신선한 육질만을 사용하는 부분육을 대상으로 과도한 변색이나, 골절, 오염, 이물질이 포함된 원료는 사전에 제거한 후 평가하여 등급판정을 한다.

〈표 7-13〉 닭고기 등급 및 규격

등 급	규 격
1^+등급	닭도체 품질기준의 모든 항목이 A등급 이상이어야 함.
1등급	닭도체 품질기준의 모든 항목이 B등급 이상이어야 함.
2등급	닭도체 품질기준의 모든 항목이 C등급 이상이어야 함.

4) 계란의 등급화와 규격

계란의 등급화는 1972년 사단법인 가금협회가 중심이 되어 계란의 중량에 의한 등급별 유통규격을 제정하여 <표 7-14>에서와 같이 1973년 이전에는 특란이 62g, 대란이 55~61g, 중란이 50~54g, 소란이 45~49g으로 규정되었으나 1974년에는 이를 하향조정하였다. 1982년부터 현재까지 계란의 중량에 따라 특란(60g 이상), 대란(54~60g), 중란(47~54g), 소란(42~47g), 경란(42g)으로 구분실시되고 있으나, 기술적인 발달에 의한 대란의 생산증가로 특란을 구분한 왕란등급의 필요성이 증가되고 있다. 한편 2002년부터는 계란의 등급제를 실시하여 추진 중에 있다.

계란의 등급판정은 세척한 계란에 대해 외관, 투광 및 할란 판정을 거쳐 1^+, 2, 3등급으로 구분한다. 외관판정은 전체적으로 모양, 난각의 상태, 오염여부 등 계란 외부의 상태를 평가하며, 투광판정은 기실의 크기, 난황의 위치와 퍼짐정도, 이물질 유무 등을 평가하며, 할란판정은 난백의 높이와 계란무게, 이물질의 유무 등을 평가한다.

등급판정은 계란등급판정 실시로 계란의 품질을 표시하여 주므로 소비자에게는 계란의 올바른 선택기준을 제공하고, 생산자에게는 계란의 품질차별화로 농가소득 증대에 기여하고 나아가 대외경쟁력을 제고시켜 양계산업발전에 크게 기여할 것으로 기대된다.

〈표 7-14〉 계란의 중량별 등급

(단위 : g)

분 류	1973년 이전	1974~1981년	1982년 현재	등급제 기준
특 란	62 이상	61 이상	59 이상	68 이상
대 란	55~61(58)	55~60(57.5)	53~59(56)	60~68 미만
중 란	50~54(52)	48~54(51)	47~53(50)	52~60 미만
소 란	45~49(47)	42~47(44.5)	41~47(44)	44~52 미만
경 란	–	42 미만	41 미만	44 미만

〈표 7-15〉 계란 품질평가 기준

구 분		A급	B급	C급	D급
외관검사	난 각	청결하며 상처가 없고 계란의 모양과 난각의 조직에 이상이 없는 것	대체로 청결하며 상처가 없고 계란의 모양과 난각의 조직에 약간의 이상이 있는 것	약간 오염되고 상처가 없으며 계란의 모양과 난각의 조직에 이상이 있는 것	오염되어 있는 것, 상처가 있는 것, 계란의 모양과 난각의 조직이 현저하게 불량한 것
투광검사	기 실	깊이가 4mm 이내	깊이가 8mm 이내	깊이가 12mm 이상	깊이가 12mm 이상
	난 황	중심에 위치하며 윤곽이 흐리나 퍼져 보이지 않는 것	거의 중심에 위치하며 윤곽이 뚜렷하고 약간 퍼져 보이는 것	중심에서 상당히 벗어나 있으며 현저하게 퍼져 보이는 것	중심에서 상당히 벗어나 있으며 완전히 퍼져 보이는 것
	난 백	맑고 결착력이 강한 것	맑고 결착력이 약간 떨어진 것	맑고 결착력이 거의 없는 것	
할란검사	난 황	위로 솟음	약간 평평함	평평함	중심에서 완전히 벗어나 있는 것, 혈반 또는 이물질이 보이는 것
	농후난백	많은 양의 난백이 난황을 에워 싸고 있음	소량의 난백이 난황주위에 퍼져 있음	거의 보이지 않음	이취가 나거나 변색이 되어 있는 것
	수양난백	약간 나타남	많이 나타남	아주 많이 나타남	
	호우단위	72이상	60이상~72미만	40이상~60미만	40미만

〈표 7-16 〉 계란의 품질등급 부여방법

품질등급	표본계란 품질평가
1^{+}등급	A급은 70%이상이고, B급이 90% 이상이며, D급은 3% 이하이어야 함. (나머지는 C급)
1등급	B급 이상은 80% 이상이고, D급이 5%이하이어야 함(기타는 C급)
2등급	C급 이상은 90% 이상(기타는 D급)
3등급	C급 이상은 90% 미만(기타는 D급)

5) 부분육 판매

부분육은 1969년에 처음 실시하고자 시도하였고, 그 뒤 축협중앙회에서 시도하고자 부분육 기준을 4등급 10개 부위로 분류하고 있으나 일반 소비자의 인식부족 등 여러 가지 요인으로 인하여 완전히 실시되지 못했다. 그 후 정부의 원산지 표시정책과 더불어 <표 7-17> 및 <표 7-18>과 같이 정형 거래토록 하고 있다.

〈표 7-17〉 쇠고기 분할방법에 따른 부위명칭 및 용도

대분할 부위명	소분할 부위명	용 도
안 심	안심살	스테이크, 로스구이
등 심	윗등심살, 아래등심살, 꽃등심살, 살치살	스테이크, 로스구이
채 끝	채끝살	스테이크, 로스구이
목 심	목심살	구이, 불고기
앞 다 리	꾸리살, 갈비덧살, 부채살, 앞다리살	육회, 탕, 장조림, 불고기
우 둔	우둔살, 홍두깨살	산적, 장조림, 육포, 불고기
설 도	보섭살, 설깃살, 도가니살	산적, 장조림, 육포
양 지	양지머리, 업진살, 차돌백이, 치마살	국거리, 스튜, 분쇄육
사 태	아롱사태, 뭉치사태, 앞사태, 뒷사태	육회, 탕, 스튜, 찜
갈 비	갈비, 마구리, 토시살, 안창살, 제비추리	찜, 탕, 구이
10개 부위	29개 부위	

〈표 7-18〉 돼지고기 분할방법에 따른 부위명칭 및 용도

대분할 부위명	소분할 부위명	용 도
안 심	안심살	로스구이, 주물럭, 스테이크
등 심	등심살	돈까스, 잡채
목 심	목심살	구이, 주물럭, 보쌈
앞 다 리	앞다리살, 사태살	불고기, 찌개, 보쌈, 완자
뒷 다 리	볼기살, 설깃살, 도가니살, 보섭살, 사태살	돈까스, 장조림, 탕수육
삼 겹 살	삼겹살, 갈매기살	로스구이, 베이컨
갈 비	갈비	찜, 구이
7개 부위	12개 부위	

(2) 시장정보(Market information)

유통의 양적증대, 즉 지역의 확대, 품목의 다양화, 유통물량의 증가에 따라 유통이 복잡하고, 이에 수반되는 가격의 급격한 변화에서 신속하고 정확한 시장정보는 능률적인 축산물 유통을 위하여 중요하다.

유통정보는 양축농가 측면에서는 사육하는 가축의 사육두수 및 생산량을 계획하고 생산한 축산물을 가장 유리한 가격에 판매할 수 있는 판매시간 및 판매방법 등의 판매결정을 할 수 있도록 하기 위해서 정확한 시장정보를 필요로 한다.

중간유통인 측면에서 축산물의 수급현황을 파악하여 축산물의 저장, 방출 및 가공 등의 유통기능을 충분히 발휘하여 구매 및 판매활동이 효과적으로 이루어지기 위하여 필요하다. 정부는 정책수립자 측면에서 축산물의 원활한 수급 및 가격안정을 위하여 축산물 유통에 관한 전반적인 정보가 요구된다.

이와 같이 시장정보는 정확하고 신속하게 양축가 및 관련자에게 전달되어 합리적으로 의사결정을 할 수 있는 과학적이고 체계적인 정보조직이 필요하나, 우리나라의 생산 양축가 및 관련자는 시장정보를 <표 7-19>에서와 같이 시장정보조직, 즉 농협, 경제기획원, 한국은행 등이 수집·조사한 산지시장, 도매시장 및 소매시장의 가격과 거래량에 관한 시장정보보다는 중간상인, 이웃농가, 소매인 및 자기판단 등에 크게 의존하고 있는 실정이다.

그러므로 축산물의 효율적인 유통을 위하여 축산물유통정보를 수집, 분석, 처리 및 전달할 수 있는 유통정보시스템의 설치가 필요하다.

〈표 7-19〉 축산물 시장정보 수집 및 분산체계

○ 수집체계

기 관 별	조사대상	조사사항	조사지역	조사담당
농협중앙회	산지시장	농가판매가격	서울 등 8개지역	지 역 축 협
	도매시장	도매가격유통량	서울 등 8개지역	농협중앙회
AT센터	소매시장	소매가격	서울 등 9개지역	통 계 국
한 국 은 행	소매시장	소매가격	전국 주요도시	조 사 국

○ 분산체계

기 관 별	내 용	분 석
농협중앙회	생축 및 축산물의 유통단계별 가격 및 유통량	TTS, 인쇄물 배포(농협조사계보, 월별분기별 동향 보고지 등)방송, 전화자동응답장치 등
AT센터	소매가격	인쇄물 배포(통계월보, 통계연감)
한국은행	도매가격	인쇄물 배포(조사통계월보 등)

(3) 유통금융(Financing)

유통금융이란 축산물이 생산자로부터 소비자에까지 유통되는 과정에 필요한 재화 및 신용을 조달, 운영 및 관리하는 것을 의미한다. 생산농가에게는 축산물을 출하하는 동시에 재생산자금으로써 자금을 필요로 하고, 소비자는 축산물을 구입하기 위하여 자금을 필요로 하며, 유통과정에 종사하는 상인이나 기관은 유통상 운영자금을 필요로 한다.

유통규모 증가에 따라 유통자금의 확대가 이루어져야 하나 일반적으로 유통기관의 영세, 소규모적인 자기자본에 의해서 금융조달능력이 부족하여 유통기능이 합리적으로 수행되지 못하고 유통비용이 증가하여 유통의 비합리적인 요인이 발생할 수 있으므로 자금지원을 위한 금융제도의 마련이 필요하다.

(4) 위기부담(Risk bearing)

축산물은 생산자로부터 소비자에게 유통되어가는 과정상 여러 가지의 위험성이 내재하고 있다. 유통과정상 불확실성으로 인하여 발생되는 손실, 즉 화재, 도난, 부패 등의 물리적인 위험성과 시가의 불안정으로 인하여 발생하는 가격의 변동, 시장구조의 비합리성에 의해서 발생되는 경제적인 위험성은 유통관련상인 뿐만 아니라, 생산자 및 소비자에게도 전과된다.

따라서 위험부담을 감소시킬 수 있는 방안이 마련되어야 하는 바, 이에 대한 방안으로써 위험성을 전가할 수 있는 보험제도의 실시, 부패성 식품의 경우 저온보관, 냉장고 및 저온유통시스템의 도입설치, 시장정보의 질적·양적증대, 유통단계의 개선 등과 같은 제도적 방안들이 마련되어야 한다.

이상의 조성기능 이외에 수급의 불균형에 의하여 야기되는 가격의 불안정을 완화하기 위하여 정부의 비축기능, 축산물유통과 관련되는 행정상의 기능을 담당하는 유통행정 및 농수산물 및 가격안정법, 축산법, 농수산물검사법 등과 같이 유통체계 및 조성을 위한 유통법규, 도매시장 및 중간상인 등 관련업자의 양성, 관리와 보호를 위한 유통세무 등을 들 수 있다.

제4절 유통비용과 마진

유통기능을 수행하는 데에는 유통비용을 발생시키고, 이는 유통마진과 관련되며, 또한 유통마진은 생산자의 수취가격과 소비자의 지불가격에 영향을 미친다.

유통기능을 수행하는데 유통비용과 마진을 분석하여 유통의 효율화를 추구하는 것은 생산자와 소비자의 수취 및 지불가격에 영향을 미친다. 또한 생산자와 소비자의 수취 및 지불가격에 긍정적인 영향을 미치는 것이다.

1. 시장비용과 마진

시장비용이란 축산물의 유통과정에서 투입된 모든 비용으로써, 유통기관의 이윤을 의미한다.

시장비용은 소비자의 구매를 높이기 위한 가공비, 연중 공급이 가능하게 하기 위한 저장시설 확충 및 서어비스확대 및 확충하는데 쓰여지는 비용을 말한다.

유통마진이란 광의로써는 유통비용과 순마진을 합한 것으로써 최종소비자가 지불하는 소비자가격과 양축농가가 수취하는 산지가격과의 차액을 의미하며, 협의로써는 각 유통단계에 중간상인이 취득하는 이윤을 의미한다. 이러한 유통마진은 내용상으로 볼 때 수송비, 저장비, 수수료, 보험료, 중간상인의 이윤 등으로 구성된다. 유통마진을 도표로 의해서 살펴보면 <그림 7-3>에서와 같이 상품단위당 마진은 소매단계의 수요곡선 *Dr*과 공급곡선 *Sr*이 만나는 균형점 *Er*과 양축농가단계의 수요곡선 *Df*과 공급곡선 *Sf*과 만나는 균형점 *Ef*와의 거리, 즉 *Er, Ef*의 거리를 의미하며, 총마진은 소매가격 *Pr*과 농가판매가격 *Pf*의 차액의 판매단가 *Qrf*를 곱한, 즉$(Pr-Pf)\cdot Qrf$이 된다.

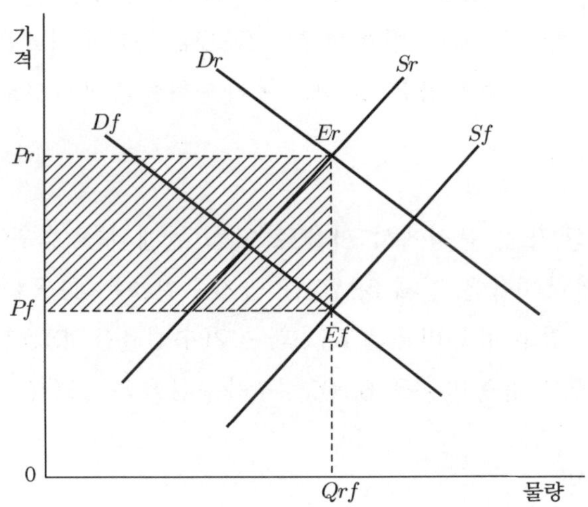

〈그림 7-3〉 유통마진

한편 유통마진(marketing margin)은 각 유통 단계별 마진에 대한 해당 단계별 판매가격의 비율로써 각 단계별 유통마진율을 다음과 같이 표시한다.

농가수취가격 *Pf*, 수집상가격 *Pa*는, 도매가격 *Pw*, 소비자가격이 *Pr*일 때,

소매단계마진($Ma = Pa - Pf$)율 $= Pa - Pf/Pa \times 100 = Ma/Pa \times 100$
도매단계마진($Mw = Pw - Pa$)율 $= Pw - Pa/Pw \times 100 = Mw/Pw \times 100$
소매단계마진($Mr = Pr - Pw$)율 $= Pr - Pw/Pr \times 100 = Mr/Pr \times 100$
총 마 진($Mt = Pr - Pf = Ma + Mw + Mr$) $= Pr - Pf/Pr \times 100$
$= Mt/Pr \times 100$

2. 축산물별 마진현황

(1) 쇠고기 유통마진

소 및 쇠고기가 횡성에서 서울로 이동 판매하는 경우에 AT센터의 2010년 조사 자료에 의하면 수집반출상(우시장) → 도축장 → 정육장 → 소비자로 유통되는 경우에 농가 수취율은 59.1%. 유통비용은 40.9%를 차지했고, 양축농가 → 생산자 단체 → 도매시장(축산물공판장) → 정육점 → 소비자로 유통되는 경우 농가수취율은 57.3%, 유통비용은 42.7%를 차지했다.

(2) 돼지고기 유통마진

돼지 및 돼지고기가 홍성 또는 이천에서 서울로 이동 판매되는 경우에 AT센터의 2010년 조사 자료에 의하면 유통비용율은 평균 41.2%(농가수취율 58.8%)로 나타났다. 즉 홍성에서 서울로 출하하는 경우 유통비용은 35.9%, 농가수취율은 61,4%이고, 이천에서 서울로 출하하는 경우 유통비용은 48.0%, 농가수취율은 52.0%로 각각 조사되었다.

(3) 닭고기 유통마진

닭 및 닭고기가 익산 또는 음성에서 서울로 이동 판매되는 경우에 AT센터의 2010년 조사 자료에 의하면 유통비율은 전체 58.7%를 농가수취율은 41.3%로 나타났다. 즉 익산에서 서울로 출하하는 경우 유통비용은 56,1%, 농가수취율은 43.9%로 나타났고, 음성에서 서울로 출하하는 경우 유통비용은 65.0%, 농가수취율은 35.0%로 각각 나타났다.

(4) 계란 유통마진

계란의 유통비용은 안성과 포천에서 서울로 출하하는 경우 AT센터의 2010년 조사 자료에 의하면 안성에서 서울로 출하하는 경우 유통비용은 33.3%, 농가수취율은 66.7%로 각각 나타났다. 즉 안성에서 서울로 출하하는 경우 유통비용은 33.7%, 농가수취율은 66.3%이고, 포천에서 서울로 출하하는 경우 유통비용은 33.1%, 농가수취율은 66.9%로 각각 나타났다.

제 5 절 축산물의 가격과 수급조정

축산물 가격은 여러 가지 요인에 의해서 단기적으로, 계절적으로, 주기적으로 변동하기 때문에 축산농가의 큰 관심사다. 현재 및 장래가격에 대응하기 위해서 양축농가는 어떻게 경영계획을 수립하여 경영의 목표를 달성할 것인가는 경영에 있어서 중요한 경영자의 임무이다.

가격변화는 공급량과 수요량의 변화에 의해서 결정되나, 생산자 측면에서 볼 때 가격변화에 대한 생산자의 반응은 의사결정과 생산량을 공급하는데 소요되는 축종의 생리과정으로 인하여 생산의 시차가 발생되는 이른 바, "거미집 이론"에 의거하여 발생된다.

축산의 경우 축종에 따라 2년 이상이 소용되는 경우가 있는 반면 몇 개월 내에 나타나는 경우도 있으나, 생산반응이 민감할수록 가격의 변동폭은 완만한 편이다.

축산경영에 있어서 생산물의 적정가격만 항상 받을 수 있다면 경영의 합리화는 가능하다고 본다. 그러나 가격은 수급상황이나 기타 요인에 의해서 수시로 변화되는 속성을 갖고 있다.

1. 축산물의 산지가격

우리나라 축산물의 산지가격은 <표 7-20>에서와 같이 명목가격기준으로 2010년기준 90년 대비 송아지의 경우 암송아지 가격이 수송아지에 비하여 상승하였고, 큰소의 경우에도 암컷이 수컷에 비하여 상승폭이 더 컸다.

젖소의 경우 2010년 2,543천원으로써 '90년 2,029천원 대비 상승폭이 타 축종에 비하

〈표 7-20〉 가축 및 축산물의 산지가격

구 분	송아지(3개월령)		큰소(한우 500kg)		젖 소	돼 지		닭	계란 (원/10개)
	암 (천원)	수 (천원)	암 (천원)	수 (천원)	초산우 (천원)	자돈 (천원)	비육돈 (100kg) (천원)	육계 (원/kg)	
1990	867	1,217	2,147	2,405	2,029	41	164	1,018	576
1995	1,617	1,887	3,087	3,173	2,493	49	155	1,242	681
2000	1,103	1,294	2,872	2,752	2,171	54	166	1,187	698
2005	3,266	2,344	5,340	4,651	2,381	92	253	1,447	1,054
2010	2,174	2,402	5,248	5,337	2,543	-	291	1,912	1,134

자료 : 축산물 가격 및 수급자료(농협중앙회), 2010년.
참조 : 2000년 이후 송아지 4~5개월령, 큰소는 600kg 이상임.

여 적었으며, 돼지의 경우 비육돈은 291천원으로써 '90년에 대비하여 자돈 상승이 비육돈 상승에 비하여 더 적었다.

2. 축산물의 소비가격

우리나라 축산물의 소비자 가격의 추이는 <표 7-21>에서 보는 바와 같이 2000년이전까지만 해도 쇠고기와 돼지고기에 대하여는 행정지도가격, 연동가격제를 통하여 생산자와 소비자를 보호하려는 뜻으로 가격정책을 시도하여 왔으나 수급상의 극심한 불균형이 있을 때에는 별 효과를 얻지 못했던 것으로 평가된다. 이후 육류시장의 흐름에 의해서 자율적으로 가격이 형성, 유통되고 있다.

쇠고기 500g당 소비자가격은 '95년 8,093원에서 2010년도 20,970원으로 돼지고기는 2,454원에서 8,031원으로, 닭고기의 경우에는 2,934원에서 2010년도에는 5,513원으로, 계란은 878원에서 1,648원으로 각각 상승했다. 일반적으로 돼지고기 가격은 상대적으로 큰 폭의 등락이 없었으며, 닭고기나 계란 값도 일시적인 등락 특히 계절적인 가격변화는 있으나 연도별 가격변동은 별로 없는 상태이다.

〈표 7-21〉 소비자 가격의 추이

구 분 / 연 도	쇠고기 (원/500g)	돼지고기 (원/500g)	닭고기 (원/kg)	계 란 (원/10개)
1995	8,093	2,454	2,934	878
2000	8,709	3,883	3,007	871
2005	18,079	7,443	3,564	1,433
2010	20,970	8,031	5,513	1,648

자료 : 축산물 가격 및 수급자료(농협중앙회), 2010년.

3. 축산물의 수급조절

(1) 수급조절의 이론적 고찰

수요량과 공급량은 여러 가지 요인에 의해서 변화하기 때문에 가격의 불안정이 야기되므로 수급조정을 위한 방안이 강구되어야 한다.

이 중 수급조절이란 이론적으로 수요조건(수요변수)과 공급조건(공급변수)하에서 어떤 상품의 수요량과 공급량의 과부족을 조정하는 것을 의미한다. 수급 균등가격을 실현할 수 있도록 수요량과 공급량을 조정하는 것을 의미한다.

수급조정은 시장 메카니즘에 의한 조정보다는 정부 및 단체 등에 의한 인위적인 수급조정을 의미한다. 수요량 또는 공급량을 어떤 방법과 수단에 의해서 인위적으로 조작함으로써 생산자 및 소비자를 보호하는 강제성을 띤 제도이다.

이같은 수급조정은 어떠한 목적을 위해서 실시하느냐에 따라서 각기 다른 수급조정 방안이 설정되어야 하는데, 수급조정의 목적으로 수급균등화의 추진내지 수급균등의 회복을 목적 가격지지정책에서 불가피하게 발생되는 수급을 시정 또는 시장가격을 목표가격으로 유도하는데 있다.

그러나 수급조정을 위한 목표가 다양함에 따라 수급조정을 위한 구체적인 방법 또한 다르며, 또한 다르게 설정할 필요성이 강조되나 수급조정의 효과를 좌우하는 또 하나의 중요한 점은 정부 및 단체의 수급조정에 의한 경제적인 이익이 발생됨으로 인하여 신규참여가 발생하여 조정의 효과를 상쇄할 수 있는 점과 수급조정상의 조직 및 경제적인 문제, 수급조정의 한계성이 야기될 수 있다.

(2) 수급조절 방안

축산물은 계절성과 부패성을 지닌 상품의 성격을 지니고 있기 때문에 수급과 가격의 변동이 심하여 양축가 뿐만 아니라, 소비자에게도 생산과 소비의 위축을 가져오고 있다.

이러한 축산물의 수급과 가격의 안정화를 위한 방안으로써 다음과 같은 점을 들 수 있다(그림 7-4 참조).

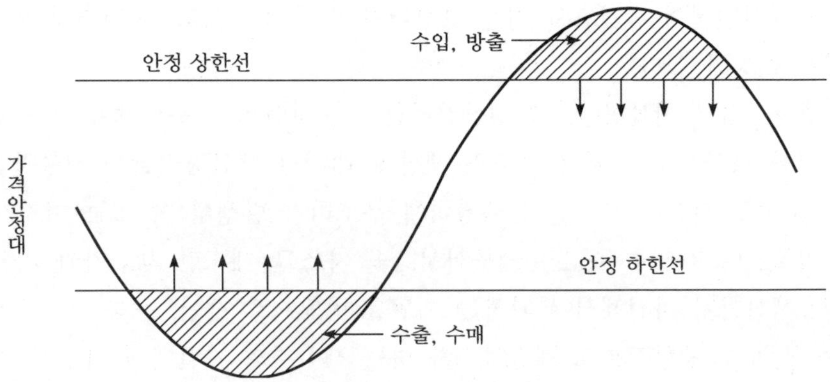

〈그림 7-4〉 가격안정대

첫째, 가격안정대의 제도도입, 즉 과잉생산시 수매비축하고 과소생산시 비축한 축산물을 방출함으로써 가격과 수급의 안정을 도모하고자하는 방안으로써 생산자와 소비자를 보호할 수 있는 방안이나 축산물의 부패성에 의한 저장비 문제, 저장능력의 한계성, 수매가격결정시 생산비 이상으로 설정될 경우 과잉생산의 유발과 생산비 이하도 설정될 경우에는 과소생산에 의한 가격 및 생산의 불안정은 지속될 가능성이 존재할 수 있는 단점도 있다.

둘째, 관측생산(계획생산)방안, 즉 소비량을 예측하고, 충분한 생산량을 계획적으로 생산하는 방안으로 이는 예측결과의 확실성과 이를 실행하는 방법상 발생될 수 있는 문제점에 수반되어야 할 방안으로써 강제성을 띤 방안이다.

셋째, 수입 및 수출방안 즉 수입 및 수출방안의 경우 수매비축 및 방출의 2단계 방안이라 할 수 있는 것으로써 만일 수매한 축산물이 많기 때문에 저장능력에 한계가 있고, 수출가능성이 있을 경우 수매한 축산물을 수출하며, 한편으로는 수매했던 축산물을 가격상승에 의해서 소비자를 보호하기 위하여 방출시 필요한 물량이 부족한 경우 필요한 물량만큼 수입함으로써 소비자를 보호하고자 하는 방안이다. 그러나 과다한 축산물 수입은 기존의 축산업을 위축하고 심할 경우 축산업의 위기를 가져올 수 있다.

넷째, 소비자의 홍보방안 이란 생산이 과잉상태인 경우 축산물의 소비확대를 위하여 축산물을 홍보함으로써 소비자에게 직접호소하여 소비량을 확대하고자 하는 방안을 의미한다. 이는 소비자의 호응문제 및 홍보방법에 따라 성패가 달려 있다.

다섯째, 생산자의 부족불 지불방안, 즉 생산자의 부족불 지불방안이란 과잉생산시 생산량을 감소시키려는 계획생산의 한 방안으로써 생산면적 중 일정한 면적에는 사료작물을 재배하지 않음으로써 축산물의 생산량을 감소시켜 수급 및 가격의 안전화를 가져오는 것이다.

이 방안은 생산면적의 휴작으로 인한 보상비가 많이 소요되고, 행정력에 부조리가 발생할 수 있는 여지가 있다.

여섯째, 생산장려금 지불방안, 즉 생산장려금 지불방안이란 수요량이 많을 경우 생산량 증대를 위한 방안으로써 일정 규모의 생산에 대해서 생산장려금을 지불하는 방안으로 이 또한 부족불 지불방안과 같이 행정력에 부조리가 발생할 수 있는 여지가 있다.

일곱째, 자조금(self-hel funds) 제도실시, 즉 자조금 제도란 생산자가 자체 산업의 발전을 위해 생산자가 자진해서 부과하는 재원을 바탕으로 생산, 유통, 가공, 소비 등에 개재해 있는 문제를 종합적으로 해결하고자 하는 생산자의 자발적인 자구제도이다.

이 자조금 제도는 생산조정, 유통, 소비분야에 생산자들이 해결방안을 강구하고 농가소득을 향상시키는 데 있다.

제6절 우리나라의 축산물 유통경로

축산물의 유통경로는 생산자가 소비자에게 중간단계를 걸치지 않고 직접 연계하는 유통과정과 수집상, 반출상, 도매상, 소매상을 걸치는 과정, 생산단체를 통한 유통과정 등의 간접적인 유통경로로 구분될수 있으며, 축산물에 따라 또한 그 단계는 상이하다.

우리나라의 축산물 유통경로의 경우 경영규모가 영세하고, 사육농가가 분산되어 있기 때문에 유통체계가 명확하게 구분되지 않고 사육지와 소비지의 거리 및 지역적인 특성에 따라 유통경로가 다양하며 또한 중간상인이 많은 것이 특징이다.

1. 소 및 쇠고기 유통경로

소 및 쇠고기의 <그림 7-5>에서와 같이 국내산 유통경로와 수입육의 유통경로로 대별할 수 있다.

국내산 유통의 경우 유통경로는 사육농가가 직접 가축시장에 판매하는 방법, 농·축협에 계통출하하는 방법, 수집상(중간상인)에게 판매하는 방법으로 대별할 수 있다.

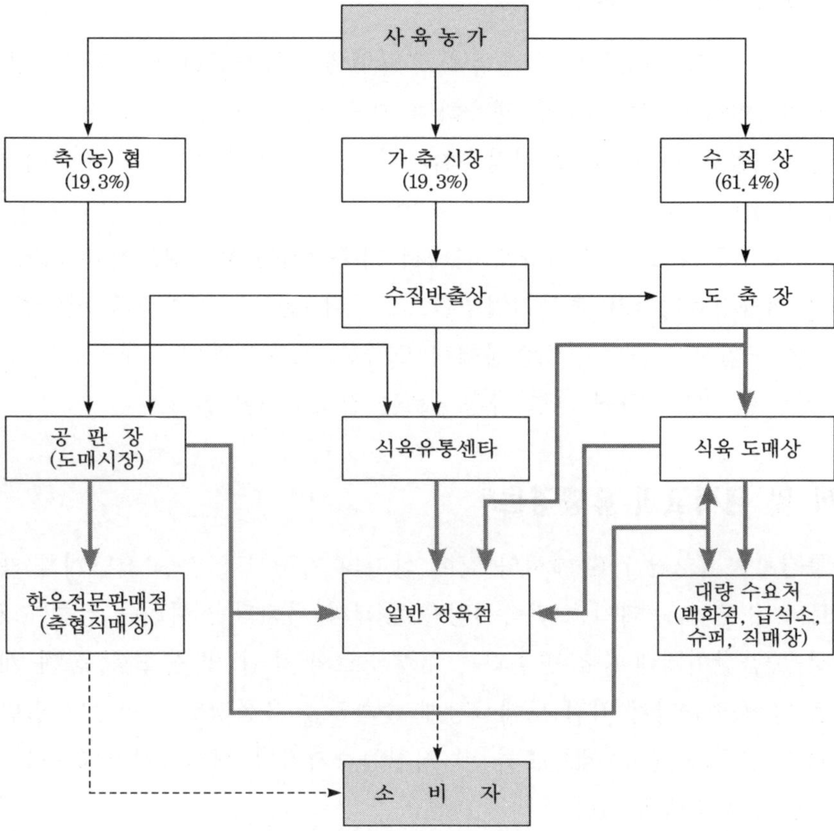

〈그림 7-5〉 소 및 쇠고기 유통경로

(1) 가축시장에 의한 유통경로

이 유통경로는 사육농가가 가축시장에 출하하며, 이를 구매자가 생산농가일 경우 다시 농가로 운송되어 사육되고, 지방의 식육점이나 수집·반출상일 경우에는 도축장(지방의 식육점인 경우, 대량소비처) 또는 식육도매시장을 거쳐 식육소매자에게 경매되어 식육으로 최종 소비자에게 유통된다.

또한 사육농가가 식육도매시장이나 특별지역 도축장에 경매하여 판매하는 방법도 있으나 도축두수가 많을 경우의 문제점과 도축장의 부조리에 의해서 기피하는 실정이다.

(2) 수집상(중간상인)에 의한 유통경로

이 유통경로는 도로 및 수송수단의 발달과 소비량의 증가에 의해서 소비지의 일반정육점과 산지의 수집상 및 반출상이 직접 사육농가와 거래하여 이를 식육도매한 후 대량소비처 및 소비자에게 유통되는 경로이다.

(3) 계통출하에 의한 유통경로

이 유통경로는 농협 및 단위농협에 생축을 수탁형태로 농협공판장에 출하하여 도축된 지육을 지정판매점이나 일반정육점을 경유하여 최종 소비자에게 유통된다.

계통출하 유통비용을 절약시키고 적정수취가격을 보장할 수 있으나, 수금이 즉시 이루어지지 않는 단점이 있다.

이상의 세 가지 유통경로 중 수집상에 의해서 이루어지는 유통경로가 확대되고 있다. 즉 실수요자인 식육정육업자가 축산기업조합으로부터 실수요자 증명을 발급받아 가축시장에서 생축을 구입하고 근교의 도축장에서 도축한 후 지육형태로 구입하는 유통경로가 확대되고 있으며, 계통출하에 의한 유통경로는 감소추세에 있다.

2. 돼지 및 돼지고기 유통경로

돼지의 유통경로는 <그림 7-6>에서와 같이 산지의 가축시장 및 수집단계를 제외하고 소의 유통경로와 유사하다. 돼지는 가축시장을 통해서 거래되는 사례는 극히 드물고 농가의 문전에서 중간상인에게 수집·반출되는 유통경로와 축협 및 농협을 통해 계통출하하는 유통경로 및 양축농가가 직접 도매시장에 출하하는 유통경로가 있으나 일반적으로 중간상인에 의한 경우가 많고, 계통출하 및 직접양축가가 도매시장에 출하하는 유통경로는 점차적으로 감소추세에 있다.

이러한 돼지 및 돼지고기의 유통경로상 양돈산업 발전에 저해요인으로 지적할 수 있는 몇 가지 문제점을 서술하면 다음과 같다.

첫째, 지육 및 부산물 가격에 있어서, 생축을 도매시장에 출하할 때 발생되는 시간 및 경제적인 문제, 부산물가격 결정의 모순 등에 의해서 생산자는 도매시장 출하를 꺼리는

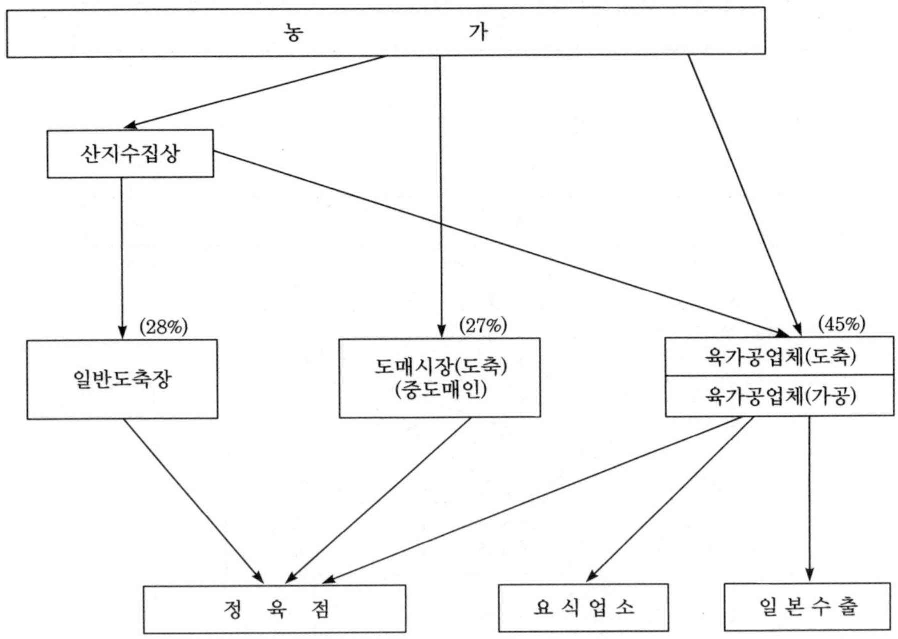

〈그림 7-6〉 돼지 및 돼지고기 유통경로

반면 중개인을 통한 문전거래가 이루어 졌으나 육가공업체의 구매량이 증가하면서 계약거래가 증가하고 있다.

둘째, 등급별, 부위별 차등가격제실시가 이루어지지 않는 것으로 보아 소비자 가격의 적정화가 이루어지지 않고 있으며, 또한 소매가격의 연동제실시로 인하여 소비자 가격의 보호가 잘 이루어지지 않고 있는 실정이다.

3. 닭 및 닭고기의 유통경로

닭 및 닭고기의 유통경로는 <그림 7-7>에서와 같이 생계유통과 도계유통으로 대별할 수 있다.

첫째, 생계유통의 경우 수집·반출상(도매상)이 생산농가에서 수집·집하하여 도계장에 도계를 수탁하는 경우와 도계장에서 수집하는 경우, 또는 농협이 생산농가와 계약생산에 의해서 도계한 후 대량소비처 및 군납하는 경로 등을 들 수 있다.

둘째, 도계유통의 경우 일반적으로 사육농가에서 수집·반출상에 의해서 도계장을 걸친 도계를 소비자나 대량수요처에 공급한다.

이상의 생계 및 도계의 유통경로는 일반적으로 수집농가 → 수집·반출상 → 도계장 → 소비자의 경로를 이루고 있다.

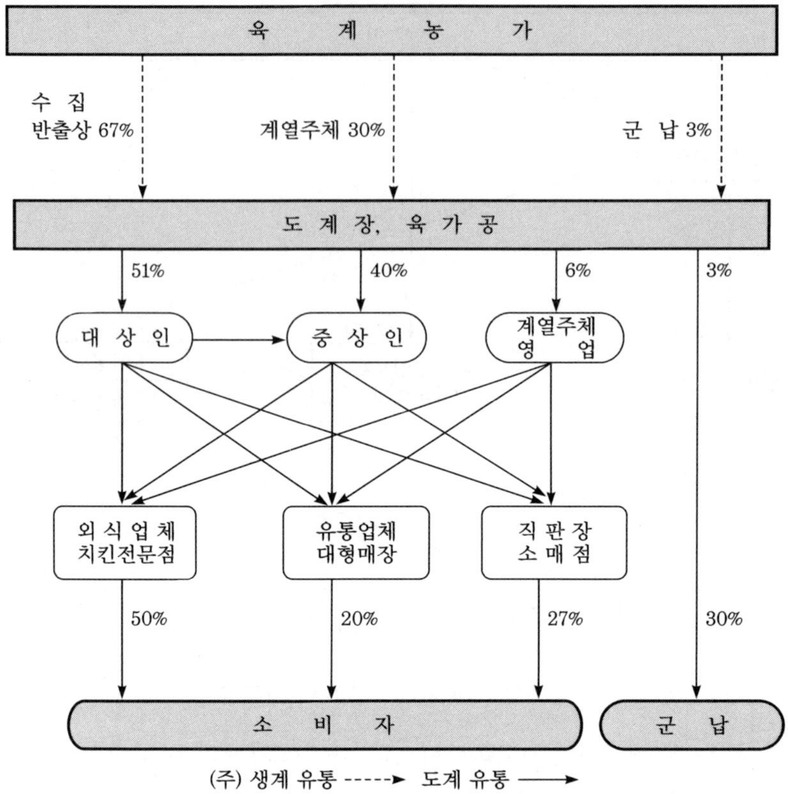

〈그림 7-7〉 닭 및 닭고기

한편으로 도계보다는 소비자가 직접 도계하기 위해 생계를 구매하고자 하는 소비자의 선호 경향과 상인들의 이윤확보를 위한 도계판매기피에 의해서 유통물량 중 상당부분이 거래되고 있으나, 이는 위생적인 측면과 계육의 표준화 등급화를 위하여 생계유통이 금지되어 있다.

4. 계란의 유통경로

계란의 유통경로는 <그림 7-8>에서와 같이 크게 세 가지 유통경로로 대별할 수 있다.

첫째, 생산농가 → 수집·반출상(도매상) → 행상 또는 소매상 → 소비자

둘째, 생산농가 → 생산자 단체 → 대량소비처

셋째, 생산농가→축협 → 직매점 또는 군납

한편 교통수단의 발달에 의해서 생산농가가 직접 소매상에게 판매하거나 소비자에게 직접판매하는 등 유통경로가 단순해지고 있다.

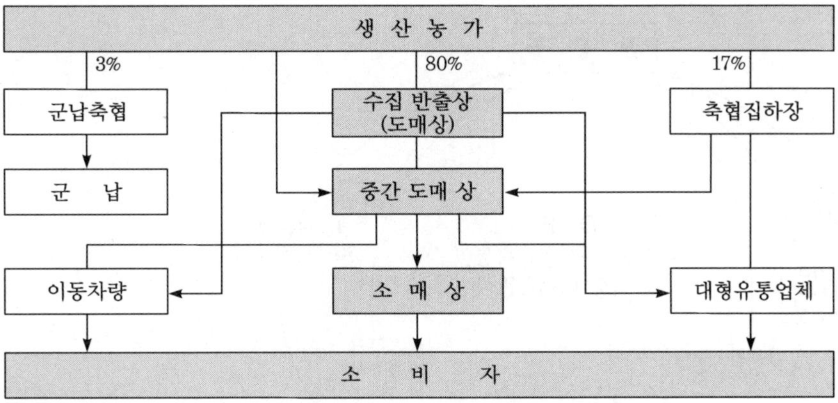

〈그림 7-8〉 계란의 유통경로

또한 계란의 유통상 발생하는 문제점은 양계산업의 발전을 저해하는 요인으로써 이의 문제점으로 계란의 상품성에 관한 문제와 계란 판매과정상 발생되는 문제로 대별할 수 있다.

계란의 상품성에 관한 문제점이란 계란의 등급화와 포장문제 및 소비자의 계란에 대한 신뢰성이라 할 수 있다. 이러한 문제를 해결하는 방안으로써 계란을 청결하게 관리하고 최소한 1회용 난좌를 사용하여 계란에 대한 신선감 유지와 계란 용기의 불결함을 없애야 할 것이다.

한편, 계란 판매유통구조상이 문제는 생산농가와 소비자 사이의 유통단계의 변화에 따른 문제라 할 수 있다. 전업양계의 태동계에는 양계장 → 수집상 → 도매상 → 소매상인 유통단계가 교통수단의 발달로 인하여 도매상이 직접 소농장과 직접 거래하고 더욱이 소·중매상도 직접 농장과 거래함으로써 계란 가격형성에 혼선을 야기하는 한편, 도매상인은 재고장사, 즉 저장으로 인한 가격차에 의한 마진 취득을 위하여 가격조작이 이루어지고 있어 불안정한 계란가격이 주 요인이 되고 있다.

5. 우유 및 유제품의 유통경로

우유 및 유제품은 원유의 가공공정에 따라 구분되며 이에 따른 유가공공장에서 소비장에 이르기 까지 유통되는 경로에 차이가 있다.

시유의 유통경로는 <그림 7-9>에서와 같이 생산농가 → 유가공공장 → 보급소 → 배달원 → 소비자의 경로가 일반적이다. 즉 농가에서 생산된 원유는 집유소를 경우하거나 또는 가공공장에 반입되어 원유검사에 필요한 분석과 시험을 거친 후에 가공처리공정에 들어간다.

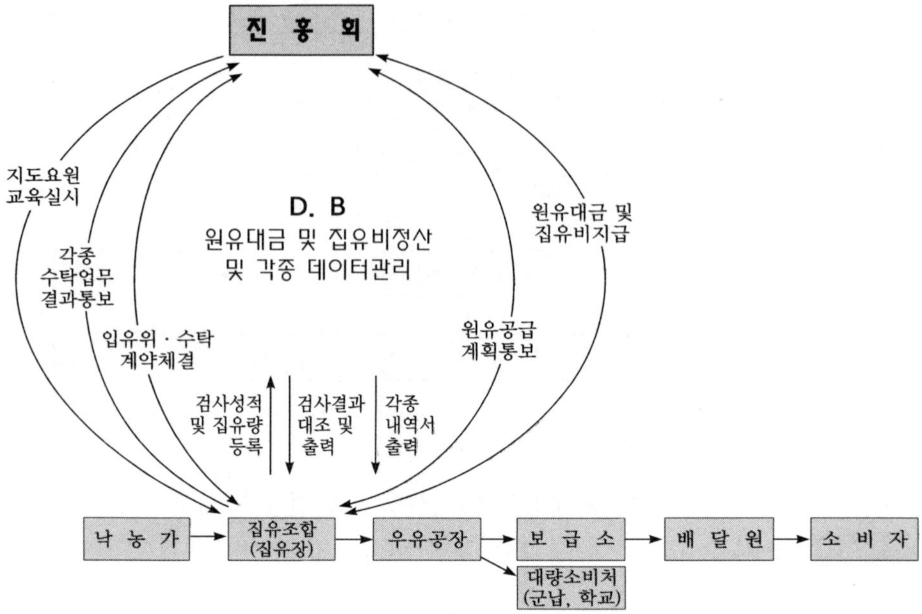

〈그림 7-9〉 우유 및 유제품의 유통경로
자료 : 낙농진흥회

가공공장에서 처리된 우유는 보급소를 통해서 배달원들에 의해 소비자들에게 전달되는 경로와 학교, 군 등 대량수요처로 반출되는 경로가 있다.

한편 유제품의 경로는 제품의 보존기간이 시유에 비하여 장기적일 수 있기 때문에 유통단계가 비교적 짧으며, 또한 유통상의 문제가 있다.

이의 유통경로는 유가공장 → 소매점 → 소비자의 단계가 일반적이다.

제7절 축산물 상표화

1. 브랜드화 상품화

(1) 브랜드의 역할

특정 회사(농장)의 돼지고기가 다른 회사(농장)의 돼지고기와 구별되어 소비자에게 인식되도록 하는 생산자 또는 판매자의 모든 행위를 조합하는 개념이다.

상품의 차별화는 곧 브랜드(=상표화)를 의미하나, 반드시 상품 자체의 고급화가 아니다.

돼지고기 차별화는 물리적인 성격, 판매장소, 판매시간, 자연적인 상황 등에 따라 달라질 수 있다.

첫째, 물리적인 차별화 : 맛, 모양, 효능, 색깔, 안정성
둘째, 판매장소의 차별화 : 백화점과 재래시장의 출하, 직거래 및 직영점 운영 등
셋째, 서어비스의 차별화 : 신속배달, 상품에 대한 품질보증
넷째, 이미지의 차별화 : 광고, 지역의 자연적 또는 역사적인 특징활용, 포장 및 디자인

(2) 브랜드의 개념

축산물의 상표화란 원래 유럽에서 소 말 등의 가죽에 불로 달군쇠로 낙인을 찍어 표시를 한데서 유래된 것으로 일반 마케팅론에서 판매사 또는 판매지 집단의 상품 및 서어비스를 다른 경쟁자의 것과 구별해서 표시할 수 있도록 하기 위하여 사용하는 단어, 문자, 기호, 디자인 혹은 이들의 조합을 의미한다.

우리나라 상표법에는 상품을 생산, 가공, 증명 또는 판매하는 것을 업으로 영위하는 자신의 상품을 타인과 식별되도록 하기 위하여 사용하는 기호, 문자, 도형 또는 이들을 결합한 것으로 규정하고 있다.

브랜드화의 기본전략은 "안정하고 맛이 좋은 돼지"로 집중 홍보함이 필요하고 그것을 증명하는 방법으로는 구체화된 얼굴을 나타내는 것이다. 예를 들면, 켄터키 후라이드 치킨, 피자 헛 등을 들 수 있다.

(3) 브랜드화의 선행조건

돼지고기의 브랜드화를 추진하기 위해서는
첫째, 브랜드를 추진할 수 있는 충분한 자본과 기술
둘째, 일반육과 시장 분리가 가능하여 가격 차별화가 가능한 소비구조
셋째, 소비자의 질적인 차이점을 인정할 수 있는 소비자 수준
넷째, 브랜드 돼지고기 구입시 효과 조건(제품의 효과성)
다섯째, 브랜드 사업주체의 홍보능력이 있어야 한다.

2. 축산물 상표화의 현황(예)

(1) 돼지고기 브랜드 등록방법

우리나라의 상표법상 상표는 상품을 생산·가공·증명 또는 판매하는 자가 다른 사람의 상품과 식별하기 위해 사용하는 기호나 도형, 문자, 색채 등을 말한다.

돼지고기 브랜드(상표)를 등록하고 할 때에는 먼저 구비서류와 소정의 요금을 특허청

에 납부하면 약 1년이 소요되는 출원절차, 심사절차, 등록절차를 거쳐 상표를 등록할 수 있다. 즉 상표 등록은 특허청에 구비서류·소정요금 납부→출원→심사→등록절차 거쳐 완료된다.

이때 출원서는 출원인의 주소와 성명과 상표, 상품 구분 및 지정상품, 제출일자, 기타 필요한 사항을 기재해 출원서 1통과 상표를 표시하는 견본 10통을 붙인 서면 1통, 관납 요금 영수증을 붙여서 제출하면 된다.

상표 출원시 특별히 유의해야 할 사항은 현행 상표법상 선출원주의를 채택하고 있는 만큼 되도록 빨리 출원하는 것이 유리하며, 상표등록 출원서는 1상표만 출원해야 한다. 또 상표등록 출원 전에 미리 선등록 상표 및 현재 계류 중인 선출원 상표를 조사하거나 전문가와 상의하는 것도 좋은 방법이다.

(2) 돼지고기 상표화 등록현황

돼지고기의 상표화는 사료회사와 계열주체, 기업의 양돈장 그리고 부분육 공장 등 사업주체가 다양한 특징을 지니고 있다.

돼지고기의 상표화는 소득이 높아지면서 위생적이고 고품질의 고기를 찾기 때문에 과거와 같이 농장에서 앉아서 돼지고기를 팔 수 없다는 판단을 했기 때문이다. 또한 돼지고기 수입개방에 대비, 소비자들로부터 신용을 쌓아 수입 돼지고기와의 경쟁에 살아남기 위해서다.

특히 계열주체나 사료회사, 기업 양돈장 공히 브랜드육에 절대 필요한 생산기반을 갖고 있을 뿐만 아니라 기업 양돈장의 경우는 동일사료를 급여할 수 있고, 사양관리를 일원화할 수 있으며 돼지고기를 수출할 때 문제가 되는 항생제 잔류 등의 문제를 완벽하게 해결할 수 있으며 부가가치를 높일 수 있어 더욱 활성화되고 있다.

3. 효율적인 돼지고기 브랜드화를 위한 고려사항

효율적으로 돼지고기 브랜드를 추진하기 위해서는 원료돈의 품질, 도축 및 가공시설의 수준, 브랜드 돈육의 판매가격을 고려하여야 한다.

4. 효율적인 돼지고기 상표화 방법

브랜드 돈육은 일반 돈육과 차별화를 두어야 한다. 그 차별화 방법으로써는 다음과 같다.

첫째로 특별한 사양관리 프로그램과 사료개발을 통한 차별화를 추진해야 한다. 자신

〈표 7-22 〉 소비자가 선호하는 브랜드 추진방법

<table>
<tr><th>주 체</th><th>소비자가 선호하는 브랜드</th><th>추 진 방 법</th></tr>
<tr><td>생산농가</td><td>◦고품질 및 규격화
－이상 돈육생산 억제
－지육의 규격화
－사료급여의 차별화
◦잔류물질에 대한 안전성
－항생물질, 항균물질 미함유
－중금속의 미함유
－투약기간의 준수</td><td>◦차별화 가능한 사료개발과 사양관리
－콜레스테롤 함량이 적다거나 비타민 E가 다량 함유되고
－항생제 잔류물질이 없고 저지방이며 냄새가 없어야 한다.
◦우수한 종돈을 이용한 원료돈 생산
－종돈 및 균일한 사료 이용으로 균일한 품질생산</td></tr>
<tr><td>생산농가 및 육가공업체</td><td></td><td>◦돼지 스트레스를 최소화하는 출하돈 이동과 수송거리 최소화
◦충분한 계류시간 준수</td></tr>
<tr><td>육가공업체</td><td rowspan="2">◦위생적인 육류 관리
－위생적인 도축과 유통
－위생적인 판매
－냉장, 숙성 돈육의 공급</td><td>◦위생적인 도축
◦작업장의 위생기준 준수
－세균의 오염
－냉각방법
－지육수송</td></tr>
<tr><td>유통업체</td><td>◦규격화된 포장방법
◦숙성정도 준수
◦보존방법(콜드체인시스템)
◦개인위생 준수</td></tr>
</table>

들이 개발한 특수한 사료나 또는 특별한 사양관리프로그램을 통해서 생산된 돼지고기는 콜레스테롤 함량이 적다거나 비타민 E가 다량 함유되고 항생제 잔류물질이 없고 저지방이며 냄새가 없어야 한다.

둘째로 위생적인 도축과 가공이 이루어져야 한다. 즉 엄선된 원료돼지를 수매하여 충분한 계류후 첨단시설을 이용, 위생적으로 도축, 가공해야 한다.

셋째로 육종을 통한 특수한 원료돈을 이용하여 생산해야 한다. 즉 종돈 및 균일한 사료를 이용한 원료돈만 사용하기 때문에 품질이 균일하며, 100% 암퇘지와 거세돈만을 사용하기 때문에 냄새가 없고 맛이 좋아야 한다.

넷째로 냉장 유통을 통해서 신선한 돈육을 생산 공급하여야 한다. 즉 당일 도축, 가공한 돼지를 배송 시스템을 통해 신속하게 냉장 유통되어야 한다.

이는 돼지고기 상표화로써 생산자 및 판매자, 즉 양돈농가가 위생적으로 사육한 돼지를 철저한 위생적인 과정을 통하여 처리하여 소비자들에게 신뢰성을 줄 수 있어야 한다.

〈표 7-23〉 돼지고기 상품화에 영향을 미치는 요인

구 분	요 인	주 최 자
사양관리	품종, 사양관리, 주위환경, 합성항균제 투약, 출하시기	생산자 ↓ 중간상인, 생산자 ↓ 1차 가공 종사자 ↓ 유통업자 ↓ 소비자
생체수송 및 계류	스트레스 방지, 수송거리 및 방법, 계류방법	
도축 및 발골	도축방법, 세균의 오염, 냉각방법, 지육수송, 작업장 내의 위생시설	
유통 및 판매	포장방법, 숙성정도, 보존방법(콜드체인시스템), 개인위생, 부위 용도별 판매	

(1) 차별화된 비육돈 생산체계

식생활의 변화와 용도 변화로 인하여 비육돈 육종체계도 Lard type → Bacon type → Meat type → Lean type로 변화하고 있다. 국내 소비고기 소비는 외식산업 발달과 함께 식단의 변화도 있으나 아직까지는 삼겹, 목살, 갈비 등 인기품목 위주의 육종 경향이다.

특히 출하일령과 체중은 맛과 육질에 영향을 줄 수 있는 요소이므로 특별한 사양프로그램 사육방법, 양돈장 주위의 환경요인(무공해 지역 청정지역) 인기품목 등이 이루어져야 한다.

지역별로 단합하여 일관생산 체계를 갖추어 균일한 품질을 생산해야 한다. 이를 위해서는 품종과 교배방법이 단순화되어 통일을 이루어야 한다. 또한 위생적인 고품질의 비육돈을 생산 공급하기 위해서는 가장 위생적이고 깨끗한 양돈농장을 유지되어야 한다.

(2) 생산자가 소비자에게로 접근체계

돼지고기를 상품으로써의 부가 가치를 올리기 위해서는 생산자는 생산자대로, 식육가공 종사자들은 종사자들대로 사고전환이 요구되고 있다. 소비와 가격은 양돈농가에서 결정하는 것이 아니고 돼지고기를 구입하는 소비자가 결정하기 때문에 소비자의 선호와 기호에 적합한 돼지고기를 생산 판매해야 하다는 점을 인식하여야 한다.

소비자가 선호하는 브랜드 돈육을 생산하기 위해서는 생산농가는 고품질과 규격화된 돈육 및 잔류물질에 대한 안전성이 확보된 돈육을 생산하고, 육가공업체는 위생적인 도축과 유통 및 판매로써 최대한 소비자가 원하는 위생적인 고품질을 생산··공급하여야 한다.

5. 효율적인 브랜드 사업의 정착방향

(1) 브랜드화의 기본방향

브랜드화는 공정하고 투명한 거래로 소비자에게 이익이 있어야 하며, 추진주체가 투자의 효율성과 수익성이 있어야 한다.

또한 브랜드화는 생산과 판매와의 일관적인 연결된 체계로써 다수의 생산농가와 다수의 판매업체가 공동브랜드 사업추진하는 즉 생산자 단체와 전문유통 판매업체가 공동으로 브랜드 사업을 추진하는 것이 바람직하다.

브랜드화에 대한 소비자와 사회환경도 변화하고 있다. 소비자는 편리성을 추구하는 소비성향, 질적인 상품을 추구하며 대량구매 성향을 가지고 있다. 또한 사회적으로도 통신판매(매스 미디어의 발달에 따른 다수의 정보제공) 및 대도시의 다핵화로 상권의 다변(양)화가 추진하고 있다.

한편 브랜드화 성공하기 위해 역점을 두어야 할 사항으로써 제품의 선별과 서어비스 수준, 판매가격 결정, 촉진활동 결정, 위치선정에 힘을 기울여야 한다.

(2) 돼지고기 브랜드의 마아케팅 전략

돼지고기 브랜드가 효과를 거둘기 위해서는 소비자를 최우선으로 하는 고객 우선주의 생산 및 관리체계가 이루어져야 한다. 생산농가는 고품질의 위생적인 비육돈을 저렴하게 생산해야 하고, 육가공업체는 위생적인 생산해야 하며, 유통 판매업체는 최대의 서어비스 지원이 이루어져야 한다.

또한 돼지고기 브랜드가 타 브랜드에 비해 경쟁력 확보를 위해 역점을 두어야 할 점으로써 청결한 내부장식, 점포 내의 편리성, 다양한 서어비스, 우수한 품질, 타점에 비하여 저렴해야 한다.

첫번째, 정육점의 체인화 사업

동일한 브랜드를 사용하여 다수의 정육점을 개점하는 것이 바람직하다. 이는 새로운 육류시장에 참여하여 단시일 내에 소비자에게 강한 인상을 심어 주는 광고홍보 효과가 높고 단일업체에 비하여 구입물량이 증가함으로써 비용이 절감하는 등 시장 교섭력이 크기 때문이다.

둘째로, 텔레 마아케팅(비점포 주문 판매)

텔레 마아케팅은 전화 및 컴퓨터 전자상거래 등을 이용하여 판매하는 방법이다. 그러나 돼지고기의 부패성으로 기간이 소요되는 장거리의 운송시 많은 어려움을 겪고 있다.

직접 구입하지 못하는 입장에 처한 소비자를 위해 주문판매를 구축하여 판매량을 확대시키는 방법도 고려해야 한다. 재미, 재일 교포들이 명절날 한국 내의 친인척 및 친구 등에게 선물을 전달하거나 또는 꽃 배달 서어비스 업체가 우편으로 발송한 것도 한 예가 된다. 향후 텔레비젼 마아케팅 및 전자쇼핑(electronic shopping)까지 확대 바람직될 것이다.

셋째로 정기적인 할인(sale)판매

국내 백화점 등이 정기적으로 실시하고 있는 정기적인 할인판매 방법을 일반 정육점에서도 적용함으로써 소비자의 관심 고조로 판매점의 홍보 강화 필요하다.

이 밖에 판매장의 단골 고객을 생산 양돈농장에 방문시켜 생산된 돼지고기에 대한 신뢰성을 높이는 이벤트 사업이 필요하다.

제8절 생산농가의 축산물 판매관리

1. 축산경영의 판매전략

농산물은 생산과정을 거친 다음에 유통과정을 경유하여 소비자에게 공급이 된다. 지금까지 생산과정은 생산자, 유통과정은 농·축협이나 도매시장과 같은 유통담당자의 몫으로 되어 양자의 기능분담이 당연하다고 생각되어져 왔다. 생산자는 생산활동에 전념하여 좋은 품질의 생산물을 값싸게 생산을 하는 것이 임무로 되어 있었으며 판매는 농·축협이나 판매상에게 맡기면 된다고 하는 풍조가 강하였다. 그러나 최근 백화점이나 유통회사, 대형공판장으로 계약출하 또는 소비자를 상대로 직접판매를 하는 등, 기존의 유통채널에 의하지 않는 직접판매가 증가하고 있다.

생산자가 판매대책에 관심을 갖게된 배경으로는, ① 생산자가격과 소매가격의 가격차로 중간마진이 크다는 것, ② 품질이나 안전성에 대한 소비자의 관심이 높아져서 고품질의 것은 고 가격에 판매가 이루어지게 되었다는 것, ③ 가공원료가 되는 농산물은 가격이 낮으나 가공하여 제품화하면 부가가치가 높아진다는 것, ④ UR의 농업합의에 따라서 수입농산물의 유입이 증가하여 국내가격이 떨어지면서 절실한 대책이 요구되고 있다는 것 등이 있다.

우리나라의 농산물가격에 대하여 소비자는 비싸다고 하고, 생산자는 싸다고 하지만 어느 쪽의 평가도 틀렸다고 말할 수 없다. 그 이유는 중간마진이 너무나 크기 때문이다. 일부 생산자는 우유를 아이스크림, 치즈 등으로 가공을 하여 부가가치를 높여서 판매를 하거나, 저온살균우유로 소비자의 신뢰를 얻어 일반소매가격보다 높은 가격에 판매를 하는 등, 독자적인 판매전략을 가지고 있다. 우유는 생산공장을 가지고 있지 않으면 판매가 불가능하기 때문에 개별농가의 대응이 어렵기 때문에 낙농업협동조합이 생산설비를 가지고 지역 브랜드로 판매활동을 하고 있는 경우도 있다.

계란은 낮은 가격과 높은 자급률 등으로 인하여 시장개방에 가장 강한 농산물로 알려져 있으나 「지속적인 난가하락」으로 생산자는 커다란 어려움에 직면하고 있다. 계란은 소매가격에 비하여 농가수취가격은 비교적 높은 농산물로 알려져 있으나 최근에는 %에 도달하지 못하고 있다. 10만수 이상의 대규모 양계장은 보통란을 박리다매에 의하여 유지를 겨우 하고 있으나 서울 근교 소규모 양계장은 영양첨가, 독자의 사육방법 등으로 차별화하여 특수란으로 고 가격에 판매를 하고 있는 경영이 많이 있다. 직매점, 자동판매기, 택배와 같은 새로운 판매방법을 도입하여 보통란의 2배 이상 가격을 획득하고 있는 경우도 있다. 이러한 농가양계의 성공에 자극이 되어 최근에는 농장이외에 대형공판장, 사료메이커가 개발한 브랜드란 이 출현을 하여 계란시장은 격화되어가고 있다.

2. 제품개발과 판로개척

생산과 판매를 분업하여 분담하는 것은 각각의 전문적 기능을 발휘하는 것이며 효율적인 것으로 생각되어져 왔다. 대량생산, 대량유통의 시대인 오늘날 생산, 가공, 저장, 판매 등의 각 기능은 더욱더 분화하는 방향에 있다.

그러나, 단지 분업한 것만으로 효율적이라고는 할 수 없다. 전국 각지의 GP 센타(Grade and Parking Center)에서는 조합회원이 과잉생산일 때는 처리장으로 출하를 하지만 부족할 때에는 보다 유리한 가격에 계란상인에게 판매하려고 하는 경향이 있었다. 또한 품질이 균일하지 않아서 판매자들의 판매활동에 어려움이 많다.

공동판매의 경우, 생산지의 농·축협이나 기타 회원조합이 리더가 되어 생산방법이나 품질을 균일하게 할 수 있도록 지도를 하여 브랜드(Brand)화 한다. 생산지에 있어서 판매전략이란 개별경영을 어떻게 조직할 것인가, 시장에서의 인지도를 어떻게 하면 높일 수 있는가에 달려있다. 생산과 판매의 분담은 통일된 상품전략에 의하여 양자는 연대의식이 얼마만큼 있느냐에 따라서 성공의 여부가 결정이 된다.

판매전략은 제품개발과 판로개척에 의하여 성립이 된다.

제품개발이란 신 「제품」을 새롭게 만드는 것이며 차별화 상품을 개발하는 것이다. 공업제품의 차별화는 철저한 성능의 차이에 있으나 농산물의 차별화 요소는 신선도, 안전성, 맛, 외관, 사육방법 등 다양하다. 보통제품과 비교하여 한눈에 결정적인 차이가 있는 상품을 만들기는 어렵다. 제품명이나 포장과 같은 내용물의 사용가치와는 직접관계가 없는 것들이 차별화 요소가 되고 있다. 그러나 실체가 없는 농산물을 이미지만으로 차별화하는 것은 판매전략의 본론이라고는 할 수 없다.

판로개척이란 자신의 제품을 정시정량, 고 가격에 구입하여 주는 상대방을 확보하는 것에 있다. 그것을 위해서는 제품의 내용을 이해하여주는 바이어(유통회사 구매담당자)나 소비자에게 어떻게 하면 판매할 수 있는가가 과제가 된다. 유통회사와 계약을 할 경우 구매담당자 이외에 매장책임자나 경우에 따라서는 소비자에게 직접 호소하는 치라시를 만드는 등 다면적인 판매작전을 세우고 있어야 한다. 그렇게 하여야만 생산농가에서의 광고선전비가 현실화하여 생산원가와 판매효과와의 검토가 필요하게 된다.

판로개척과 제품개발은 밀접한 관계가 있다. 제품개발이 잘 이루어지면 판로는 확보하기가 손쉬워진다. 좋은 제품을 만드는 것이 보다 유리한 판매조건을 획득하는 열쇠가 된다. 그러나 현대의 상품생산은 그와는 반대로 시장에서의 다양한 요구를 전제로 제품을 만드는 경우도 있다. 농산물도 마찬가지로 「어떻게 하면 생산한 것을 제대로 판매할 수 있을까」라고 하는 생산 우선의 시대로부터 「어떻게 하면 판매가 잘되는 것을 생산할 것인가」라고 하는 판매의 중요성을 인식하는 시대로 변화하고 있다고 볼 수 있다.

제품개발과 판로개척은 동시 병행적으로 추진할 필요가 있다. 그러나 현실적으로는 제품을 만들기에 성공하여도 판로를 확보하지 못한 경우나, 판로는 확보하였어도 특별한 가격을 획득하지 못하는 경우도 있다. Brand 돈육이나 Brand 계란을 만들었으나 유리한 판매가 가능하지 않은 경영이 의외로 많다. 한편 판로개척에는 성공하였어도 제품의 내용과는 거리가 있는 농산물을 판매노력에 의하여 만회하고 있는 경영도 있다. 「만드는 것」과 「파는 것」의 균형을 어떻게 바로 잡아 갈 것인가가 앞으로 판매전략의 과제라고 할 수 있다.

3. 판매관리의 과제

이제부터는 판매전략의 시대라고 하여도 많은 농산물은 개개인의 힘으로 판매하기는 어렵다. 많은 농산물은 지역의 산물이며 시장에 대하여 산지를 형성하고 조직적으로 Brand를 해 나아갈 필요가 있다. 뛰어난 경영자는 산지의 훌륭한 지도자가 되어야 한다.

개인이 되었든지 단체가 되었든지 중요한 것은 소비자의 선호도나 판매가 잘되는 상품 등 시장에서의 동향에 주목하면서 시장조사를 지속적으로 하는 것이 모든 것에 앞서서 출발점이 된다. 농가는 농·축협에 맡기고, 농·축협은 상부조직에 지나치게 의존하여 시장의 동향에 즉시 적응하지 못했던 것이 약점이 되고 있다.

판매관리의 목적은 가장 유리한 판매조건의 획득에 있으나 그렇게 판매를 하기 위해서는 품질이 우수한 상품을 생산할 수 있어야만 한다. 그러나 농산물은 공업제품과 같이 품질의 격차를 분명하게 나타내지 못하는 경우가 많이 있으며 그러한 평가를 정착시키기 위해서는 상당한 노력을 필요로 한다. 사람의 입에서 입으로 전달이 되는 평판이나 선전광고, 농·축협과의 연대 등 시장개척에는 많은 방법이 있으나 가장 근본적인 것은 사람의 생명과 건강에 직결이 되는 「먹거리」를 생산하고 있다는 사명감이 그 무엇보다도 중요하다. 그리고 그러한 열의를 소비자에게 호소하는 것이다. 내용이 없는 것을 포장이나 상품의 이름과 같은 이미지만으로 가지고 있는 상품을 팔아서 한목 보고 손을 떼는 상술로는 진정한 승자가 되기는 불가능하다.

그러한 입장에서의 판매관리는 우선 생산과 판매의 계획을 세우는 것에서부터 시작하여야 한다. 판매처별로 품종, 상품의 명칭, 규격 등을 어떻게 할 것인가를 사전에 계획한다. 또한 보다 유리한 판매가 가능한 시기를 생각하여 월별로 생산계획을 세운다. 판매관리란 생산된 농산물을 어떻게 하면 유리하게 판매할 것인가 보다는 생산과 판매를 계획화하는 것이다.

판매계획과 실적의 비교검토도 판매관리의 임무라고 할 수 있다. 품목별, 출하처별 판매성적(판매량, 단가 등)을 분석하여 내년도의 판매방침을 세운다. 계획과 실적이 다른 경우에는 원인을 매년 검토를 하여 차츰차츰 보다 유리한 판매방법을 확립하는 것이 가능하게 된다.

출하처를 농·축협으로 한정하고 있을 때에는 어려움이 없었으나 독자적으로 판매를 할 때에는 대금의 회수가 커다란 문제가 된다. 거래상대자의 신용조사도 중요하지만 대금의 결제방법을 허술하게 하지 않는 것과 너무나 좋은 거래조건에 주의가 필요 하는 등, 독자적인 판매에는 어느 정도의 노력을 필요로 한다.

직판장, 택배, 직접배달과 같이 소비자와 직결되는 판매방법은 가격 면에서 유리할 뿐만 아니라 상품가치가 낮은 「흠이 있는 것」도 유리한 가격으로 판매가 되는 등 많은 이점이 있다. 그러나 점포관리, 포장, 대금회수 등 많은 노력을 필요로 하는 동시에 판매경비도 높아진다. 판매경비는 판매량이 늘어나면 절감이 되지만 그러한 것의 장단점을 충분히 검토를 한 다음 신중하게 대처를 할 필요가 있다.

직접판매의 커다란 장점은 소비자와의 접촉에 있다. 소비자로부터 직접 상품에 대하여 만족한다는 말을 듣거나 고맙다는 인사를 받거나하면 구매자의 얼굴이 보이지 않는 시장으로의 출하는 보람이 없다고 할 수도 있다. 생산자로서 삶의 보람을 느낀다고 술회하는 사람도 있다. 그 뿐만이 아니라 소비자와 접촉한다는 것은 농산물의 평가를 직접 듣는 것이기 때문에 생산자로서는 가장 좋은 정보원이라고 할 수 있다. 그러나 정보는 이쪽에서도 제공하여야 한다.

소비자는 농업이나 농산물에 대한 지식은 그렇게 높지는 않지만 경우에 따라서는 좋은 이해자가 되거나 생산자의 마음을 알게 됨으로써 진정한 고객이 될 수도 있다. 생산자와 소비자간에 상호이해가 가능하다는 점이 직접판매의 커다란 장점이다.

◈ 연 습 문 제 ◈

1. 마아케팅의 개념에 대하여 논하라.
2. 마아케팅의 5대 역할에 대하여 약술하라.
3. 축산물 유통의 특수성을 설명하라.
4. 시장의 종류를 열거하고 각 시장의 특성을 약술하라.
5. 축산물 3대 유통기능에 대하여 논하라.
6. 유통비용과 유통마진을 그래프로서 설명하라.
7. 축산물의 가격안정대에 대하여 논하라.
8. 축산물별 유통경로를 설명하라.

〈참 고 문 헌〉

1. 구자옥, 통계학, 향문사, 1983.
2. 권원달, 농산물유통론, 선진문화사, 1983.
3. 김원주, 시장조사론, 박영사, 1983.
4. 농림수산부, 농림수산주요통계, 각년도.
5. 농림수산부, 농림수산통계연보, 1988.
6. 농림수산부 · 한국사료협회, 사료편람, 1988.
7. 사단법인대한양돈협회외 3단체, 자조김제도-미국시찰보고서, 1986.
8. 오상락, 마아케팅원론, 박영사, 1977.
9. 류제창 · 양형조, 백색시유에 대한 수요분석, 한국축산경영학회, 1986. 12.
10. 정수영, 경영학대사전, 박영사, 1980.
11. 조순, 경제학원론, 법문사, 1980.
12. 축산업협동조합중앙회, 축산물 가격 및 유급자료, 각년도.
13. 축산업협동조합중앙회, 축산물생산비조사보고, 1979, 1989.
14. 축산업협동조합중앙회, 축산물유통편람, 1985, 1988.
15. 최대식, 경제학의 수학적 방법, 법문사, 1983.
16. 한국농촌경제연구소, 식품수급표, 1987~1989.
17. 菊地泰次(編), 生産物流通の經濟分析, 家の光協會, 1970.
18. 御園喜博, 農産物價格形成論, 東京大學出版會, 1977.
19. 梶井功, 農産物過剩その構造と需給調整の課題, 明文書房, 1981.
20. 土屋圭造, 生産物の過剩と需給調整, 農村統計協會, 1984.
21. R.S. Alexander, and W. Alderson, Marketing, Ginn & Co. N.Y. 3rd, 1923.
22. Leonard S. Simon, Marshall Freimer, Analytical Marketing, Harcourt, Brace & world, Inc. 1970.
23. M. Levenbach & J.P. Cleary The Beginning Forecaster : The Forecasting Process Tough

Data Analysis Lifetime, Learning Publications Belmont California, 1981.
24. Richard L. Kohls, Joseph N. Uhl, Marketing of Agricultural Products, Collier MacMillan International Editions, 1980.
25. Parker M. Holmes, Marketing Research, South-Western Publishing Co. 1966.

— 찾아보기 —

[사]

[아]

[자]

개정판

축 산 경 영 학

2002년 3월 10일 초 판 1쇄 발행
2022년 7월 1일 개정판 2쇄 발행 값 25,000원

저 자 류제창·김정주·곽영태·김석은
양형조·우영균·이종인·장경만
정장용·조성균

발행자 양 희 돌

경기도 고양시 일산서구 하이파크 3로 17

發行處 先 進 文 化 社

〈등록 제410-2005-000040호〉

ISBN 978-89-7392-262-8 92520

 ☎ (031)925-8237· FAX 925-8239